チャーリー・パパジアンの
自分でビールを造る本
~The Bible of Homebrewing~

チャーリー・パパジアン 著
こゆるぎ次郎 訳

大森治樹 監修

発行：浅井事務所/発売：技報堂出版

JIBUN DE BEER WO TSUKURU HON
— A translation of THE NEW COMPLETE JOY OF HOMEBREWING,
originally published by Avon Books, a division of The Hearst Corporation
1350 Avenue of the Americas, New York, New York 10019

Copyright © 1984, 1991 by Charles N. Papazian
Library of Cogress Catalog Card Number: 91-24632
ISBN: 0-380-76366-4

Published in Japan, 2001 by Asai Jimusho, 916-11 Mushikubo, Oiso, Kanagawa 259-0103 Japan. Japanese translation rights arranged with the author Charles N. Papazian and reserved by the publisher Yoshi Asai.

All rights reserved, which includes the right to reproduce the book or portions thereof in any form whatsoever except as provided by the U.S. Copyright Law.

Illustration by Yuki Minamimura
Cover design by Hiroshi Ueda

この本に寄せて

マイケル・ジャクソン（Michael Jackson）

　世の中にはワインのコレクターは数え切れないほどいるし、またワインについての本や雑誌記事を書いて生計をたてている人も数多い。しかし、それがビールとなると果たして同じことが可能かどうか疑問を抱かずにはいられない。ところが私はまさにその疑問とされていることをしているのだ。珍しいビールを求め世界中を徘徊しながら、その喜びや笑い、感嘆や賞賛を綴っている。

　どのビールが一番好きかと問われたら？困惑せずにはいられない。なぜならどのビールと一概に聞かれても、そこにはたくさんのブランドがあるばかりか、驚くほど多様なスタイルのビールがこの世界には存在するからだ。一つの葡萄から様々なワインが造られるように、あるいはラインやシャンパーニュ、バーガンディやオポルトなどといった産地の特性があるように、ビールの世界にも同じような多様さが存在しているからだ。もっともビールの場合、産地の外でその名を知られているものは数少ない。

　しかしその価値を正統に評価できる一群のグループが成長しつつある。ホームブルワー（自分でビールを造る人たち）だ。彼らは真夏のノドの渇きに**ベルリナー・ヴァイセ・ビア**に勝るものは無いということを知っている。かのナポレオン軍が"北のシャンペン"と形容したドライで心地よい酸味のあるビールだ。それにラズベリーシロップや車葉草（くるまばそう）のエッセンスを加えたらどうだろうか？あるいはフルーティーな**ババリアン・スタイル**のウィートビアか、もしくはラズベリーやチェリーを入れて樽で熟した**ベルギービール**が合うだろうか？

　どこの酒屋でも手に入るというわけにはいかないが、昨今は国際都市であればこうした個性的なビールにお目にかかることができる。しかし、お目にかかる機会がなかったらどうするか？さあ、そこだ…。それはこの後に述べるとして、とりあえず今ノドが渇いていたらどんなビールが飲みたいかを想像していただきたい。

　初春、少し冷たい爽やかな風が吹いている頃、ババリアンたちは**ダブルボック**を調達すべく街のビアガーデンを徘徊し始める。ダブルボックとはそもそもセント・ポール寺院の僧侶たちが聖なる日を祝うために造った特別に強いビールだ。そして五月、少し気候も穏やかになりはじめたら**シングルボック**がいい。秋にはモルティーで色もアンバーな**オクトーバー**が似合う。

もちろん貴君が英国にいたなら事情は違う。この国では"パブ・ドリンカー"なる人種が食欲をこよなく刺激する**ビターエール**を片手にいつもカウンターに陣取っている。そして10月にもなればスコットランド人が"まったくスゲエ！"と表現する（かどうか？）官能的なまでに甘い**バーレイワイン**を飲みあさるのだ。もちろんアイリッシュなら殻付きのオイスターと一緒にドライな**スタウト**を飲まないわけにはいかない。夕食後にはマデイラ・ワインではなく甘い**イングリッシュ・エール**。そして芳醇な**ロシアン・スタイル**はクリスマス・プディングと一緒に。

　いやはやなんと羨ましい情景だろう、と思われるかもしれないが、こうした個性的なビールはどれもかつてのアメリカでは造られていたものだ。かの「禁酒法」がしかれる以前には。悲しいかな、今ではたいていのアメリカ人がビールといえば黄金色に輝く、ノドごしの良いチェコ発祥の**ピルスナースタイル**しか思い浮かべられなくなっているのだ。かつて白ワインといえば"シャブリ"しかアメリカには存在しなかったように。もちろんピルスナーが悪いと言っているわけではない。しかし国産に限らず輸入物も含めて、圧倒的多数のビールがピルスナーでしかなく、人々がそれしか知らないとしたらどんなものだろう？"多様性"はいったいどうする？　資本主義の最も優れた一面だとされている"競争と選択の自由"はどうなってしまうのだ？

　その"多様性"をホームブルワーが受け継いでいる。
彼らの唱える崇高な目的や理想（例えば「安くできるから」とか、「なんてったって楽しいから」だとか？）がなんであれ、その最大の動機はどんなスタイルのビールでも造ることができ、しかもそれを自身で飲み味わうことができるということなのだ。しかもホームブルーイングのいいところは、いきなり本格的な醸造に挑戦するのではなく、あらかじめ半製品として用意された"キット"で簡単に始めることができ、それを徐々にプロフェッショナルなものに近づけていく道筋がつけられているということだ。そして人によっては最終的に**シャトー・ラトゥール**さながらの洗練された醸造設備を持つに至るのである。実際そんな御仁がカリフォルニアには存在する。

　かの「禁酒法」が残した正と負の遺産。それを比較するのは軽薄かもしれないが、決して無意味なものでもないだろう。「禁酒法」によってアメリカのビールは画一的なものにされてしまったが、同時にそれは実直なホームブルワーたちを育て、芸術的なまでのビールを自家醸造するという"お家芸"を育てた

という点だ。裏庭やガレージで慎ましくビールを造っていたのは単なる秘め事に留まらなかったのだ。彼らホームブルワーたちは大企業の手によるビールを遥かに凌駕する質と種類のビールを造ることができるまでになったのだ。この輝かしい功績を見落としてはならない。

　一体どうしてそんなことができたのだろう？
そもそもホームブルワーには
「そんな個性的なビールは風味が強すぎて、10人中9人の白人中産階級男性には受け入れられないでしょう。」と親切に忠告してくれるマーケット・アナリストなんぞがついていない。また
「コスト的に考えれば35%はコーン・スターチを使わなければ採算にあいませんよ。」などと横槍を入れる会計士もいないから、モルト100%の本物ビールを造ってしまうのだ。

　もちろんホームブルーイングには技術的な限界があるだろう。しかし、技術力というのはややもすれば不必要に重んじられている側面があるのではないか？なぜなら大企業が資本力にものを言わせて備えた最新の設備には、確かに質の向上を図るためのものもあるが、その大半は均質的な味を保つためとコストの節減に向けられているからだ。Budweiserのような有名ブランドにとってみれば均質的なビールを造ることは確かに大事なことだ。昨日買ったBudと今日のBudの味が違うなんてことは多分許されないだろう。しかし、家で自分たちが飲むビールを造る人たちにとって、そんなことがどれくらいの意味を持つだろう？今回仕込んだビールの味が前回のものと違えば、それはむしろ飲む人にとっての楽しみとなるのではなかろうか？　コストの問題にしても、何百万バレルという膨大な量のビールを造って、利益をいくらはじき出せるかというビジネスならいざ知らず、貴方が自分のうちのキッチンでいくら贅沢に材料を使ったとしても、おそらくそれで取り返しのつかない経営危機を招くことにはならないだろう。
　もちろんホームブルーイングにも質の違いはある。禁酒法時代に暗い地下室で砂糖から造っていた密造人のホームブルーと、今日のように素晴らしい器具とマニュアルを手に入れ恵まれた環境で造られたホームブルーでは比べるべくもあるまい。

本書の著者チャーリー・パパジアン氏は、大学で核工学を専攻した立派な科学者でありながら、子供たちを教育することで何年も生計を立ててきた人物である。その二つの経験を生かし、氏はホームブルーイングを誰にでも分かる平易な言葉で伝道してきた。今ではその道の第一人者として押しも押されもしない存在であることは間違いない。米国ホームブルワーズ協会（AHA）を創設した後、彼自身ホームブルーイングを楽しみながら現在は会長として活動を続けている。今では世界中に多くの信奉者を抱えるに至ったパパジアン氏のモットーは"Relax, don't worry, have a homebrew."である。「心配せずに肩の力をぬいて楽しくビールを造ろうじゃありませんか！」というその信条をロッキー山中の住まいから楽しく分かりやすく提唱しつづけている。良きアメリカの伝統を受け継ぎ、見識豊かで冒険心に富む氏だからこそ成し遂げられた事業なのだと思う。

　私はビールをテイスティングする目的で米国を旅することが多い。それはビール会社や研究機関の要請だったり、新聞や雑誌の取材だったりいろいろであるが、どういうわけかいつでも最後にはどなたかのお宅のガーデンで自家製ビールをご相伴に預かっている。招いてくださる方はたいていがAHAの会員だ。つい先日もワシントンDCである方のご自宅に招かれた。ご亭主は物理学者でご夫人は学校教師、招かれていた人には政府高官や有名紙のジャーナリストも何人かいらした。その日、我々は皆で協力しながら調理する楽しみを味わった。ただし調理といっても我々の場合はビールだ。ほぼ仕込みも終わったころ、ご亭主自慢のホームブルーで乾杯する段になり、誰言うとも無く「チャーリー・パパジアンに、乾杯！」ということになった。そこで皆声を上げて氏に乾杯を捧げた。きっと貴方もいつかそうすることだろう。

マイケル・ジャクソン（Michael Jackson）
『Michael Jackson's Beer Companion』（Mitchell Beazley出版）などの著書で知られるドリンク＆フード＆トラベル・ライター。ビールの世界を著した『世界のビール』（The World Guide to Beer：Running Press, Philadelphia）ではいくつかの賞を受賞している。主にヨーロッパとアメリカを活動の拠点としながら、世界中の醸造所やビール愛好団体などを訪ね歩いている。ビールとウイスキーに関する著作活動の第一人者。

この本の内容

第1章：初級入門編　〜ホームブルーイングとは〜
初めて造る自分のビール。必要な道具や仕込みの手順に加えて、ビールができる仕組みを歴史を紐解きながら簡単に説明していきます。まずは最初の一歩から。

第2章：中級編　〜 Better Brewing 〜
いちど造ってしまえばもうこっちのもの。その後は工夫をこらしながら、どんどん腕を上げていくだけです。よりおいしいビールを造るために気をつけなければいけない点を、材料や発酵の仕組みを理解しながら学んでいきます。

第3章：世界のビアスタイル　〜 The World Classic Beer Styles 〜
ビールと一口に言ってもその種類(スタイル)は様々。世界中のおいしいビールや珍しいビールを楽しく解説していきます。これさえ読めば貴方も一人前のビール通です。

第4章：ホームブルーレシピ集　〜 Worts Illustrated 〜
ビールの種類を知っていても、飲んで見なければ意味がない。世界中の珍しいビールを酒屋さんで探すより、自分で造ったほうがずっと楽しい！ここにはその全てのレシピが揃っています。さあ、これからがあなたの腕の見せどころ。

第5章：上級編　〜 Advanced Homebrewing 〜
ホームブルーイングの世界は奥が深い。器具や材料もこだわればこだわるほどビールの味は確実に向上します。その為にはプロの醸造者と同じレベルの知識が必要。貴方もほんの少しだけ醸造化学をかじりましょう。そうすればプロフェッショナル・ブルワーになる日も近い？

第6章：蜂蜜の酒　〜ハニー・ミードを造る〜
ハニー・ミードは蜂蜜から造るビール？人類史上もっとも古く歴史のある飲み物なのに、お店で売っていないのはなぜでしょう？でもやっぱり自分で造ってしまえば全て解決。造り方はビールと同じだから後はレシピを学ぶだけです。

第7章：補講　〜 by Professor Surfeit 〜
ホームブルーイングの楽しみは造ることだけではありません。ビア・テイスティングの仕方やホップの育て方、ホームブルー・パーティーにあれば楽しい"樽(ケグ)"についてなど、これまでのおさらいをしながら簡単に解説していきます。与井戸礼(ヨイドレ)博士の愉快なサイフォン講座もあります。

「自分でビールを造る本」 The Bible of Homebrewing

「この本に寄せて」 マイケル・ジャクソン ... 3
この本の内容 ... 7
目次 ... 8
「日本のホームブルワーへ」 チャーリー・パパジアン ... 18
監修者より ... 20
使用単位について ... 21

第1章: 初級入門編 〜ホームブルーイングとは〜

"ホームブルワー"になりましょう! ... 24
 「そりゃ、本当にやってもいいのか」って? ... 25
 ホームブルー・ビアはおいしくなった? ... 26
 「なぜわざわざ自分でビールを造るのか」って? ... 26

ビールの歴史とホームブルワー ... 28
 むかしむかし・・・ ... 28
 種類とスタイル ... 29
 アメリカン・ビア ... 31
 ホームブルワーの任務 ... 33

ホームブルーイングの基本 ... 34
 原料 ... 34
 発酵プロセス ... 36
 器具・道具 ... 37
 19リットル(5ガロン)のビール造りに必要な材料 ... 38

さあ、造りましょう! ... 39
 1)〜10)
 <コラム>比重計とは? ... 42

いろいろなやり方 ... 50
 長期熟成と短期熟成 ... 50
 一段階発酵法と二段階発酵法 ... 50
 開放式発酵と密閉式発酵 ... 51
 プラスチック容器による醸造 ... 52
 <コラム>一次発酵と二次発酵 ... 54

第2章：中級編 ～Better Brewing～

- モルトエキスから造るビールをもっとおいしく 56
  - 使用する器具（Equipment） 57
  - 温度計（Thermometer） 57
  - 液体比重計（Hydrometer） 57
  - 色（Color） 58
  - もっとうまいビールを 60
- ビールの材料について 61
  - 大麦モルトはどうやって造られる？ 61
  - 醸造過程で大麦モルトはどう使われる？ 62
  - モルトエキスはどうやって造られるのか？ 63
  - モルトエキスはどれもみな同じか？ 63
- スペシャルティ・モルトとスペシャルティ・グレイン 64
  - スペシャルティ・モルトはどの過程で加えたらいいか？ 64
  - スペシャルティ・モルトのいろいろ 65
    - ブラックモルト、チョコレートモルト、クリスタルモルト
    - ローステッドバーレイ、デキストリン（カラピルス）
    - マイルドモルト、ウィーンモルトとミュンヘンモルト
- ホップについて 67
  - ホップの歴史 67
  - ホップとホームブルワー 68
  - ホップの苦味や風味はどこから来るのか？ 70
  - ホップの苦味 70
  - α酸とβ酸でビールに苦味をつける 71
  - IBU：どれくらいのホップがどれくらい苦いのか？ 72
  - HBU：ホップの使用量はどうやって決めたら良いのか？ 72
  - ホップの風味と芳香 72
  - ホップオイルとは？ 74
  - ホップペレットとは？ 74
  - ホップエキストラクトとは？ 75
  - ホップ入のモルトエキスとビアキット 75
  - 品質の良いホップはどうやって見分ける？ 75
  - ホームブルワーが入手できるホップは何種類くらいある？ 76

9

水について 77
水の質はどうやって計る？ 77
水質はビール造りにどう影響するか？ 82
ビールに使われる水の化学 83

イースト(酵母)について 83
ビアイーストの系統 83
ホームブルワーが使うビアイースト 84
質の良いイーストを手に入れるには？ 84

ホームブルワーが使うその他の材料 86
さまざまな糖分 86
フルクトース、グルコース、デキストロース、ラクトース
マルトース、シュクロース、インバートシュガー

ホームブルワーが購入できる糖 88
ホワイトシュガー（白糖）、コーンシュガー（ブドウ糖）
ラクトース、ブラウンシュガー、モラーシィズ（糖蜜）
ローシュガー、デイトシュガー、コーンシロップ
ソールガム、メープルシロップ、ライスシロップ、蜂蜜

味付け役の材料 92
カラメル、デキストリン、フルーツ、野菜、チリペッパー
パンプキン、穀類、ハーブとスパイス、シナモン
コリアンダー・シード、ジンジャー、リカリス、スプルース
その他のスパイス

個性派の材料 98
チョコレート、ガーリック、スモーク（燻製）、コーヒー

最後にチキン（鶏肉） 100
コックエール（Cock Ale）

イーストの栄養分 101
清澄剤：ビールの透明度を上げるには 101
アイリッシュ・モス、ゼラチン、アイシングラス

チル・ヘイズとその他の清澄剤 103
パパイン、PVP、シリカゲル（Silica Gel）

酵素(Enzymes) 104
アミラーゼ、麹（Koji）、ジアスターゼ
モルトエキス / モルトシロップ

ビール造りに使われるその他の材料 106
　　　　アスコルビン酸、クエン酸
　　　　ブルーイング・ソルト、ヘディング・リキッド
　発酵の秘密：イーストはどう行動するか 108
　　ビアイーストの活動環境 108
　　　　1) 温度　2) PH（酸性度 / アルカリ性度) 3) 栄養素 / 食物
　　　　4) 酸素　5) 健康状態
　　ビアイーストのライフサイクル 112
　　　　1) 呼吸　2) 発酵　3) 沈殿
　　ひとくちアドバイス～イーストのつぶやきに耳を傾ける 115
　ホームブルーイングのサニテーション（衛生管理） 117
　　クレンザー(洗剤)とサニタイザー(消毒剤) 119
　　　　家庭用アンモニア、塩素（クロリン)、洗剤、熱、ヨウ素
　　　　石鹸（Soap)、洗濯ソーダ（炭酸ナトリウム)
　　プラスチック製の容器や道具の洗浄・消毒 122
　　ガラス製カーボイや瓶の洗浄・消毒 122
　　その他の道具の洗浄・消毒 123
　　＜コラム＞消毒！消毒！ 124
　トワイライト・フォームへの旅 124
　　ブルーイングノートをつけよう(記録を取る) 125
　　これまでのおさらい 127
　　　　1) まずリラックス　2) 材料をそろえる
　　　　3) ウォートを煮込む　4) スパージング　5) 発酵
　　　　6) ボトリング　7) あとは飲むだけだ！
　　＜コラム＞ファーメンテーション：開放式と密閉式 134

第3章：世界のビアスタイル　～ The World Classic Beer Styles ～

　ブリティッシュ・エール 136
　　ビター(Bitter)　マイルド(Mild)　ペールエール(Pale Ale) 137
　　オールドエール(Old Ale)　ブラウンエール(Brown Ale) 138
　　スタウト(Stout)　バーレイワイン(Barley Wine) 139
　　ポーター(Porter)　スコティッシュ・エール(Scottish Ale) 141
　小麦ビール 142
　　ジャーマン・ヴァイツェン（German Weizenbier) 142
　　ドゥンケル・ヴァイツェン（Dunkelweizen) 143

ヴァイツェン・ボック（Weizenbock） ...143
　　　ベルリナー・ヴァイス（Berliner-style Weisse） ...143
　　　ベルジャン・ランビック（Belgian Lambic） ...143
　　　グーズ（Gueuze）　ファロ（Faro）　クリーク（Kriek） ...144
　　　アメリカン・ウィートビア（American Wheat） ...144
　ジャーマンスタイル・エール ...145
　　　デュッセルドルフ・アルトビア（Dusseldorf-style Altbier） ...145
　　　ケルシュ（Kolsch） ...145
　ベルジャン・スペシャルティ・エール ...145
　　　フランダース・ブラウンエール（Flanders Brown Ale） ...145
　　　セゾン（Saison）　ベルジャン・ホワイト（Belgian White Beer） ...146
　　　ベルジャン・トラピスト・エール（Belgian Trappist Ale） ...146
　ジャーマン＆コンチネンタル・ラガー ...147
　　　ピルスナー（Pilsener）　ボヘミアン・ピルスナー（Bohemian Pilsener） ...147
　　　ジャーマン・ピルスナー（German Pilsener） ...148
　　　オクトーバーフェスト（Oktobaerfest）／メルツェン（Marzen） ...148
　　　ウィーン・スタイル・ラガー（Vienna-style Lager） ...149
　ボック ...149
　　　ジャーマンボック（German Bock）　ドッペルボック（Doppelbock） ...149
　ババリアン・ビア ...150
　　　ミュンヘン・ヘレス（Munich Helles） ...150
　　　ミュンヘン・ドゥンケル（Munich Dunkel） ...150
　　　シュワルツビア（Schwarzbier） ...151
　　　ドルトムンダー／エキスポート（Dortmunder/Export） ...151
　　　ラオホビア（Rauchbier） ...151
　アメリカン・オーストラリア ...152
　　　アメリカン・スタンダード（American Standard） ...152
　　　アメリカン・プレミアム（American Premium） ...152
　　　ダイエット／低カロリー・ビール（Diet/Low-cal Beer） ...152
　　　ドライビール（Dry Beer） ...153
　　　カリフォルニア・コモン（California Common） ...153
　　　アメリカン・ダーク（American Dark Beers） ...153
　　　アメリカン・クリームエール（American Cream Ale） ...154
　　　オーストラリアン・ラガー（Australian Lagers） ...154

第4章: ホームブルーレシピ集　〜Worts Illustrated〜
 レシピの約束ごと 160
  ホップ、イースト、プライミング・シュガー
  ＜コラム＞プライミング・シュガー 161
  モルト、仕込み時の注意、比重、単位表記について
  HBU、名前について
 ウォーツ・イラストレイテッド(Worts Illustrated) 164
  イングリッシュ・ビター 164
   ライチャス・リアル・エール、ワイズアス・レッド・ビター 164
   パレス・ビター、パリラリア・インディア・ペールエール 166
   アボガドロ・エクスペディシャス・オールドエール 167
  アメリカン＆カナディアン・ビア 168
   フリーモント・プロッパー・アメリカン・ライト 168
   カナディアン・ルーナー・ラガー 169
   スティーム・ビア、ジーパーズ・クリーパーズ・ライト・ラガー 170
  コンチネンタル・ライトとアンバー 171
   ホーデシアス・ダッチ・デライト 171
   ウィンキー・ディンク・メルツェン 172
   フープ・モフィット・ヴィエナ・ラガー 173
   プロペンシティー・ピルスナー 174
   クラバロッカー・ジャーマン・ピルス 174
  ヴァイツェン/ヴァイス・ビアー 176
   ラブ・バイト・ヴァイツェン・ビア 176
  アルト・ビア 177
   オズモシス・アミーバ・ジャーマン・アルト 177
  オーストラリアン・ラガー 177
   オーストラリアン・スプリング・スノー・ゴールデン・ラガー 177
  イングリッシュ・マイルドとブラウンエール 178
   エルブロ・ネルクテ・ブラウンエール 178
   ネイキッド・サンデー・ブラウンエール 179
   ディサランビック・ブラウンエール 180
   チークス・トゥーザ・ウィンド・マイルド 181
  ポーター 181
   ゴート・スクロータム・エール、スパロー・ホーク・ポーター 181

- ボック ... 184
  - ドクター・ボック、パープル・マウンテン・ボック ... 184
- ドゥンケル ... 185
  - デインジャー・ノウズ・ノー・フェイバリッツ ... 185
  - リンプ・リチャーズ・シュバルツビア ... 186
- スタウト ... 187
  - トード・スピット・スタウト ... 187
  - クッシュロマクリー・スタウト ... 188
  - アメリカン・インペリアル・スタウト ... 189
- スペシャルティ・ビア ... 190
  - ロッキー・ラクーン・クリスタル・ハニー・ラガー ... 190
  - リンダズ・ラブリー・ライト・ハニー・ジンジャー・ラガー ... 191
  - ブルース＆ケイズ・ブラック・ハニー・スプルース・ラガー ... 192
  - クムディス・アイランド・スプルース・ビア ... 190
  - スモーキー・ラオホ・ビア ... 193
  - バガボンド・ジンジャー・エール ... 195
  - ローストアロマ・デッドライン・デライト ... 196
  - チェリーズ・イン・ザ・スノー ... 197
  - チェリー・フィーバー・スタウト ... 198
  - フーズ・イン・ザ・ガーデン・グランクリュ、ホリデー・チアー ... 199

グレイン・ブルーイング入門編 ... 202
パーシャルマッシング製法（マッシュ＋エキストラクト） ... 202
簡単な理論 ... 203
パーシャルマッシング製法で使う用具と工程 ... 203

パーシャルマッシング製法によるレシピ ... 206
- イズイット・ザ・トゥルース？ ... 206
- デイジー・メイ・ドルトムンド・ラガー ... 207
- ファッツ・ザ・ヘレス・ミュンヒナー ... 208
- サヤンドラ・ウィート ... 209
- リップス・インディア・ペール・ラガー ... 210
- アックルダックファイ・オートミール・スタウト ... 212
- デリベレイション・ドゥンケル ... 213
- ポトラッチ・ドッペルボック ... 214
- リムニアン・ウィート・ドッペルボック ... 215
- コロネル・コフィン・バーレイ・ワイン ... 217

第5章：上級編　〜 Advanced Homebrewing〜

- オールグレイン・ホームブルワー 228
  - いったい何を始めようというのか？ 229
  - 特別な用具は必要か？ 229
  - マッシング（The Mash!） 230
- 酵素の神秘 231
  - タンパク質分解酵素（Proteolytic Enzymes） 231
  - デンプン質分解酵素（Diastatic Enzymes） 231
    - αアミラーゼ、βアミラーゼ、切断したりちぎったり
    - 温度、時間（＊E=mc2：　時間は相対的？）
    - PH（ペーハー）、マッシュの濃度、醸造用の水に含まれるミネラル
  - 大麦の種類とモルトの生成 235
  - 大麦の種類 235
  - モルトのモディフィケーション 236
  - 酵素力 237
  - 副原料（デンプン）の使用 238
  - 副原料の前処理 239
    - ①ホール・グレイン　②デ・ハスクト　③デ・ブランド
    - ④グリッツ　⑤フレーク　⑥トレファイド
    - ⑦リファインド・スターチ
  - 入手しやすい一般的な副原料 241
    - バーレイ、コーン、オート麦、ポテト、米、ライ麦
    - 粟（あわ）、タピオカ、ライ小麦、小麦、ソバその他
- 上級者のホップ使用 244
- 上級者の醸造用水 247
  - 硬い水と軟らかい水 248
    - 一時硬度とは？、永久硬度とは？
  - PHと醸造の関係は？ 249
  - ミネラルと醸造の関係は？ 250
  - マッシュのPHはどうやって調整するのか？ 250
  - 自分で水の成分を調整できるか？ 252
  - ＜コラム＞日本の醸造用水について 251
- 上級者のイースト管理 253
  - イーストの培養 253

15

ステップ・カルチャリング 256
　　イーストの長期保存 257
　　イーストの汚染 257
上級者の道具 **258**
　　グレインミル：グレインを挽くための器具 258
　　マッシュタン：マッシュを造る容器 259
　　ロータータン：マッシュからウォートを濾しだす容器 260
　　万能ロータータン 261
　　ウォートチラー（Wort chiller） 262
マッシングの原理 **263**
　　マッシングの方法は3つ 264
　　インフュージョン・マッシング 265
　　ステップ・マッシング 266
　　ヨウ素（ヨードチンキ）によるデンプンの糖化テスト 268
ロータリング **269**
　　ウォートを抽出する 269
　　ウォートを煮込む 270
　　ウォートを冷やす 270
　　トゥルーブ：タンパク質の沈殿物 272
　　＜コラム＞ウォートの比重調整 273
オール・グレイン・レシピ **274**
　　　　アメイジング・ペールエール 274
　　　　ヘジテーション・レッド・メルツェン 275
　　　　ハイ・ベロシティー・ヴァイツェン 276
　　　　オールド 33 277
　　　　キャッチ・ハー・イン・ザ・ライ 278
　　　　アン・アメリカン・ライト・ビア 279
　　　　モンキーズ・パウ・ブラウンエール 281
　　　　シルバー・ダラー・ポーター 282
　　　　プロペンチャス・アイリッシュ・スタウト 283
　　　　ドリーム・エキスポート・ラガー 284
　　　　スパイダーズ・タン・ジャーマン・ヴァイス・ラオホ 285

サワー・マッシュとベルジャン・ランビック	286
サワー・マッシュの原理	287
サワー・マッシュを造る（モルトエキスを使った場合）	287
サワー・マッシュを造る（モルト・グレインを使った場合）	288
バイキャリアス・グーズ・ランビック	289
ロイセニアン・チェリー・クリーク	290
＜コラム＞クロイセニング：自然なプライミング	292

第6章: 蜂蜜の酒　〜ハニー・ミードを造る〜

ミードとは？	296
ハチミツについて	297
ハチミツを煮る	297
発酵温度	297
栄養源	298
酸度	298
スタック・ファーメンテーション（発酵不良）	298
トラディッショナル・ミード	299
ミードとハニー・ムーン	300
トラディッショナル・ミード	301
チーフ・ニウォッツ・ミード	302
バークシャック・ジンジャーミード	303

第7章: 補講　〜 by Professor Surfeit〜

トラブルシューティング　〜問題解決策〜	308
ビア・テイスティング　〜ビールの味わい方〜	315
ビア・ジャッジ　〜コンテストの仕方〜	322
ビールとあなたの体　〜悪酔いしないために〜	324
ビールの樽詰　〜ケギング(Kegging)〜	326
ホップを栽培しよう	330
「サイフォンについての考察」与井戸礼博士の講義から	333

資料編

ホームブルワー用語集	340
ホームブルーショップとHP情報	348
訳者あとがき	350

日本のホームブルワーに向けて

　ホームブルーイングは他に類を見ないユニークなホビーです。1970年に初めて自分でビールを造ってからこのかた、私は熱心にホームブルーイングをし続けています。最初の自家製ビールはまずまずでした。しかし、今日私を含めた何千人ものホームブルワーたちが造っている素晴らしいホームブルーとは比べるべくもありません。いったい何人のホームブルワーが今世界にいるのでしょうか？正確な数字を知ることは不可能ですが、私の運営している米国ホームブルワーズ協会（AHA: American Homebrewers Association）には世界中から少なくとも1500のホームブルー団体が登録されています。AHAの加盟団体は35カ国からにもなります。つい最近も私は会員を訪ねる旅をしてきました。南アフリカ、ブラジル、アルゼンチン、日本、オーストラリア、ニュージーランド、スウェーデン、ベルギー、オランダ、英国、ドイツ、イタリア、それにカナダ。私たちホームブルワーは共通の情熱を持って、より質の高いビール造りを目指しています（AHAについては詳しくは、www.homebrewersassociation.org にアクセスしてみてください）。

　ホームブルーイングをすることで得られるものは醸造に関する知識だけではありません。それによって家族や友人と素晴らしい時を分かち合う機会が生まれるのです。だから世界のビール愛好家は日本のホームブルワーたちを歓迎するでしょう。そしてその情熱や友情とビールに向けられた愛情を歓迎するでしょう。国籍を超えたインターナショナルなフレンドシップができるのです。私たちは伝統を擁護すると共に、常に斬新な改革を推進していくつもりです。この情熱は何千年も前から、家庭でビールを造りつづけてきた世界中の人たちが共有する真実なのです。

　ホームブルーイングはとてつもなく報われるホビーです。一度でもやってみればそれが理解できるはずです。自分でも素晴らしいビールを造ることができるのだということを発見し、その喜びを他の人たちと分かち合うことができるのです。新たな友人もできるでしょう。伝統的なビールであれ、革新的なビールであれ、ホームブルーをするときには是非楽しみながらやっていただきたいと思います。そしていつでも肩の力をぬいて、

"Relax. Don't Worry. Have a Homebrew."
著者：チャーリー・パパジアン

Charlie Papazian
米国ホームブルワーズ協会（AHA: American Homebrewers Association）の創設者で、ブルワーズ協会（AOB: Association of Brewers）会長。1972年にヴァージニア大学・核工学課程修了。現在、サンドラ夫人とコロラド州ボールダーに住み、熱心に自家製ビールを造り続けています。以下、氏が会員になっている団体名：
    Master Brewer Association of the Americas
    American Society of Brewing Chemists
    Institute and Guild of Brewing
    Slow Food International
    Bier Convent International.

AHAはAOBの一部門です。
AOBの詳しい情報は次のホームページで：www.brewersassociation.org

監修者より

　ビール造りを趣味にしている人はみんな「知的」で「好奇心に富んで」いる。その上、「親しみやすく」「誠実」である。だから、この本を手にとったあなたも「そういう」人物ということになる。素晴らしいことだ。そもそも、ビール造りは酵素や酵母といった自然の力を利用して、「楽しい」時に「神聖な」飲み物を造ろうという人類の大発明だ。大麦のモルトを砕いてお湯に漬ける、すると不思議なことにだんだんと甘い液体ができる。この神秘は味わったことのある者にしか分からない。そして、ここまで読んだあなたはもう、その神秘的な世界に足を踏み入れているわけだ。

　この本を読んで行くと、2つのことに気付くはずだ。ひとつはチャーリー・パパジアンという人物の人柄がよくこの本に現れているということだ。単なるビール造りの技術解説としてはもっと優れた本があるかもしれない。しかし、この本にはもっと奥深くて多様なビールの世界と愉快に触れ合う雰囲気がある。それがこの本をいまだにベストセラーにしている理由なのだ。

　もうひとつは、アメリカはホビー天国だということだ。「とにかく自分でやってみよう」という精神にあふれた国だということが理解できる。ある日、一人のアメリカ人が「手造りビールキット」を買ってくる。さあ、ここからが DIY の国アメリカだ。さっそくガレージを改造し、大なべを買い込み、中古のコンプレッサーやらポンプを設置する。なにしろ、車や飛行機だって自作してしまう国だ。ビール造りだって負けてはいない。この本を読んでいると、きっとそんなアメリカの自由な心が分かるはずだ。

　アメリカにはそんなホームブルー天国を支える、ショップや解説書、雑誌やホームブルークラブがおびただしいほどある。うらやましい限りだ。我々は残念ながらまだその豊富さを満喫することはできない。しかしアメリカでもちょっと前まではそんな豊富さはなかった。あり合わせのものを工夫して使い、手に入れにくいものは仲間で融通し合い、少ない情報を交換しながらビールを造っていた。そういった「不便を楽しむような」精神がきっと一番大切にすべきものなのだろう。

　原書はすべて「ガロン」や「オンス」単位で書かれているので、我々には親しみにくい部分もある。使用している商品名も日本では簡単に手に入らないものも多い。でも、そこは工夫の世界である。この本を読んでビールを造ってみ

ようという人は、知恵と情報と仲間を生かして新しい世界に挑戦しよう。「出来合い」のものには無い喜びが、そこにこそあるのだ。「ビール造りはアート」、素敵な作品を笑顔で仕上げよう！

大森治樹

使用単位について

　本書では基本的にビールの仕込み量を5ガロン（19リットル）想定しているため、便宜上原著に表されたままの米国式ポンド・オンスを使用しています。ただし、日本の読者に分かりやすくするために必要に応じて一部をリットル・グラムに変換してあります。変換に際しては下に示した＜単位換算表＞を元に計算しました。ポンド（lbs）やオンス（oz）などの表記は日本人には馴染みが薄いのですが、ホームブルーイングの世界ではキットや材料などをこれらの単位で販売していることが多いため、あえてこれを残しました。

　また、カップのサイズについては日本と米国で大きさが若干異なるため、補助的にグラム表示を併記しましたが、原著においても大まかな指示が多いので本当に正確であるとは言いがたいところです。この辺の事情についてはご理解をいただきたいと考えます。（訳者）

＜単位換算表＞
1 ガロン（gal）＝ 3.8 リットル
1 オンス（oz）＝ 28.35 グラム
1 ポンド（lb）＝ 454 グラム
1 クウォーツ（quart）＝ 2 パイント（pint）＝ 0.95 リットル

1 カップ（米）＝ 237cc（コーンシュガーなら約 130g）
大さじ1杯＝15cc
小さじ1杯＝5cc
5 ガロン＝19 リットル
3/4 カップ（米）＝ 180cc（コーンシュガーなら約 100g）

第1章

初級入門編
〜ホームブルーイングとは〜

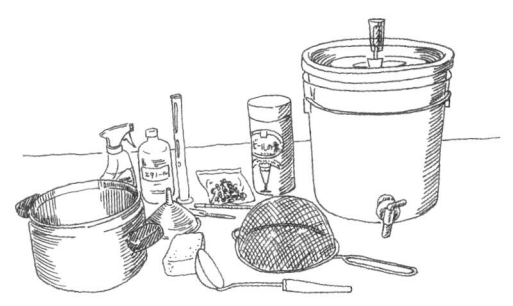

第1章　初級入門編　〜ホームブルーイングとは〜

"ホームブルワー"になりましょう

　この本はこれから"ホームブルワー"になろうとしている貴方のために、私が渾身の力をふりしぼって書きました。大げさかな？でもずいぶんと骨が折れました、実際のところ。"ホームブルワー"、つまり「家庭」で「ビールを造る人」ってことです。自分の飲むビールを自分で造る。それこそ"ビール好き"の究極の夢だと思いませんか？この楽しみは造った人にしか分からないもの。だからこの本を読み始めたあなた、貴方も今日からビールを造りましょう！ビールと言ってもたいていのものは三週間もあればできちゃいます。全然難しいことなんかありません。いたって簡単。例えば、スタウト、エール、ラガー、ポーター、ビター、マイルド、オクトーバーフェスト、ピルスナー、スペシャルティビア、それにミード... なんだって造れます。とにかくリラックスしておいしいビールをどんどん造る。そして何よりも造ることを存分に楽しんで、ビールとはどんなものか自分の肌で実感してください。その時にはあなたはもう立派な"ホームブルワー"です。さあリラックス、肩の力をぬいてさっそく始めましょう！

この本は 7 つの章で構成されています。
　それぞれの章は、初心者、中級者、上級者、さらにその上を目指すホームブルワーを念頭にして書いてあります。また章ごとに完結していますから、自分のレベルに合わせて読むことができます。特に初心者の方は上級編にある複雑な説明を気にする必要はありません。初級編の基本的なことだけで立派においしいビールが造れます。もちろん上級編の内容がとても役に立つものだということは、私が言うまでもなく上級者の方ならすぐに分かることでしょう。
　旨いビールは誰にでも簡単に造れます！でもまずいビールもまた"簡単に"できるというのも真実です。大事なことは小さな部分で手を抜かず、キッチリと基本を守って注意深く造ること。それが旨いビールとまずいビールの分れ道なのです。でも、なによりもまず大事なことは、ビール造りを楽しむということでしょうか。あんまり難しく考えすぎるとおいしいものもおいしくなくなってしまいますからね。そう、リラックスして気楽にやりましょう。
　さあて、その気になってきたんじゃないですか？そろそろ自分の好きなタイプのビールが頭に浮かんできたでしょう？この本を読んで基本的な知識を頭に

入れたら、それから先はあなた次第です。好きなだけ自分のビールを追求してください。でも覚えておいて欲しいことがひとつだけあります。それは、「世界で一番おいしいビールは、あなたが自分で造ったビールだ」ということです。それは、私が保証します。

「そりゃ、本当にやってもいいのか」って？

　もちろん！こんなに素晴らしいことをやっていけないわけが無いじゃないですか。現在、米国のほとんどの州政府が、家庭でビールやワインを造ることを法律で認めています。1978年11月、アメリカ合衆国議会はビールの自家醸造を禁じていた法律を破棄する決定をしました。そして1979年2月にカーター大統領がこの法案に署名し、正式にビールの自家醸造が認められることとなったのです。

　しかしいったい「自家醸造を禁止していた法律」とは何だったのでしょうか？その原因はあの悪名高い（あるいは"崇高な実験"として名高い）「禁酒法」にあったのです。1920年にできたこの「禁酒法」によってビール造りはおろか、すべての酒類は造ることも飲むことも御法度となりました。そしてこの暗黒の時代には密造酒がはびこり、かの有名なアル・カポネなどのマフィアを暗躍させる結果を招いたのです。家庭では、"じいさんの造ったビール"が唯一のお酒となりました（もちろん密造酒）。味はそこそこでしたが、みな満足していました。ただ、ときどきベッドの下に隠した自家製ビールが爆発し、寝具をビショビショにしてしまうという事件が各家庭で頻発しました。幸いこの禁酒法もすぐに廃止され再び酒造りが始まったわけですが、このとき当然ワインやビールの自家醸造も認められるはずだったのに、なんと議会の速記者のミスで「ワインやビールの自家醸造を許す」と記録すべきところを「ビールの…」という部分を書き落としてしまったために、なんとワインの自家醸造は認められながら、ビールの自家醸造だけが認められないままにされてしまったのです。冗談のような本当の話。

　しかし現在、合衆国の法律では「21歳以上の成人は1年に100ガロン以内であれば自家醸造をして良い」ことになっています。そうなるともし一家族に21歳以上の成人が2人以上いる場合には、その家庭では200ガロンまでの自家醸造が認められるということです。一年に100ガロン（379リットル：大瓶ビールで約30ケース）と言いますが、一人でこれだけの量を飲むのは大変なことですよ。

第1章　初級入門編　～ホームブルーイングとは～

　ただし、この場合の自家醸造はあくまでも個人で楽しむことを意味しており、これを他人に売ることは禁じています（どうしても売りたくなったら、酒販ライセンスを取得すれば良いのですが）。合衆国のおおかたの州では個人が行う"自家醸造"と、商業ベースの"醸造"を明確に区別しています。ただし、個人の自家醸造に対しては届け出や課税を必要としていない代わりに、これを第三者に売ることを禁じています。あくまでも個人の楽しみとして認めているということです。ですから皆さんビールを造っても、友人や家族で楽しむだけにしておきましょう。

ホームブルー・ビアはおいしくなった？

　良いビール造りの材料や器具は、自家醸造解禁以前には入手することが困難でした。しかし時代は移って、今では素晴らしい材料や器具が簡単に手に入るようになりました。加えてモルトエキスなどの質が格段と向上したために、今ではほとんど芸術とまで言えるようなホームブルー・ビアが登場するようになりました。これにはイギリス人の貢献が大きかったと思います。英国においては早くも1963年に自家醸造が認められ、人々の関心もまた高かったために、材料を供給する企業の側も努力を惜しみませんでした。自家醸造用の商品を買う人が増えれば、必然的に業界の力も増し、結果として質の高い製品が市場に出回るようになったのです。そして私たちアメリカ人は、この高い技術力を輸入することができたのです。

　もちろん、まだまだこれで良いというわけではありません。イギリスでもアメリカでも更に技術は磨かれるべきでしょう。特にアメリカでは、ビール業界はやっと最近になって我々ホームブルワーの存在を認め始めたところなのです。それというのも我々ホームブルワーの仲間からたくさんの"マイクロブルワー"が育ってきたからです。"マイクロブルワー"というのは年間15000バレル以下のビールを醸造する小規模のビール会社のことです。これにはアメリカのビール業界もちょっとビックリしているというのが本音でしょう。日本ではどうですか？

「なぜわざわざ自分でビールを造るのか」って？

　そりゃうまいからでしょ。「安くつく！」つまり経済的な理由もあるかもしれません。答えは人それぞれでしょう。実際、自分で造ったほうが安くなるこ

とは確かです。でも、最初はそんな理由で始めた人でもすぐに気がつくことがあります。それは自分で造ったビールが旨いということです。いろいろな味が楽しめる上に、なんといっても自分で造ったという満足感が大きいことです。ホームブルー・ビアは本当の意味での"生"ビールです。生きた酵母の入ったビールに勝るものはありません。おまけに世界中の様々なビールを自分で造ることができるのだから、もう止めるに止められないってわけです。それは市販のビールでは味わえない至極の喜びです。

　一度でもホームブルーイングを経験したら、あなたは増幅していくビールに対する興味をどうしようもなくなるでしょう。造るにつれて知識も増し、市販のビールに対する見方も変わってきます。そうなるともう"只のビール好き"じゃあありません。"真のビール好き"と言っていいでしょう。こんな楽しみはお金じゃあ買えないですよ。きっと他人にも知らせたくなるでしょう。そうしたら、どんどんホームブルワーの輪を広げて皆で楽しもうじゃありませんか！さあ、リラックスして、レッツ、ホームブルー！

第1章　初級入門編　〜ホームブルーイングとは〜

ビールの歴史とホームブルワー

　"アメリカン・ビア"というのは、伝統的なビールをもとにしながらもアメリカ独自の種類やスタイルを発展させてきたビールのことです。この"アメリカン・ビア"にも世界中のその他のビールと同様に、ほぼ4,500年もの間変わること無く受け継がれてきたビールの魅力が生きています。最初の"アメリカン・ビア"は家庭で造られていました。そこから街のビール屋さんが生まれ、それが今日見られるような大企業に成長してきたのです。その過程においてはたくさんの研究がなされ、改良されていった要素や失われていった要素があるわけです。最近アメリカでは家庭で造るビール、つまりホームブルーイングにまた新たな関心が寄せられています。それはもしかしたら昔のビールが持っていた"失われた要素"を見出そうという動きなのかもしれません。では、その"失われた要素"というのはいったい何なのでしょうか？そもそも今日私たちが飲み親しんでいるビールの味は、どうやってできたのでしょうか？その辺を少し詳しく見てみたいと思います。

むかしむかし…

　すべては偶然から始まったのです。最初にビールが造られたのは、メソポタミアやエジプト文明の頃の家庭でだったと歴史家たちは推測しています。その頃、地中海沿岸の地では大麦が良く育ち、人々の主食となっていました。この大麦からパンやケーキなどが作られていたわけですが、ちょっとした偶然から、人はこの大麦が濡れて発芽すると甘く腐りにくいものになるということに気がつきました。おそらくどこかの怠け者が取り込み忘れた大麦に、雨が当たって濡れたのでしょう。貴重な食料をそのまま捨てることもならず、乾かした大麦から偶然に生まれたのがいわゆる"麦芽"だったというわけです。そしてその麦芽からは大麦から作るよりもずっとおいしいパンやポーリッジ（オートミールのおかゆ）ができました。偶然が良いものを生んだというわけです。

　更にそのポーリッジやパンが雨ざらしになったとすれば、中に含まれている糖分が水に溶け出します。その甘いスープ（麦汁）に空気中の酵母が入り込むと、ブクブクと泡を立てながら発酵が始まるのです。そうして出来た液体をくだんの怠け者が飲めば、あら不思議、愉快な心地になって世界がバラ色に見えてきたではありませんか。と言った話があったかどうかは別として、とにかく

最初のビールができあがったのは、こんないきさつだったのではないかと推測されています。

　このやさしいアルコール飲料はエジプトやメソポタミアの人達にとって欠かせないものとなりました。当時の人にはアルコールや酵母といったものの存在はまだ知られていませんでしたから、ブクブクと泡を出しながら、飲めば不思議な気分になるこの液体は彼らにとってはただただ神秘的なものだったに違いありません。それが神への捧げ物としてエジプト人やメソポタミア人に大事にされていたとしても、決して驚くべきことではないでしょう。エジプトだけではありません。このころアステカやインカをはじめ世界の各地で様々なビールが発見されていました。米のビール、粟のビール、蜂蜜のビール、トウモロコシのビール、更にはエキスモーの人たちが好きなトナカイのミルクからできたお酒までありました。

　どのお酒もすべて家庭から生まれたのです。それ以来、何千年もの間、世界中の家庭でお酒が造られてきたのです。ヨーロッパやアメリカでは特にその傾向が強かったのかもしれません。というのも、街や村が発展すれば水の需要が増していきます。一方、都市化した街では川が汚染され安心して飲めるお水が少なくなります。そんな中で、発酵してアルコールを含んでいるビールは菌に汚染されることが無く安心して飲める飲料だったからです。しかし家庭で造るビールの習慣は次第に薄れていきました。それは街が発展するにつれてビールを専門に造る人たちが現れてきたからです。

種類とスタイル

　街に生まれた小さなブルワリー（醸造所）は次第に地域の特性を反映したものになっていきました。その土地の天候や農作物、人々の営みといったものを色濃く映し出したものでした。そうなってくると、もはや家々でビールを造る必要はありません。街の小さなブルワリーが地域の人々に愛されるビールを提

第1章 初級入門編 〜ホームブルーイングとは〜

供していくのです。この変化こそが近代ビールの歴史の幕開けなのです。いわば「地域集約型のビール供給システム」です。

　ここでビールの味を形成する要素について考えてみましょう。先にも述べましたが、収穫される作物や天候にはその土地その土地の特徴があります。これがビールの味を決定づける大きな要因となっています。使用する大麦や副原料の違いによって各地のビールの味に違いがでてくるのです。特にビール酵母の特徴はビールの味に色濃く反映します。ビール酵母は採集場所によって種類が異なるので、当然ビールの味は使用される酵母によって大きく変わるのです。その他にも、香りつけに加えられるハーブやホップなどは地域によって違いがあるため、これがビールの味を変えていきます。例えば、ホップがたくさん取れる地方ではビールにこれを豊富に加えることができますから、当然そのビールはとてもホップの効いたものになるでしょう。チェコにはピルスナータイプの原形とされる**ピルスナー・ウルケル**というビールがあります。このビールの繊細な味には、その原料に使われているこの地方特有の"水"が大きく影響しているものとされています。いっぽうベルギーにはそれこそ何百種類のビールがありますが、これらのビールの特徴は原料に使われる"水"ではなく、各ブルワリー固有の酵母によって形成されているものです。個性的で決して他では真似のできないものです。ドイツやアメリカで親しまれているウィートビアは小麦を原料にしていますが、これはその土地の気候や土壌の条件が大麦に合っていなかったために生み出されたビールだと考えられています。

　人々の生活様式によってビールの性格が形成されることもあります。例えばドイツのアインベックという村で最初に造られたボックビールは、各国の王族にとても人気の高かったビールです。アルコール成分が高かったこのビールには、長距離を運搬しても劣化しくいという特徴がありました。他の一般的なビールとは味においても全く違った特徴を持っていたのです。また**インディア・ペール・エール**というビールは、当時英国が植民地としていたインドに送るために造られたものです。これには高いアルコール成分と豊富なホップが含まれていました。そのため長い航海にも堪えることができ、現地に派遣されていた兵士たちにおいしいビールを供給することができたのです。長期の搬送にも持ちこたえることのできる高アルコールのビールが、人間の生活様式に応じて造られたというわけです。

　歴史を振り返ってみると、経済的な理由や原材料の不足によってビールの味

が変えられるということもありました。特に戦争時には穀物が兵士の食用に優先されたため、ビールの製造量が減ったり、劣悪なビールが出回ったりしました。税金による影響も見逃せません。世界中の国々においてアルコール飲料には税金が課せられていますが、ビールもアルコール飲料ですから課税を免れることはできません。しかも酒税率というのはたいていアルコールの含有量によって決められていますから、ビールのアルコール含有量を上げれば上げるほど、必然的に高い税金を払わなければならないことになるのです。このことによる影響が顕著に現れているのがアイルランドの**ギネス・スタウト**というビールです。アイルランドではビールの値段のなんと60％もが税金として取られていますが、そのためかどうか国内向けギネス・スタウトのアルコール含有量は3％以下であるということが、ある調査で判明しました。いっぽう海外に輸出するビールには低い税率が課せられているため、輸出用のギネスには国内消費用のものよりアルコールが多く含まれているというのです。もちろん地元のギネスはとてもおいしいのですが、アイルランド国内とそれ以外の国で飲まれているギネス・スタウトは全く違うものだということです。

アメリカン・ビア

アメリカン・ビアってなんでしょう？今日、代表的なアメリカン・ビアといえば、ライトタイプで明るい色をしたピルスナー・ラガー・スタイルということになるでしょう。でもこれは昔のアメリカン・ビアとはだいぶ違います。時代が移り変わるに連れてアメリカン・ビアも変わっていったのです。それは農業や経済、政治や文化や気候などの要素が変化していったからなのです。

かの「禁酒法」以前にはそれこそ何千というブルワリーが存在し、それぞれに特徴のあるビールを地元の人たちに供給していました。それと同時に何万という家庭でも自家醸造ビールが造られていたので、まさにビールのスタイル百

花繚乱といったところでしょうか。当時は個人、企業を問わず、大勢の人たちが情報を交換し合って、より良いビールを造るために励んでいたことでしょう。素晴らしい！

しかし1920年から1933年までの間アメリカ合衆国は「禁酒法」を施行しました。ビールにとっては不幸な時代だったといえるでしょう。やっとくだんの悪法が破壊されたとき、ほとんどのブルワリーは器材や設備を10年以上も放置していたために、低コスト化の波にも見舞われ消滅の道をたどりました。かろうじて生き残っていたのは大手ビールの醸造所だけだったそうです。彼らは食品会社にモルト（麦芽）を提供して細々と生計を立てていたのでした。

しかし運良く再出発できた大手ビールのメーカーも、当時はお酒に対する世間の目を気にしていました。特に女性の目を。彼らは女性にうけるビールを造ることに専念したのです。結果として、濃厚な味わいのアメリカン・ビアがことごとく姿を消すことになったのです。まさに悲劇と言っていいでしょう（少なくとも私にとっては）。更にマス・マーケティング時代の到来と共に絶対多数の人たちに好まれるビールが追求されるようになりました。多様性や選択肢なんかはどうでもいいってことですかね？　そうして、150年以上も掛けて培ってきたアメリカン・ビアの伝統はいとも簡単に捨て去られてしまったのです。

そうこうするうちに第2次世界大戦が勃発しました。放置されていたブルワリーの設備器材は軍事機器に変わり、食糧難からビールの原料も調達困難になりました。だからその頃のビールはモルト含有量がとても少ないのです。加えてアメリカではトウモロコシや米がふんだんに取れるので、これらがビールの副原料として使われだしたことも災い？しました。アメリカン・ビアの味はますますライトになったのです。また、多くの男達が戦場に駆り出された結果、消費者の主役は家に残された主婦ということになりました。これがまたまたライトビール人気を押し上げました。いえいえ、私は別にライト・ビールを悪者扱いしようって言うんじゃないんです。おいしければ何の問題もないのですから。問題なのは、今市場を席巻しているビールがおよそ2万種類もあるビア・スタイルのたった一つでしかないということなのです。私たちが残りほとんどの"選択肢"を失ってしまったということなのです。これはマス・マーケティングという経済力学がもたらした悲しい結果だと言えるでしょう。

ホームブルワーの任務

そこであなたがホームブルワーになったならば、是非いろいろなビールを造って仲間とワイワイ楽しんでください。また、自分の好きなタイプのビールだけを造るのではなくて、いろいろと試行錯誤しながら新しいビールにもチャレンジしてください。そうやってビール造りの楽しみを知って欲しいと思います。今のビールに欠けているのはそうした"手造りの味"なのです。

アメリカのホームブルワーは多種多様。屋根ふき職人あり、博物館の館長あり、精神科医、トラック運転手、お百姓さん、銀行家、お医者さん、沿岸警備隊員、エンジニア、歯医者、税務局員、理容師、秘書、それに主婦…。だからできあがるビールだって多種多様、決して一つのタイプではないのです。もちろんホームブルーを始めた理由もいろいろでしょう。自家醸造の歴史は古いけれど、今あえて自家醸造を行うことには特別な意味があるように思えます。自分で造ったビールを飲みながら、どうやってこの味ができあがったのかを思い浮かべる。あのなんとも言えない感慨を味わえるのは我々ホームブルワーだけなのですから。

第 1 章　初級入門編　〜ホームブルーイングとは〜

ホームブルーイングの基本

　むずかしいことなんか何もありません。要は缶詰をあけてその中身を煮込むだけなんだから。近頃ではホームブルワー向けの材料やキットが山のように売られています。(＊巻末「資料編」参照) ホームブルーショップに行けば、棚に並べられた 100 を超す種類のモルトエキスやビアキットから自分の好きなものを選ぶことができます。良心的なショップならば良いものだけを選りすぐって置いてあるはずですから、どれを選んでもおいしいビールが造れることでしょう。しかし初心者には、100 以上もあるキットの中からどれかを選ぶなんて途方に暮れてしまうことでしょう。では、どこから始めたら良いでしょう？やはり誰かのアドバイスをもらうことです。できれば最初は材料を選んでもらうのが良いでしょう。それも一番簡単にできる"サルにでも造れるキット"がお勧めです。簡単なものなら 3 週間ほどで飲めるビールができます。

　この章は、まだ一度もビールを造ったことがない人のために書かれたものです。「ほんとうに自分でビールが造れるんだろうか？しかも飲めるようなしろものが？」と、たぶんあなたは不安を感じているんじゃないですか？それどころか、いったい出来の良いビールってどんな味になれば良いのか、それすら分からないというのかもしれません。

　でもこの章だけ読めば、必ず素晴らしいビールができるということを保証します。しかも、簡単に。じゃあ、緊張せずにリラックスして…、レッツビギン！

Hop

原料

　ビールの基本原料は 4 つ：水、発酵可能な糖分（伝統的に大麦の麦芽）、ホップ、そしてイースト（酵母）です。これらの原料をレシピに従って調理します。そこにイーストを加えれば、糖分をアルコールと二酸化炭素に分解してビールができる、というわけです。タイプによっても違いますが、1 週間から 3 ヶ月間、瓶に詰めて熟成をさせれば出来上がりです。

"モルト"というのは"麦芽"のことです。正確には"モルテッド・バーレイ"直訳すれば、"発芽された大麦"という意味になります。バーレイとは大麦のことで、この大麦をある一定の条件下で水に浸して発芽させ、それを乾燥したものが"モルト"となるわけです。つまり発芽した大麦は、乾燥されることによって始めて"モルト"と呼ばれるのです。大麦がモルトに変わる過程で糖分が造られ、大麦に含まれていたデンプンが水に溶けやすくなり、その他の成分もビールができるのに適した状態となります。

　更にモルトは"マッシング"というプロセスを経て糖分になります。ある一定温度に保たれた湯にモルトを浸しておくと、その中に含まれている酵素がデンプンを糖分に変えます。この工程を"マッシング"と呼びます。こうしてできた糖分は発酵させることによってアルコールと二酸化炭素とに変化し、ビールができるというわけです。

　多くのブルワリーがトウモロコシや米、それに小麦やライ麦といった穀物を大麦以外に副原料として使用しています。これらの穀物も大麦同様に糖化プロセスを経て発酵させられるわけですが、その過程でそれらの穀物に特有の風味がビールに付くというわけです。こういった副原料はたいていビールの風味を軽くするために使われます。

　ホップはクワ科の蔓性多年草で、その花は明るい緑色でイチゴのような形をしています。ホップがビールに添加されるようになって既に200年経ちますが、その成分はビールにほろよい苦みを与え、モルトの甘さとあいまって絶妙なバランスを醸し出します。ホップにはその他にもビールの保存性を高める効果と、ビールを注いだ時に立つ泡の冠（"ヘッド"と呼びます）を長く保つ効果もあります。

　ビールの成分の90％以上は水です。ですから、使われる水によってビールの味は大きく影響されます。アメリカの水はほとんどがビール造りに適しています。もし水道の水に多量の硫黄や鉄分や炭酸水素イオンが含まれているようでしたら、市販のミネラルウォーターを使った方が良いかもしれません。まあ、飲んでみておいしい水ならば問題ないでしょう。発酵に適した糖分とホップでできた苦甘い"ティー"が、泡立ちの良いおいしいアルコール飲料＝"ビール"に変わるのはイースト（酵母）の働きによります。イーストは糖分を食べる微生物で、私たちの周りにも何千種類ものイーストが住んでいます。私たちホームブルワーにとって少々厄介なことは、それらのほとんどがビールには向かな

い野生のものだということです。野生のイーストがビールに混入すると、たいていはおいしくないビールが出来上がってしまいます。ビールに適したイーストは通常"ビア・イースト（ビール酵母）"と呼ばれ工業的に培養されています。ちなみに、パン酵母やワイン酵母も同様な手法で培養されます。

大別するとビール酵母にはラガー・イーストとエール・イーストの2種類があります。どちらのビール酵母を使うかによって、ビールのスタイルは違ったものになります。この辺については後でまた詳しく説明しましょう。

発酵プロセス

ブルワリー（醸造所）の仕事はこれらの原料を調合しそれを発酵醸造することです。醸造にかかる期間は造ろうとしているビールのスタイルにも因りますが、およそ10日から数ヶ月の間です。その間にイーストはみずからを繁殖させビールを発酵させながら液中に拡散していきます。そうして液中の糖分をアルコールと二酸化炭素とに変化させ、同時にあのビール特有の風味を醸し出していくのです。およそ5日から2週間でほとんどの糖分を食いつくしたイーストは、ゆっくりと発酵タンクの底に沈んでいきます。この時点で多くのブルワリーはビールを第2の容器（熟成タンク）に移します。それは透明性を増してきたビールを、底に溜まったオリ（沈殿物）から隔離するためです。こうして発酵が完了すると、ブルワリーはビールを瓶や缶、あるいは樽などの容器に詰めますが、これを"パッケージング"と呼びます。多くのブルワリーではビールを長持ちさせるために、ここで"パスチャライゼーション"という低温殺菌を行っています。まず熟成タンクのビールをフィルターで濾して人工的に炭酸ガスを加え、それに低温殺菌を施してからパッケージング（あるいはボトリング）ということになります。

もちろんホームブルワーもブルワリーがしているように、生の原材料からビール造りを始めることができます。でも、もっと簡単なやり方があります。どちらを選ぶかは個人の好みですが、大麦を発芽させてモルトを造ったり、更にはマッシングなど手間のかかる作業をしなくとも、ホームブルワーにはもっと簡単なやり方があるんです。それは"モルト・エキストラクト"というものを使う方法です。（＊この本では以後"モルトエキス"と呼ぶことにします）

モルトをマッシングすると甘い紅茶のような液体ができますが、モルトエキスはこれを濃縮したもので、水飴状のシロップと、100％水分をとばした粉末

状のものとがあります。更にこのモルトエキスにホップの香りを加えた"ビールキット"という便利なものもあるのです。そうなると後はこれに水とイーストを加えるだけということになります。

　では、ビール会社の造っているビールと個人の造るビールはどこが違うのでしょう？違いはただ一つ。ビールに均質性があるかないかということです。ビール会社は商品としてビールを売るわけですから、消費者の手元に届くビールはいつでも同じ味を保っていなければなりません。しかし、全く同じ味を作り出すということは容易なことではありません。そのために大変な研究費と設備がビール会社には必要になります。でも、ホームブルワーにはそんな必要はないでしょう？あなただって素晴らしいビールを造ることができますが、造るたびに少々違った味になったとしても、それほど気にすることはないでしょう。むしろ、そうやってビールの味を左右するのが何かを理解していくのですから。それが自然のビールというものです。だからこそ創意工夫していく意欲も湧いてくるというものです。

道具・器具

　一度におよそ19リットル（アメリカでは5ガロン）のビールを造るのに適した道具・器具を、以下にリストしました。（＊ホームブルーイングの世界では5ガロンの仕込みを基準にしたものが一般的になっています）

- 12〜15リットルの鍋：ステンレス製かホーロー製のものがベスト
- 19リットル（5ガロン）の"カーボイ"と呼ばれるガラス製大瓶。
- 19リットルの新品プラスチックバケツ
- 内径9mm、長さ2mくらいの透明ビニールホース
- エアーロック（発酵栓："ファーメンテイションロック"とも言う）
- エアーロックに付けるゴム栓
- 外径9mm、内径8mm、長さ75cmくらいの透明ビニールホース
- 大きなプラスチックの漏斗（じょうご）
- 温度計
- 液体比重計
- ボトルウォッシャー（瓶を洗浄するのにあると便利）
- 新品の王冠（使用済みのものは絶対だめ）

- 打栓器
- 大瓶（633ml）30本か小瓶（330ml）60本
- キッチン用ブリーチ
- ストレイナー（柄のついたステンレス製のザル）

これらの器具はすべてホームブルーショップで手に入ります。ビール瓶は酒屋で譲ってもらいましょう。できるだけ傷みの無いきれいなものが良いでしょう。

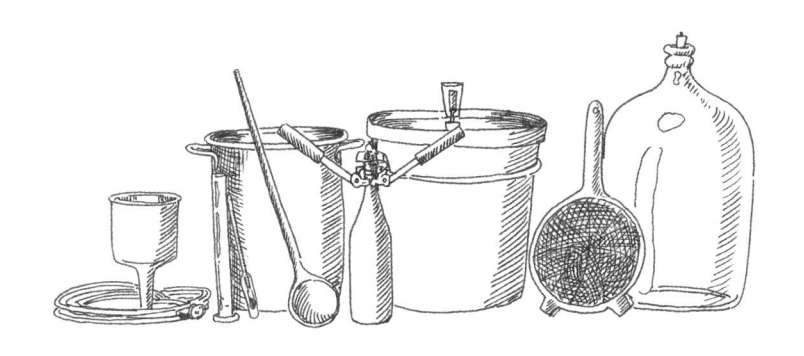

19リットル（5ガロン）のビール造りに必要な材料

- 5-6lbsのモルトエキス（ホップ添加の）か、3-4lbsのモルトエキス＋1-2lbsのコーンシュガーかドライモルトエキス
- 5ガロンの水
- エールイースト1袋
- 3/4カップのコーンシュガーか、1.25カップのドライモルトエキス（ボトリングの時に使う）

モルトエキスには風味によってエキストラペール、ペール、ライトアンバー、ブラウン、ダークなど種類がいろいろあります。大きな違いは色です。もしライトビールを造りたければ単純に明るい色のモルトエキスを使えばいいのです。ボックビールやスタウトなど濃い目のビールにしたければ、濃い色のモルトエキスを選びます。まあ、いろいろと試して経験していく内に、どのモルトエキスがどんな特徴を持っているか、自然と分かってくるでしょう。でも最初のビールならどのモルトエキスを使っても、きっと満足することでしょう。とりあえず造ってみることです。そう、リラックス！

さあ、造りましょう！

手順を大まかに書けば以下のとおり。
1) モルトエキス（とコーンシュガー）を約6リットルの水に流し込んで15分間煮る
2) 発酵容器をキッチン用ブリーチで消毒する
3) 約12リットルのきれいな水を消毒した発酵バケツに加える
4) 煮込んだモルトエキススープを発酵バケツに流し込む
5) 液温が約26℃になったら比重計で比重を計り、イーストを添加する
6) "発酵ホース"を取り付け、第一次発酵が終わったらエアーロックを取り付ける
7) 8日から14日の間発酵させる
8) ボトリング、瓶に詰めて栓をする
9) 10日間熟成させる
10) ビールを飲む！

簡単でしょう？では順を追ってひとつずつ詳しく説明をしていきます。

1) モルトエキスを約6リットルの水に流し込んで15分間煮る

リストに示した量は一応の目安です。（＊43ページにある表を見て自分の好みで調合する量を決めましょう）市販のビールキットやモルトエキスのサイズにはいろいろありますが、3.5lbs（1.6kg）のモルトエキス缶が標準的でしょう。手始めとしてはモルトエキス缶を1缶と、ライトドライモルトエキスを1ポンド使います。もし豊潤な味がお好みでしたらモルトエキス缶を2缶使ってみてください。砂糖を使うのはあまりお勧めできません。よくキット缶についているレシピには、モルトエキスと同量の砂糖を使うように書いてあります。でも、砂糖を使うのはあくまでもエキ

スが足りなかった場合にその分を補足するのが目的で、使わないほうがビールの味は間違いなく良くなります。また材料を煮込む工程を省いたレシピがときどき見られますが、これも間違いです。材料は煮込めば煮込むほど、出来上がるビールの味は良くなります。最低でも15分から30分は煮込んでください。

　さあモルトエキスの缶を開けましょう。できれば開ける前に缶をお湯に浸けておくと良いでしょう。そのほうがドロリとしたシロップが取り出しやすくなります。缶を開けたらシロップを鍋に移し、それに6リットルの水を加えます。ドライモルトエキスやコーンシュガーを使う場合はここでそれらの材料も鍋に入れます。よくかき混ぜながら15分煮込んでください。

2）キッチン用ブリーチで発酵容器（カーボイ）を消毒する

　ここで消毒です。ビール造りに使う道具はあなたの手も含めて、すべて消毒します。ここがビール造りで一番大事なポイントだと言ってもいいでしょう。もしこの作業を怠ったり手を抜いたりすれば、せっかくの素晴らしいレシピも台無しになってしまいます。でも、神経質になることはありません。リラックスして、やるべきことをひとつずつこなしていけばいいんです。簡単、かんたん！

　とにかくビールの素となるモルトエキスのスープに触れるものは、すべて消毒します。消毒に使うのはキッチン用の漂白剤（ブリーチ）でOKです。5ガロン（19リットル）の水に対して漂白剤50ccくらいでいいでしょう。まず容器を水洗いしてから漂白剤を水で薄めて容器に入れます。ここでは5ガロンサイズのカーボイを使います。その後は熱い湯でカーボイの内側を洗い流し、漂白剤の臭いを消します。ここで特に注意すること：**キッチン用の漂白剤（塩素系のブリーチ）と他の消毒薬は絶対に混ぜないでください。化学変化を起こして大変に危険です！**

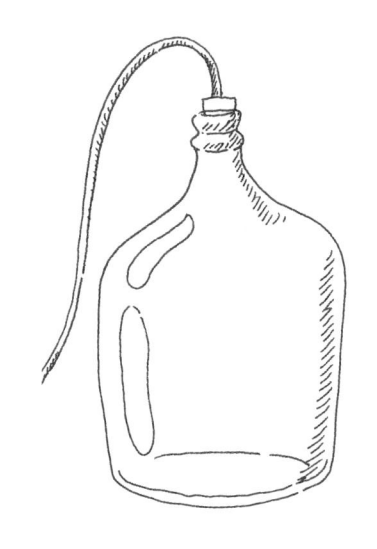

3）きれいな水を12リットル、消毒した発酵容器(カーボイ)に入れる

　12リットルの冷たい水を、漏斗を使ってカーボイに流し込みます。いいですか、ビールに触れるすべての物を消毒しておくのを忘れずに。もちろん、漏斗やあなたの手も消毒しておいてください。

4）煮込んだモルトエキススープを発酵容器に流し込む

　やはり漏斗を使って、煮込んだモルトエキススープをカーボイに流し込みます。ご心配なく、カーボイ（ガラスの容器）には冷たい水が入っていますからスープの熱で割れることはありません。
ここでカーボイにフタをします。もしフタが無ければゴム栓を使います。これもちゃんと消毒しておくように。それからスープと水が良く混ざるようにカーボイを横にして転がしましょう。もしカーボイの上部に空きがあれば、上から10cmぐらいのところまで水を足しましょう。水を足したらもう一度よく振って混ぜます。

　注意：もしスープにホップを入れたなら、スープをカーボイに移す時にストレイナー（ステンレス製のザル）でホップを濾してください。当然ストレイナーやザルも消毒しておきます。

5）液温が約26℃になったら比重を計り、イーストを添加する

　温度計でスープの温度を計ります。スープの温度が20〜26℃ならばイーストを入れて良い温度です。しかしその前にこの"ビールの前身"であるスープの比重を計ります。比重を計るには比重計というものを用いますが、使い方は温度計とあまり変わりません。比重計を使うことによって、これからできるビールのアルコール度数を計ることができ、またいつ瓶詰めしても良いのかということが分かるのです。

比重計とは？

　比重計は液体の濃度を計るもので、ある特定の温度における水の比重を1.000としてそれに対して対象となる液体の重さがどれくらい重いか軽いかという数値を表します。例えば砂糖のような水溶性物質を水に加えると、その水溶液は1.000より少し重くなるわけです。

　ここでは19リットルの水に対して5lbs（2.25kg）のモルトエキスやコーンシュガーを加えることによって、その比重がおよそ1.035～1.042くらいになるようにしています。これがイーストの働きによって発酵とともに水に溶けていた糖分がアルコールと炭酸ガスに変化し、水中の糖分が減るのと同時に水より軽いアルコール分が増えることで、全体としての比重が減少するという結果になります。

　比重計に添付された説明書を良く読んで、液温が何度の時に正確な比重を出すようになっているのかを調べましょう。たいていの比重計は液温16℃で正確な比重を出せるようになっています。従ってもしも比重を計ろうとしている液体の温度が27℃や32℃だったりしたら、その数値は正確なものではないということになります。なぜかって？じゃあ、蜂蜜の場合を考えてみましょうか。蜂蜜は冷えた状態ではドロドロしていますが、熱すると水っぽくなりますよね。これはつまり比重が下がったということなのです。同じことがこのビールの素になるスープに対しても言えます。比重は液温が摂氏で5℃増すごとに約0.002下がります。ですから16℃で正常な比重は、液温が10℃上がって26℃になれば約0.004下がるというわけです。そうすると液温26℃の時に計った比重が1.038だったとしたら、その液体の本来の比重は約1.042だということになりますね。もしこの計算がめんどうであれば、サンプルした液体の温度が16℃に下がるまで待ってから比重を計ってください。でも…、心配することもないでしょう。気楽に行きましょう。

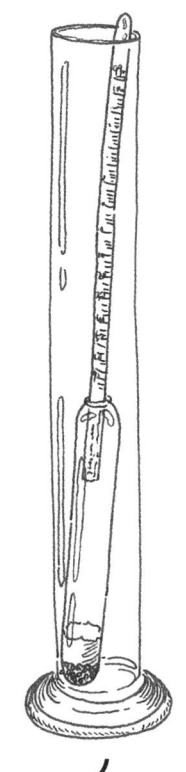

比重計の使い方は簡単です。まず比重計のシリンダー（容器）にモルトエキススープを少量とって流し込みます。それからその中に比重計を静かに浮かべて液面の目盛りを読むだけです。この時に計った比重は必ずメモしておきましょう。同様にその時の液温や気温などといったデータも記録しておくと役に立ちます。しかし、ここで大事な注意！比重を計ったシリンダーのスープを決して発酵容器に戻さないこと。なぜなら、そのわずかなスープがせっかく消毒したスープ全体を駄目にする可能性があるからです。これはそのまま捨てるか、あるいは参考のために味見をしておくといいでしょう。その後は捨ててください。小さな犠牲です。そして液温が26℃以下（理想的には21〜24℃）になったら、このときはじめてイーストを加えます。

ビギナーズ・チャート
コーンシュガー使用量によるフレーバーの違い（5ガロンの場合）

モルト エキス量 (lbs)	モルトエキス50%に コーンシュガー50%	モルトエキス75〜90%に コーンシュガー10〜25%	100%モルトエキス （コーンなし）
2.5〜 3.5	薄くてライトなボディ。ドライ。アルコール含有度3〜4%。	ビール本来のフレーバーがし、ライトなボディ。低アルコール(2.5〜3%)	素晴らしいビールの香りがするが、フレーバー、ボディ、アルコール度(2〜2.5%)どれをとってもとてもライト。低カロリービール。
4	ドライ。ライトボディ。アルコールが強い。	ビール本来のフレーバーでライトなボディ。アルコール度3%まで。	メディアム・フレーバーの素晴らしいビール。低アルコールでライトボディ。
5	お薦めできません	ビール本来のフレーバー。高アルコール度。	フルフレーバー。アルコール度は中くらいの素晴らしいビール。ミディアム〜フルボディ。
6	お薦めできません	ビール本来のフレーバー。高アルコール度。芳醇なフルボディ。より長期の発行期間が必須。しかしビギナーにはお薦めできません。	フルフレーバーで中アルコール度の素晴らしいビール。ミディアム〜フルボディ。
7	お薦めできません	上記に同じ	フルフレーバーで高アルコール度の素晴らしいビール。フルボディ、より甘い口当たり。

第 1 章　初級入門編　～ホームブルーイングとは～

6) ホースを取り付け、最初の激しい発酵が終わったらエアーロックを取り付ける

　これから行おうとしているのは"クローズドファーメンテイション（密閉式発酵）"といって、ビールスープをまわりの空気から完全に隔離するやり方です。このやり方によればあなたのビールはオフレーバーの元となる野生酵母やその他の微生物に汚されることなく、99％無事にできあがるでしょう。（いわゆる病原菌や毒性の微生物がビールの中で生き延びることはないとされています。だから、まず死ぬことだけはありませんので、ご安心ください。）

　まずゴム栓と発酵ホース（外径 9mm 長さ 75cm の透明プラスチックホース）を消毒します。それから発酵ホースをゴム栓に差し込み、そのゴム栓をカーボイの口に差し込みます（＊ 40 ページの絵を参考にしてください。このとき、もし外径 3.1cm くらいのホースがあれば、それをそのままカーボイの口に差し込んでもかまいません。この場合にはゴム栓は必要なくなります。）このホースを取り付けることによって、発酵時に出る泡をカーボイの外に排出することができます。ホースの先には泡受けのための容器を置いておきましょう。この密閉式発酵方をとると、余分なイーストやホップの苦みなどを取り除く事ができるだけでなく、二日酔いが少ないビールになるというメリットもあります。

　一方、密閉式に因らず開放式を採用した場合はこのホースを取り付ける必要はありません。その場合には 19 リットルの液体に対して 25 リットルサイズの容器を用意するか、あるいは 20 リットルの容器に入るように、少々少なめのビールを仕込むようにします。そうすれば発酵時に出る泡が容器の口に達することはありません。そしてゴム栓でフタをする代わりにエアーロックという装置を取り付けます。この場合には長く伸びたホースに足を引っかけてゴム栓が外れてしまいビールを床にぶちまける、なんてことも無くなるでしょう。

　最初の 2・3 日は発酵が活発に行われ、見ていても興味深いものがあります。それから次第に発酵もゆるやかになります。そうしたらゴム栓とホースを外して、

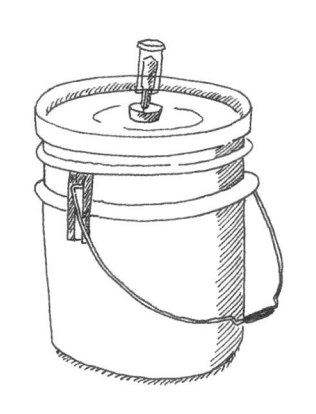

代わりにエアーロックを取り付けます。

　エアーロックは発酵によって発生したガスを容器の外に逃がし、同時に外の空気を容器に入れないという働きをします。このエアーロックもやはり他の器具同様に消毒しておきましょう。エアーロックを容器に装着したら、エアーロックの中にも半分ほどの水を入れておくことを忘れずに。決して水以外のものを入れないように！

7) 1～2週間、発酵させる

　あなたが今造っているビールはエールタイプのビールです。このタイプのビールは一般的に15～24℃の温度下で造られます。エールタイプのビールはラガータイプのビールと異なり、発酵容器に長期間置いておくことはあまりありません。発酵が正常に進めば目に見えた発酵活動は5日から14日で治まるでしょう。イーストの活動がある程度おさまると、溶液中のイーストは容器の底に沈んでいきます。その時、ビールは透明度を増しながらも濃い色になっているでしょう。この時期がビールを瓶詰めするのに一番適しています。もちろんそれ以上（例えば一ヶ月くらい）の期間ビールを発酵容器に入れたままにしておいても大丈夫ですが、やむを得ない理由でもない限り、意味の無いことでしょう。

　瓶詰めに適しているかどうかを、もっと正確に判断するにはどうしたらいいでしょうか？それには比重計を使います。発酵が穏やかになってきたなと感じたらビールの比重を計ってみましょう。2・3日続けて比重を計り、その間変化が見られなければ瓶詰めしても良いということです。この時絶対にしてはいけないことがあります。それは比重計に採ったビールを発酵容器に戻さないということです。少しもったいないなと思っても必ず捨てるか、あるいは飲んでしまいましょう。（もうお分かりのように、ここでビールを容器に戻せばそれによって残りのビール全部が汚染の危険にさらされるからです。）瓶詰めの時点ではビールは少し濁っているかもしれませんが、これは時間が経つにつれてなくなります。

8) ボトリング：ビールを瓶に詰めて栓をする

　まずリラックスしましょう。ビールでも飲んで。できれば友人か奥さんに手伝いを頼んでおくのも手です。そうすれば緊張せずに落ち着いてできるでしょう。

　再三のことですが、まず器具や道具を消毒します。ビールに触れるものすべてをキッチン用の漂白剤（5ガロンの水に対して50cc）で消毒してください。ビールを詰める瓶はお風呂の浴槽や大きなバケツに浸けて消毒すると良いでしょう。もしお金に余裕があればボトルウォッシャーを買われることをお勧めします。これを使えば瓶だけでなくカーボイやバケツなどもお湯を使って洗うことができ、とても便利です。

　ここで瓶詰めの時にする作業が一つあります。"プライミングシュガー"を加えるということです。発酵が止んだビールに少量のコーンシュガーを加えることで、活動を停止していたイーストが瓶の中で再度発酵を始めます。これによってビールに適度な炭酸ガスが得られます。19リットルのビールに対して約3/4カップのコーンシュガーか1.25カップのドライモルトエキスを加えます（コーンシュガーを1カップ以上加えるのは危険です）。

　プライミングシュガーを入れ過ぎると、過剰な炭酸ガスが発生し瓶が爆発する恐れがあります。小さじで一瓶ごとにプライミングシュガーを入れるやり方もありますが、この方法ですと一瓶ごとに発生する炭酸ガスの量が異なったり、バクテリアの混入による汚染の恐れもあります。また、ビールの比重がある一定値に落ちるのを待って瓶詰めするやり方も、あまりおすすめできません。なぜなら、ホームブルーキットにはいろいろなレシピがあるために、発酵が治まったとされる比重がまちまちだからです。以下が瓶詰めの工程です。

① 瓶を消毒します。
② プラスチックバケツを消毒します。
③ 180cmのサイフォンホースを消毒します。
④ ボトルキャップ（王冠）を5分間煮沸します。
⑤ 3/4カップのコーンシュガーか1.25カップのドライモルトエキスを500ccの水で5分間煮沸します。それから、
⑥ ビールの入ったカーボイをテーブルか台に乗せ、エアーロックを外します。
⑦ 消毒したプラスチックバケツをテーブルの下（カーボイより下）に置き、その中に煮沸した砂糖液を流し込みます。
⑧ 消毒済みのプラスチックホースに水を入れます。空気が入らないように完全に水を満たしましょう。ホースの片方の端を親指でふさぎます。（この時しっかりと手も消毒しておくように）。そしてもう一方の端を静かにカーボイの中に差し込みます。
⑨ これでサイフォンの用意ができました。緊張せずにリラックス。たかがビールじゃないですか。親指でふさいだ方のホースの端を床に置いたプラスチックバケツの底に持っていき、親指を放します。ビールが静かにバケツの底に流れ込んでいきます。この時注意することが2つあります。1つは、ビールを流し込む時にバチャバチャと跳ねないように、泡が立たないように気をつけます。もう1つは、カーボイの中のビールを全部流し込まずに最後の1/2インチはカーボイに残すようにします。これは酵母などのオリだからです。しかし、あまり気にせずに適当で結構。

⑩ 比重計で今一度ビールの比重を計っておきます。これで発酵が一段落していることを確かめると共に、将来のためのデータとしてその比重をノートに記録しておく目的があります。

　しかし、発酵が完了したといってもビールの比重は1.000になっているわけではありません。それはビールの中にまだ糖分が残されているからです。この糖分があなたのビールに"ボディー"と"まろやかさ"を与えるのです。ですからこの時点でのビールの比重はだいたい1.005～1.017くらいになっていると思います。この数値はモルトの分量が多いほど、またビールの濃度が濃いものほど高くなっているでしょう。大事な点は、ビールの瓶詰めに適した状態かどうかですが、それは瓶詰めする前のビールの比重が2～3日変化していなければ瓶詰めの時期になっていると考えていいことです。

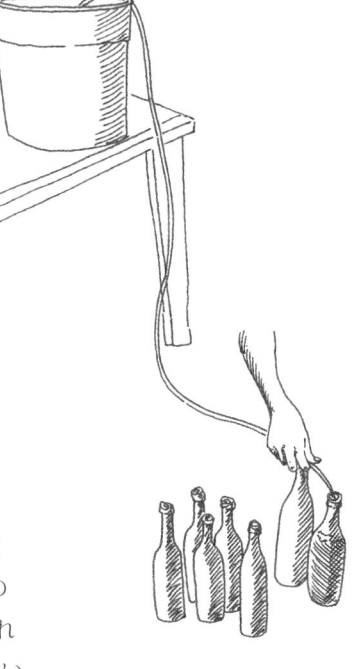

⑪ さて今度はバケツに移したビールをテーブルか台に乗せます。そしてバケツのビールを用意した瓶に移していきます。先ほどと同じように、静かに泡立てないようにして一本づつビールを瓶にサイフォンしていきましょう。瓶の口から3cmくらいのところまでビールを入れます。ビールの流れを止めたいときは、ホースの口を折り曲げるか指できつく閉めれば良いでしょう。

⑫ すべての瓶にビールを満たしたら今度はそれにキャップをしていきます。消毒しておいた王冠を瓶の上に載せ、打栓器を使って一つずつ栓をしていきましょう。

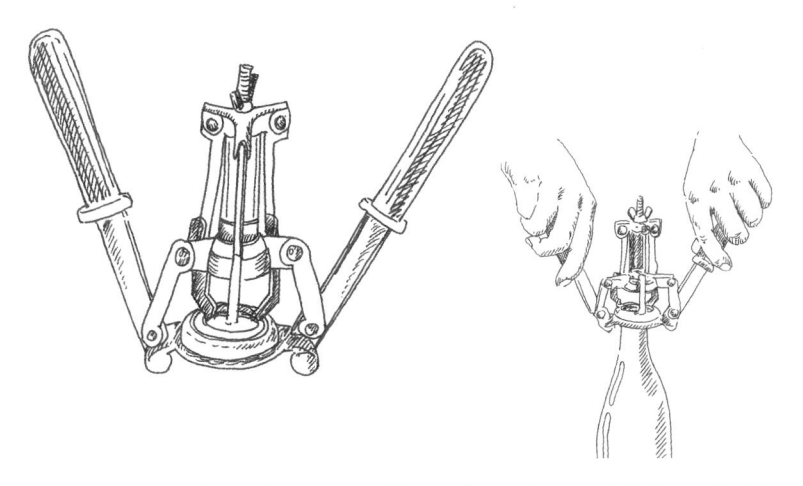

⑫　ビールを詰めた瓶にラベルを付けてどんなビールかを記録しておきましょう。これからいろいろなビールを次々と造っていくでしょうから。
⑬　瓶詰めしたビールは家の中でも暗くて涼しいところに保存します。できれば保存場所の温度が13〜24℃くらいに保てると完璧です。

9) 10日間熟成させる

　さてこれからが大変です。じっと待つのです。
瓶詰めして5〜6日たつとビールが透明になってきます。ビールの中で活動していた酵母菌が徐々に瓶の底に溜まってオリを造っていきます。その間、酵母がビールの熟成を行い炭酸ガスを増やしていきます。そして1週間から2週間たつと、あなたのビールはもう飲みごろになっているでしょう。

10) ビールを飲む！

　さあとうとう飲む時が来ました！でも、ちょっと待った、瓶の底にはオリが溜まっていますね。これはどうしましょうか？フィルターで濾すことはないにしてもやっぱり最初のビールには混ぜたくないでしょう。実際はこのオリにはビタミンBなどの栄養がたくさん含まれているのですが、同時に酵母の特殊な風味も強く含まれています。ですからビールをグラスに注ぐ時にはこのオリを起こさないように静かに注ぎます。決して瓶をさかさまにして底を覗くなんてことはしないように。"Made In Japan"なんて書いてあるかもしれませんね。

適度に冷やしたビールを静かにグラスに注ぎましょう。せっかくできた手造りのビールですから、紙コップやプラスチックのコップでは味気ないですよね。ここは是非きれいなグラスやお気に入りのマグカップを使ってください。なんてったってあなたのビールですよ！飲む時には少し開いた口をグラスにつけて、泡を唇で止めながらビールをノドの奥に流し込みます。そしてニッコリと微笑むのです。手造りビールを飲む時にはこれが一番大事なんです。

いろいろなやり方

ホームブルーイングのテクニックにはいろいろありますが、どのやり方もそれなりに正しいと言って良いと思います。違いはどこかと言えば、だいたい以下に挙げた点にあるでしょう。

長期熟成（ラガータイプ）と短期熟成（エールタイプ）
単次発酵と複次発酵
開放式発酵と密閉式発酵
プラスチック容器による醸造

長期熟成と短期熟成

造ったビールがいつ飲みごろになるのかは、イーストの質と発酵温度によって決まります。エールイーストを使って発酵温度を18℃以上に保った場合、ビールは2週間ほどで瓶詰めに適した状態になります。それに対してラガーイースト（それもかなり高品質の）を使って発酵温度を7℃以下におさえた場合のみ、長期熟成をする意味があります。瓶詰めした後に長期間熟成させるのは、高品質のラガーイーストを使用してしかも保存温度を4℃以下か、ときには1℃くらいまで下げた状態で熟成をさせるのでない限りは、まったくメリットはありません。まあ最終的にはいつが飲みごろかを決めるのはあなた次第ということになりますが、個人の好みにもよるでしょう。

一段階発酵法と二段階発酵法

二段階発酵法というのは発酵の段階を二度に分け、容器を変えて発酵させるやりかたです。このやり方を取る場合には、第一次発酵の初期によく注意して

発酵の進展を見守る必要があります。第一次発酵が済んだらビールを別の容器にサイフォンで移します。容器には当然エアーロックをしておきます。これによって活動を停止したイーストのオリをビールから分離して取り除くことができます。

　二段階発酵法をとる理由は、活動を停止したイーストの細胞に必要以上にビールが触れていることを避ける目的があります。ただしビールを発酵容器に3週間以上ねかせる場合にだけその必要が発生します。というのはこの期間を過ぎるとイーストは自己破壊を始めビールの臭み、いわゆる**"オフフレーバー"**を発生させるからです。しかし実際はビールを3週間以上も容器に保存しておくことはラガータイプのビールを造る場合以外、全く意味のないことです。

　ラガーイーストを使ってビールを造る場合でも、二段階発酵法をとって消毒に充分気を付ければ室温で醸造することも充分可能です。しかしその場合でも長期間がまんして待つことはないと思います。ビールが一番フレッシュでおいしく飲めるのは発酵を始めてから3〜4週間以内だと思います。二段階発酵法をとって発酵容器を変えるのは、私のようにいつ瓶詰めできるか分からないような人には意味のあることです。正直いって私も諸々の理由で4週間から時には6週間もビールを瓶詰めできない事があるからです。ですから私はこの二段階発酵法と密閉式の発酵法をとっています。

開放式発酵と密閉式発酵

　開放式発酵というのは、プラスチックバケツのように完全にフタが密閉しないような容器を使うことを言います。フレッシュでおいしいビールを造るために一番気を付けなくてはならないことは消毒滅菌です。ですから、この開放式

第1章 初級入門編 〜ホームブルーイングとは〜

発酵ができるのは発酵速度の速いエールタイプのイーストを使う場合と、室温で造る一部のラガーイーストを使う場合に限られます。その場合には瓶詰めも早期に行います。二段階発酵法を採用した場合には、第一次の発酵容器に開放式のものを使い、第二次の発酵容器に密閉式のものを用いることもできます。この場合は第二次の密閉容器にエアーロックを付け、長くとも2週間以内には瓶詰めするようにしましょう。いくらビールの衛生状態が良好に保たれていたとしても、第一次発酵時に開放式の容器を使っているのですから雑菌が全く入らないということはありえません。

ビール造りの興味が進んでラガータイプのビールを造ろうということになったなら、是非、密閉式の発酵法を取るようにしましょう。ラガービールは長期熟成ビールですから雑菌の混入する危険もそれだけ大きくなります。できるだけそのリスクを減らすためには容器は密閉したものを使い、消毒と衛生管理を万全にする必要があります。

しかし、初心者には開放式の発酵法のほうが向いていると思います。開放式の容器は(たいていプラスチックバケツですが)入手もしやすく扱いも簡単だからです。消毒と衛生管理さえしっかりしていれば開放式でも何ら問題はありません。

プラスチック容器による醸造

市販のビールキットを買うと大抵は5ガロンから10ガロンのサイズのプラスチックバケツ（調理用具としての）がついてきます。もちろんこれでも密閉式の本格的な容器におとらないおいしいビールは造れるわけです。しかし以下の何点かについては気を付けてください。

- 容器をはじめビールに触れるすべてのものを良く消毒すること。
- 傷がついたり汚れた容器を使わないこと。プラスチックの表面についた傷には、たとえそれがどんなに小さな傷でも、微生物が住みつきやすくしかもそれを取り除くことはどんな消毒薬をもってしても不可能に近いからです。
- この方法で造れるのはエールタイプのビールか、室温で醸造可能なラガータイプのビールだけです。
- 一週間以上ビールを発酵容器に保存しておくことは避けましょう。比重計によって第一次発酵が終わったと分かったらすぐに瓶詰めする

か、サイフォンによって注意深く別の密閉式容器にビールを移しましょう。その場合にもエアーロックを装着することを忘れずに。

　以上、その他の手順はどのやり方でも同じで、すべてこれまでに説明したとおりです。そして決して難しく考えず、常にリラックスしてやることを忘れずに。エンジョイ、ホームブルーイング！

一次発酵と二次発酵

　煮込んだウォートを冷まして発酵容器に入れる。しばらくすると発酵容器の底にいわゆるオリが溜まる。さらに発酵が一段落すると活動を終えたイーストも沈殿し始めるが、これらはビールの味に悪影響を与える場合があるので、できれば取り除きたい。そこで、オリを残したまま上澄みを別の容器に移して分離する。これを"ラッキング（オリ引き）"と言う。本書では「オリ引き前の発酵」を"一次発酵"、「オリ引き後の発酵」を"二次発酵"と呼んでいて、原書ではそれぞれ"プライマリー発酵"、"セカンダリー発酵"と書かれている。

　ただし、ビール醸造の世界では一般に"二次発酵"とは次の２つの意味のどちらかになる場合がほとんどなので誤解しないようにしたい。ひとつは完成したビールにプライミング用の糖分を加えてビンや樽で"容器内発酵"させることで、ホームブルワーがよく行う"ボトルコンディショニング"がこれにあたる。もうひとつは、発酵の後半にビールを低温タンクに移して味の調整を行うことを指している。（大森治樹）

第2章

中級編
~Better Brewing~

第2章　中級編　〜Better Brewing〜

モルトエキスから造るビールをもっとおいしく

　はじめてのビール造りはいかがでしたか？　一度でもおいしいビールができちゃうと、「今度はもっとおいしいビールを」ってなことになるのが人情ですね。でも、その先にはあなたにも想像できないほどの奥深〜い世界が待ち受けていますよ！　この本ですべてが分かったつもりには決してならないように。先は長いですから。

　さて、この中級編ではビール造りの工程にもっと工夫をこらし、多方面に応用できるモルトエキスの使い方を研究していきます。ここからはモルトエキスだけでなく、穀物材料や、ホップ、水、イースト、ハチミツやフルーツ、ハーブ、スパイスなどを組み合わせて、いろいろなビールに挑戦しましょう。

　モルトエキスにホップが添加されている"ビールキット"には、さまざまなバリエーションがあり手軽に楽しめるので、経験をつんだホームブルワーにも愛用者は少なくありません。でも、たいていの人はキット缶だけでは満足しなくなってくるものです。そしてその先には無限の可能性が広がっています。

　ビールの原料や材料についての知識を深めていくにつれて、レシピの幅はどんどんと広がり、市販のビールにはない独特の風味を持った自分のオリジナルビールを発明することができるようになります。それこそがホームブルーイングの醍醐味です。

　このセクションではコンセプトや単語についての知識を深めながら、ビール造りの工程に手を加えていきます。ここに集めた情報はあなたがブルワーとしての腕を磨いていくのに役立つものばかりです。ただし、この本のレシピ集（第4章）にある情報は、どんなビールができるのかということを知っていただくためのものであり、けっしてそれ自体であなたのうでが上がるというものではありません。誰もあなたのビールに口出しすることはできませんし、それを決めるのはあなただけなのですから。見て、聞いて、学んで、感じて、そして実行する。それこそがおいしいビールを造るコツです。それを肝に銘じたら、あとはただひたすら造るだけです。あなたのビールはどんどんおいしくなること請け合いです。

使用する器具 (Equipment)

　中級者用の器具といっても初級用のそれと同じです。ただし、もっとおいしいビールが造りたければ、以下の物をそろえましょう。

- 小キッチン・ストレイナー （直径15cmくらい）
- 大キッチン・ストレイナー （直径25cmくらい）
- 小さな冷蔵庫（ラガーを造りたければ）
- ボトルウォッシャー：　これは初級用のリストにもオプションとしてあげました。ここでもやはりオプションなのですが、これはもっているとかなり便利なものです。大抵のホームブルーショップで手に入ります。ボトルを洗うときの水の節約にもなり、とても便利で時間の節約にもなります。一度使ったら、手放せません。

温度計 (Thermometer)

　0～100℃まで計測できる温度計：学校の理科の実験に使うやつです。要するに水の凍る温度から沸騰する温度（海抜によって若干差がありますが）が計れるものということですが、できれば10秒以内に正確な温度を表示できるくらいのものを手にいれたいところです。$8.00から$15.00で、そこそこのものが手に入ります。これくらいの投資は必要でしょう。特に上級編にまで進もうと思っているのなら、絶対に必要な道具です。以下、この本では温度をすべて摂氏（℃）で表します。

液体比重計 (Hydrometer)

　液体比重計はその名の通り液体の比重を計るもので、これによって発酵の進展状況やビール中の構成物質の割合を推測することができます。まず比重を計ろうとする液体をビーカーに入れ、それに比重計を浮かべてその目盛りを読み取ります。比重計が深く沈めばその液体は軽いということで、逆に比重計が持ち上がるようであれば、その液体は重いということになります。例えば砂糖液（発酵前のビールと同じ）はただの水より溶け込んでいる砂糖の分だけ重くなっています。この場合には、比重計は水のときより持ち上がって浮くことになります。たいていの比重計は液温が16℃のときに正確な値がでるように作られています。16℃の水の比重を1000あるいは1として、それより重いか軽いかが数値で示されます。また発酵が完了したときのアルコール含有率がパー

第2章　中級編　～Better Brewing～

センテージで分かるようにもなっています。詳しく見ていきましょう。

　世界中のブルワリーで一般的に使われている比重測定法に"ボーリングスケール"と呼ばれるものがあります。例えば、ある液体が比重計の目盛りで1040を示しているとき、下3桁の数"040"を"4"で割った値、すなわち"10"を「10プラトー」という単位名で呼びます。1プラトーは液体重量の1％を示すので、10プラトーは10％ということになります。つまり10プラトーの砂糖水には全重量の10％の砂糖が溶け込んでいるということです。

　比重計の値からアルコールの含有量を割り出すためには、発酵前と発酵後の比重をはかり、その差に105をかけます。つまり、発酵前の測定比重（これを**"初期比重"**とよびます）が1.040で、発酵後（これを**"最終比重"**とよびます）の測定比重が1.010だとすれば、この差:1.040-1.010 ＝ 0.03に105をかけた値、つまり3.15％がこのビールのアルコール含有量になります。ただし、この値は重量％であって容量％ではないことに注意してください。（※アメリカでは重量％を使っていますが、日本やヨーロッパでは容量％を使っています。）アルコールは水よりも軽いため重量で3.15％あれば、容量ではそれ以上あることになります。容量％を割り出すためには、重量％に1.25を掛けます。従ってこの場合なら：3.15×1.25 ＝ 3.93％となります。反対に重量％を容量％から割り出すときには、容量％に0.8を掛けます。ですから日本の場合には、初期比重と最終比重の差に105と1.25の両方を掛ければアルコールの容量％が算出できます。この場合なら、1.040-1.010 ＝ 0.03に×105×1.25 ＝ 3.93％という具合です。

色 (Color)

　ビールのバラエティーは色のバラエティーだと言っていいかもしれません。それはまるで虹色のように変化に富んだものだからです。淡い麦わら色のアメリカン・ライト・ラガーから、イエロー、ゴールド、オレンジ、カパー（銅色）、レッド、アンバー（琥珀色）、漆黒のアイリッシュ・スタウトにいたるまで、さまざまな色合いがビールの味わいを引き立てています。これまでどの色分けシステムもビールのスタイルに適合することができませんでした。それはビールの色を造りだしている要素がまことに多様だからです。一口に色の濃いビールと言ってもそれが茶色なのか黒なのか、はたまた赤や銅色が濃くなったものなのか、それは使われている原料や製造の工程によっても違ってきます。だから

単にビールを通過する光や色の度合いを計っても、ふくよかなその色彩を数値で表すことは不可能なのです。

とは言っても、色の指標が無いのも困ります。そこでビール研究者たちは"ロビボンド・スケール"(Lovibond Scale)という方法を考え出しました。これは小瓶に入れたいくつかの液体サンプルの中から、そのビールに最も近い色をみつけだす方法です。印刷物とは違いビールの色はそれを入れたグラスの形や大きさによっても違ってきます。あなたの大好きなスタウトビールはビアグラスに注がれたときには漆黒の色をしていますが、それを試験管に入れて眺めると、どうも茶色に近くなってしまいます。そこで決められた小瓶を使ってサンプルとビールの色を比べることにしたわけです。これはつい最近まで使われていた方法ですが、今では最新技術による光度分析器を用いた **SRM（Standard Reference Method）**という方法が用いられています。

ホームブルワーにとっては、そこまで精密な分析は必要ないでしょう。ただ、ビールに対する理解を深めるためには、SRMのシステムを知っておくのも良いことだと思います。ちなみに、SRMシステムによるビア・スタイルの色度を以下に載せてみましたので、参考にして下さい。

SRM（標準参照法）による色チャート

バドワイザー (Budweiser)	2.0度	黄色／麦色／ゴールド
ジャーマン・ピルス (German Pils)	3.0度（平均）	黄色／麦色／ゴールド
ピルスナー・ウルケル (Pilsner Urquell)	4.2度	黄色／麦色／ゴールド
バス・ペール・エール (Bass Pale Ale)	10度	アンバー
ミケロブ・クラシック・ダーク (Michelob Classic Dark)	17度	ブラウン
スタウト（Stout）	35度以上	ブラック

第 2 章　中級編　〜 Better Brewing 〜

もっとうまいビールを

以下に"中級ブルワー"の 5 ガロンレシピ（19 リットル）を示してみました。

- モルトエキス（シロップかドライパウダー）：4-7lbs
- スペシャルティ・モルト：0.5-1lbs
- クリスタルモルト（カラメルモルトとも言う）：0-0.5lbs
- ブラックパテントモルト：0-0.5lbs
- チョコレートモルト：0-0.5lbs
- ローステッドバーレイ：0-0.5lbs
- ボイリングホップ（ホール / ペレット）：1-2oz
- フィニッシング・ホップ：1/4-1/2oz
- ビアイースト

　基本的には初級ブルワーと同じでモルトエキスをベースにして造ります。唯一の違いは、これらに様々なホップやスペシャルティグレインというものを加えるということです。それによってよりバラエティに富んだビール造りができるのです。このほかにも、デキストリン・モルト、ミュンヘン・モルト、大麦モルトなどのグレイン類を加えることもできますが、それは後述の上級レシピでということで。

　さて上記の材料で"**ウォート**"を造ります。**ウォート（Wort）というのはビールが発酵する前の液体のことで**、初級編では"ビールのスープ"と表現していました。この言葉は世界中のブルワーが一般的に使っているものですから、今後はこの言葉を使いましょう。これからいろいろとブルワー用語（＊巻末参照）が出てきますが、一つずつ説明しながら使っていくことにします。さて、約 8 リットルの水にモルトエキスと上記のグレイン、それにホップを加えて約 1 時間煮込みます。ウォートができたら、それを消毒殺菌した発酵容器に移しますが、そのときやはり消毒殺菌したステンレス製のストレイナーでホップやグレインを濾しとります。更に 12 リットルほどの冷たい水を加えることで最終的に 19 リットルのビールを仕込むことができます（1 リットルくらいは煮込んでいるときに蒸発してしまいます）。ウォートの温度が 26℃以下になるまで冷ましてからイーストを投入します。これを"ピッチング"と呼んでい

ます。フタをして仕込み完了ですが、その前に比重を計っておくことを忘れないように。

　ある程度経験のあるホームブルワーなら、この後の説明を飛ばしてレシピだけ読んでもかまいません。それだけでもそこそこのビールができますが、バッチごとにビールの味を向上させたいのならば誰かのレシピを真似するだけではいけません。うまいビールを造るためには常に"ビールとは何だろう？"と自分に問いかけながら、ビールに対する知識を深めていくことが重要です。その努力があってこそ、初めておいしいビールは造られるのです。この本はそういう願いを込めて書いたものです。

　これから、ホームブルーイングの材料について説明していきます。これらの材料を知ることがホームブルワーとしての基本だと思ってください。必ず後々ためにもなるでしょう。

ビールの材料について

　ビールの原料となる4つの材料の中に"モルト"と呼ばれるものがあります。モルトに含まれた糖分がアルコールと炭酸になり、そこからあの芳しいビールの香りが醸し出されていくのです。さてそのモルトですが、これは正しくは"モルテッドバーレイ（Malted Barley）"と呼ばれるもので日本語にすれば"大麦モルト"、正確には大麦をあるていど発芽させ乾燥させたもののことをいいます。このデリケートな工程を経ると大麦の中には糖分と水に溶けやすくなったデンプン、そしてそれを分解する"ジアスターゼ"というデンプン糖化酵素が造られます。これらの成分のすべてが、この後の醸造過程で大切な役割を担うことになるのです。

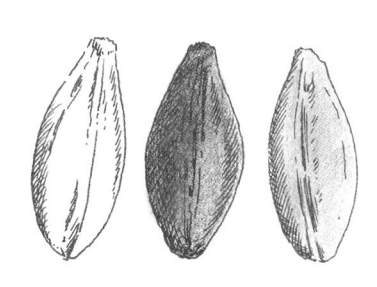

大麦モルトはどうやって造られる？

　モルト造りはまず適切な大麦の選定から始まります。大麦にはビール以外にウイスキーモルトや甘味食材用モルトに向いたものがあるからです。大麦の選

定がすんだらその穀粒を分析して、発芽に必要な水分とタンパク質が充分にあり、かつその大麦に発芽する力があるかどうかを調べます。

　発芽する力があると判明したら、大麦はきれいな水の入った浸水タンクに40時間ほど浸けられます。その間3回、それぞれ8時間ほどの水切りをし、水分含有量が40～45％に達したところで発芽室に移されます。発芽室は大麦が発芽するのに最適な温度（16℃）に保たれ、そこで約5日間の発芽期間を経たのち、大麦に温風を吹きかけ乾燥させます。

　こうしてできた"グリーンモルト（緑麦芽）"を、さらに"キルン"と呼ばれる炉で30～35時間かけてゆっくりと乾燥し水分を取り除きます。この工程はモルトのタイプによって若干違いがあります。ラガーモルトを造る場合には温度を50℃くらいにしますが、風味の強いモルトを造る場合には温度を102℃くらいまで上げることがあります。その後、発芽した大麦が絡み合わないように機械で幼根を取り除き、ビール造りに適した"モルト（モルテッドバーレイ）"が出来上がります。こうしてできたモルトには発酵に必要な糖分と水に溶けやすくなったデンプン、そしてそれを分解する酵素が含まれているのです。

　もともと穀粒というのは子孫を残すための種子なのです。だから、種子には子孫育成に必要な養分、つまりデンプンが備蓄されているのです。そして種子は発芽するとデンプンを糖分に変える酵素を作り、成長に必要なエネルギーを得ようとします。そして成長する過程で作り出した葉緑素（クロロフィル）によって太陽の光を吸収し、さらなる成長に必要なエネルギーを自己供給できるようになるのです。

醸造過程で大麦モルトはどう使われる？

　大麦モルトを"マッシング"して"麦汁"を濾し出し、それにホップや他のグレインなどを加えて煮込むと"ウォート"ができあがります。もう少し詳しく説明しましょう。

　まず、大麦モルトを砕きます。コーヒーミルでコーヒー豆を挽くようにして、少し荒めに挽きます。このとき同時に殻が取り除かれるので、これにある量のお湯を加えると粥（かゆ）状の"マッシュ"と呼ばれるものになります。このマッシュの温度を徐々に上げて行き66～71℃にすると、モルトに含まれていた"ジアスターゼ酵素"が活発に働き出し、溶け出したデンプンを糖分に変えていきます。こうして甘くなったマッシュから汁だけを濾し出したものが、

"モルトエキストラクト"または"麦汁"と呼ばれるものになるのです。この麦汁にホップなどを加え煮沸釜で煮込んだものが"ウォート"と呼ばれるものです。

モルトエキスはどうやって造られるのか？

　ホームブルワーの使うモルトエキスには、カラメル状のシロップとパウダー状のドライモルトがあります。液状のモルトエキスをそのまま消費者（ホームブルワー）まで届けようとするとパッケージや運搬のコストがかかってしまうので、水分を蒸発させることで濃縮して重量を減らすのです。

　水分の蒸発は周りをできるだけ真空に近い状態にして行います。気圧が低いほど液体の沸騰する温度を下げることができるからです。例えば高地ではご飯がうまく炊けません。これは気圧が低いために水の沸騰する温度も下がり、充分に加熱できなくなるからです。この現象を利用して低気圧下でモルトエキスを煮沸すれば低い温度で水分を飛ばすことができるので、モルトエキスの風味を損なうことなく濃縮することができます。また同時に加熱にかかる燃費も節約することができます。通常モルトエキスの製造業者は、41〜71℃の温度で水分を蒸発させているようです。カラメル状のシロップの含有水分は20％ぐらいで、あとの80％が糖分や風味成分となっています。

　一方、パウダー状のドライモルトは"スプレイドライ製法"と呼ばれるやり方で水分をほとんど蒸発させてしまいます。だから、シロップやパウダーのモルトエキスを使うときには、蒸発させたのと同じ分量の水を加えてやれば、元の状態にもどすことができるはずです。あとは、品質管理や温度管理を注意深く行ってビールを造れば、大麦モルトから造る"モルト100％ビール"と比べても何ら遜色のないビールができるというわけです。

モルトエキスはどれもみな同じか？

　NO！　そんなことはありません。

　ホームブルーイング用のモルトエキスには100を越す種類があります。それぞれの違いは大麦モルトを造る過程やモルトエキスにする課程でできます。更にはコーンシロップ、砂糖、カラメル、ミネラルなどの添加物や保存料が加えられているものもあります。

　具体的には原料となる大麦の種類やそれをモルトにするときの乾燥状態、あ

るいはマッシング方法の違いなどによって、ビールのフレーバー（風味）、アロマ（芳香）、ヘッド（泡持ち）、それにボディ（コク）が変わってきます。これはまた発酵の度合いにも大きく影響しています。市場に出回っているほとんどのモルトエキスは、そこそこの品質を保っています。ただし、アンバーやダークなどといったビアスタイルやメーカーによって調合が異なるので、ホームブルワーはそれこそ膨大な種類のビールが試せることになります。

スペシャルティ・モルトとスペシャルティ・グレイン

　ビールの風味に特別な性格付けをするときにスペシャルティ・モルトを使います。これによって、色、甘さ、ボディ、アロマなどをコントロールすることができます。特にスタウトやボックなどといったビールは、スペシャルティ・モルトなしでは造ることができません。また、これとは別にスペシャルティ・グレインというものがあります。これはモルトにしていない穀類のことですが、やはりビールの風味付けに使われるので、しばしばスペシャルティ・モルトと同義語のように使われています。

スペシャルティ・モルトはどの過程で加えたらいいか？

　これは今でもホームブルワーたちの間で議論されている問題です。グレインをウォートに加えて煮込むとグレインの殻からタンニンなどが抽出されます。タンニンの味というのは渋みや穀物臭のようなもので、ビールにクセのある風味が付くとされています。またクリスタルモルトの場合は、ビールの風味には影響を及ぼしませんが、糖化していないデンプンがビールの濁りの原因となります。

　「煮込むべきか、煮込まざるべきか、それが問題…」なのです。
煮込んだほうが断然かんたんなのは言うまでもありません。少々にごりがあっても味には影響は無し、満足の行くビールは造れます。タンニンの渋みも時間がたつと消えていくということもあります。むしろ飲む人によっては、たいした渋みと感じないかもしれません。しかし、それでも煮込むのがいやなら、煮込まずにグレインを湯に浸けて成分を抽出しましょう。5リットルくらいの湯を入れた鍋にグレインを浸け、成分が溶け出したらグレインをストレイナーで濾しとって残ったスープを煮込めばいいのです。このやり方なら15〜25分で

グレインの良い風味だけを取り出すことができます。渋みの成分も飛躍的に少なく抑えることができるでしょう。とにかく、グレインを取り除いてから煮込めばいいのです。そして、これを忘れないように：Relux, don't worry, do your best, and have a homebrew!

スペシャルティ・モルトのいろいろ
ブラックモルト（ブラックパテントモルト）

　大麦モルトを高温で焙煎して造るのでモルトの香りがほとんどしない。というのも、ブラックモルトを使う目的はビールのフォーム（グラスの上に集まった泡）を色づけすることにあるからです。ただし入れ過ぎるとビールに乾いて焦げた風味や、場合によってはホップとは違った苦味が付いてしまいます。

　このモルトには酵素が存在していません。

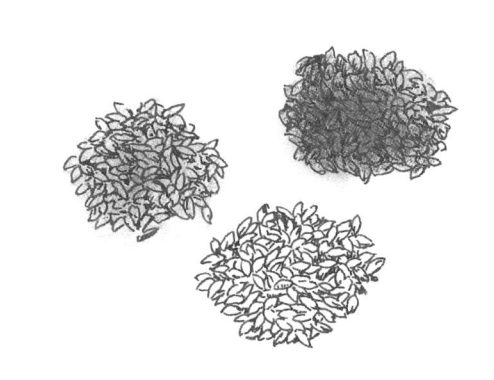

チョコレートモルト

　といっても、決してチョコレートのような味がするわけではありません。チョコレートモルトとは大麦モルトを茶色になるまで焙煎したものを言うのです。ブラックモルトほど長く焙煎しないので、色も軽くモルトの風味やアロマを少し残しているのが特徴です。これを入れるとナッツやトーストのような風味が加わります。酵素は存在しません。

クリスタルモルト（カラメルモルト）

　炉で乾燥するまえの麦芽、グリーンモルトをゆっくり温度を上げて（100℃まで）乾燥させていくと、途中で"マッシング"のような状態が創り出され、中に含まれたデンプンがすばやく糖化されていきます。その糖分が、温度が下がっていく段階でクリスタルのように澄んだ結晶になるため、この名前がついたのです。この"擬似マッシング状態"によって、クリスタルモルトには発酵

しないデンプンと糖分が残されます。それがビールのボディを豊かにし、泡もち（"ヘッドリテンション"）を良くすると同時に、ビールに若干の色をつけるのです。色の濃さによってライト、ダーク、メディアムといった種類があり、それぞれ"ロビボンドスケール"によれば、ライトは20、メディアムは40、ダークは90となります。酵素は存在しません。

ローステッドバーレイ

モルトではなく大麦そのものを焙煎して造る、焙煎大麦です。200℃という高温で焙煎するので、大麦が炭化してしまわないようにサンプリングを繰り返しながら、注意深くゆっくりと温度を上げていきます。黒ではなく深いこげ茶色をしているため、ヘッドも当然茶色味を帯びます。味わってみるとコーヒー豆にも似た焙煎風味が強くします。特にスタウトに使用するとはっきりとした焙煎臭と苦味がつくため、ブラックモルトとの明らかな違いが分かるでしょう。酵素は存在しません。

デキストリン（カラピルス）

デキストリンモルトには酵素が存在しないので、酵素を含んだ他のモルトと一緒にマッシングする必要があります。使う理由としてはボディを豊かにし、ヘッドリテンション（泡もち）を良くすることにあります。

マイルドモルト

軽く焦がした英国風のモルトで、アンバー色をつけることができます。これには酵素が存在していて、やはりマッシングをする必要があります。

ウィーンモルトとミュンヘンモルト

ウィーンモルトは軽く焦がしたドイツ風のモルトで、マイルド同様にアンバー色をつけボディも強める効果があります。また、ミュンヘンモルトは深いアンバー色をつけ、モルトの甘さも加わります。ともに酵素は存在していて、マッシングをする必要があります。

ホップについて

　ホップは蔓科の多年草で、その花は小さなマツボックリのような形をしています。"毬花（まりばな）"と呼ばれる緑色の花は、一見、花というより葉ようですが、れっきとした花であることに間違いありません。その独特の香りと苦味は、いまやビールにとっては欠かせないものになっています。そうした見かけ上の役割とは別に、ホップにはビールにとって好ましくないバクテリアの繁殖を防ぐという、ありがたい効果があります。さらにビールの味を安定させ、ヘッドリテンションを良くするという働きもあります。

ホップの歴史

　ホップがビールに使われだしたのは今から1000年以上も前のことですが、ビールに欠かせないものとなったのはここ150年くらいのことでしょう。これほどブルワーに人気を博した理由はその殺菌力と保存力にあります。冷蔵庫の無かった時代にはビールがすっぱくなったり駄目になったりということが日常茶飯事でした。だからホップの効能はブルワーにとっても、それを飲む人たちにとっても大変ありがたいものだったのです。

　もちろん保存効果をもったハーブはホップの他にもありました。英国人Sanborn C. Brownが書いた『オールド・ニューイングランドのワインとビール』には、スプルース、ジンジャー、グラウンドアイビー（カキドオシ："猫の足"などとも呼ばれた）、スィートメリー、タンジー、セイジ、ヨモギ、ヤチヤナギなどがビールによく使われたとあります。その中からホップがこれほどの人気を勝ちえたのは、香りもさることながら、育成のしやすさや粘り強さなどの理由も挙げられるでしょう。また研究が進むに連れて、ホップにはこのほかにもさまざまな効能があることが判明しました。例えば、ホップ

をウォートに加えると余分なタンパク質が凝固するので、これを取り除くことができ、それによってビールの透明度を増すことができます。ヘッドリテンションを良くすると、ビールの風味も安定させることもできます。また昔のビールは甘味が強く、粘性があり、ノドに絡まるような感じがあったものですが、ホップの使用によってキレがよくなり、爽やかな味にすることができたのです。

　ホップの栽培は今では大きな産業となっています。ホップの需要が増し、その特質に対する要求が高まるにつれて、品種改良による新しい製品がどんどん生み出されていきました。病気に強く、長持ちし、苦味成分も多く、輸出用に加工しやすいものがつぎつぎと開発されていきました。ホップは世界中で栽培できますが、現在の主な産地としては：ドイツ、南イングランド、南オーストラリア、タスマニア、米国のワシントン州などがあります（＊第7章参照）。ホームブルワーにもプロのブルワリーが使っているのと同じホップが手に入ります。製品としては：ホップの花を丸ごと固めたもの、小粒のペレット状に加工したもの、エキスだけを取り出したもの、それにホップオイルの4つの形があります。

ホップとホームブルワー

　ビールに果たすホップの役割を理解するには、まず「ホップは花である」ということを認識しておくことが大事でしょう。ビールにホップを添加する段階はいくつかあり、その方法によって結果もまた違ってきます。ホップはビールの原料のなかでもその使われ方が特に微妙で、ビールの味や風味に対してとても影響力が強いものといえます。

　栽培されているホップにはかなりの種類があり、採れた年や地域によって特徴もさまざまです。そのさまざまなホップからさまざまなビールが生み出されることになります。どのホップを選ぶかはブルワー次第で、求める苦味の強さや、風味、それに芳香といった要素を考えながら決めます。

　ホップは植物ですから、もちろん腐ります。特に熱と酸素が収穫されたホップにとっては大敵となるため、採取したらすぐに乾燥してパッケージングし劣化を防ぎます。どうして熱と酸素がホップに良くないのでしょう？そもそもホップの苦味や風味はホップの花に含まれているオイルや"レズン（resin）"と呼ばれる樹脂から生まれます。これらは"ルプリン（lupulin）"という小さなカプ

図ラベル：球花 ｛ 種子 / 樹脂腺 / 小包葉

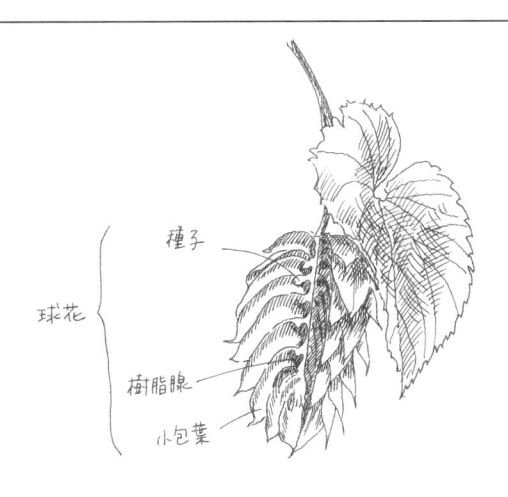

セルに入っていて酸化や腐敗から守られています。しかしあるていど時間がたつと熱や酸素の影響を受け劣化してしまいます。一般に植物油の腐敗は酸化によっておこります。それを防ぐためには密閉した冷暗所に保存するのが最も好ましいとされています。良いホップは良いビールを造ることにつながるので、こういったことにも気をつける必要があります。

　土地土地でビールの味に違いがあるのは、使われているホップの影響によるところが大きいでしょう。ホップの産地に隣接したブルワリーではふんだんにホップを使うことができるのに、ホップを輸入に頼っているブルワリーでは比較的少量のホップで我慢することもあるかもしれません。実際、ワシントン州や南イングランドではとても苦いビールに人気がありますが、両方ともホップの有数な産地だということが関係していると考えられます。またピルスナービールの原型である**ピルスナー・ウルケル**を生んだチェコでは、特に個性の強い**ザーツホップ**が栽培されていますが、これがピルスナービールの特徴付けに大きな役割を果たしているのは明らかです。

　要するにホップにはいろいろな種類があり、どのホップを使っているかによってビールの風味が大きく違ってくるということなのです。またビールの好みも人それぞれなので、苦いビールが好きな人もいれば、ホップの弱いマイルドな味が好きな人もいるわけです。特にホップ好きのブルワーを"ホップヘッド"と呼ぶことがあります（実は、私がそうなんです）。まあ"ホップヘッド"かどうかは別としても、さまざまなホップから好きなものを選んで自分のビール

を造りましょう。でも「これこそ最高のホップだ」などと断言することはできません。それぞれに特徴があるのですから、いろいろなものを試して自分の好みのものを探してください。それこそがホームブルーイングの醍醐味です。職業ブルワーには無いホームブルワーの特権と言えるでしょう。だからこの特権を生かして、どんどんビール造りを楽しんでください。

ホップの苦味や風味はどこから来るのか？

バイオの研究が進むに連れて、ビール原料としてホップが果たしている役割がますます重要なものとして認識されてきました。その仕組みは驚くほど複雑怪奇ではありますが、基本的なことを理解しておけばホームブルーイングを更に楽しむことができると思います。

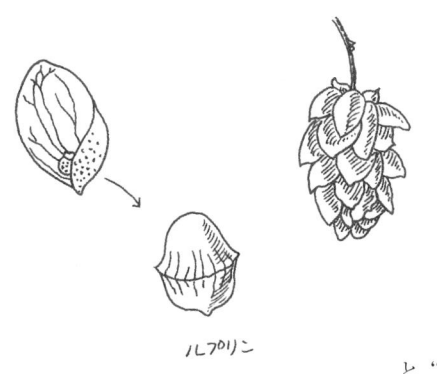

前述のようにホップの花弁の根元には"ルプリン"と呼ばれる黄金色の小さなカプセルがついています。一見すると花粉のようですが、実はべとべとした物質で、中にはオイルと"レズン"と呼ばれる樹脂が内包されています。ホップの芳香はオイルから、苦味はレズンから生み出されます。ルプリンを指でこするとカプセルが破壊され中からこのオイルとレズンが出てきます。ルプリンが酸化するとオレンジ色になり、そうなるとべとつかず香りも漂ってこなくなります。つまりビールにはもう使えないということです。ホップの成分は他にもありますが、ブルワーにとって大事なのはこのオイルとレズンだけです。

ホップの苦味（Bitterness）

実はホップには α（アルファ）と β（ベータ）の２種類のレズンが含まれています。それぞれ α 酸、β 酸と呼ばれ、ともにホップの苦味に貢献しています。その強さはホップの花の重量に対する％で示され「α 酸８％のホップ」なら、そのホップの重量の８％が α レズンだということになります。ビールの苦味成分のほとん

どがこのα酸によって形成されているので、ホップの苦味度には「α酸何％」という表現が使われています。では思ったような苦味を出すためにはどれくらいのホップを使えばいいのか、それはどうやって計算するのでしょうか？その目安として下の表をご覧ください。

ホップの使用量による苦味の違い
（ライト・ミディアムのペールビールにおいて）

ホップ(oz)	α酸度(%)			
	3～5%	6～7%	8～9%	10～12%
1/2	-	-	マイルドな苦味	マイルド～ミディアムな苦味
1	とてもマイルドな苦味	マイルド～ミディアムな苦味	ミディアムな苦味	強い苦味
2	マイルドな苦味	ミディアムな苦味	強い苦味	とても強い苦味

注：ライトビールは少なめのホップでも苦味が付くのに対して、ヘビーなビールはホップを多めに使ってもさほど苦味を感じない。

α酸とβ酸でビールに苦味をつける

　ホップから苦味成分を抽出するためには、ホップをウォートに入れて煮込まなければなりません。α酸とβ酸の苦味成分をホップから抽出するために、30分から90分煮込みます。何故煮込まねばならないのかと言えば、それはレズンが液体に溶けにくいからなのです。だから甘いウォートにレズンを溶け込ませるためには、ウォートが対流するようにしっかりと煮込む必要があります。激しく沸騰させることでα酸がウォートに溶けやすい状況を創り出します。それによってα酸は"異性化"と呼ばれる化学反応を起こし、ウォートに溶け込んでいくのです。一方、β酸のほうは酸化させることでしか液体に溶け込ませることができません。しかも苦味の貢献度はα酸よりずっと低いので、古くなって酸化したホップはあまり役に立ちません。むしろ"オフフレーバー"と呼ばれる雑味がでてしまい、ビールにとってはマイナスの効果のほうが強くなります。ですから古いホップは使わないこと。ここで大事なことは、レズンに含まれている酸がビールに苦味を付けるということです。

IBU: どれくらいのホップがどれくらい苦いのか？

　ではいったいどれくらいのホップを使ったらいいのでしょうか？前ページの表から大まかな量はつかめると思いますが、正確なところ苦味の度合いはどうやって計算するのでしょう？この疑問に応えるべく考案されたのがIBU（International Bitterness Unit）という単位です。1リットルのビールに1ミリグラムの異性化したα酸が含まれているとき、これを"1IBU"とすることに醸造学者たちは決めました。この数値が高ければ高いほど、ビールは苦いということになります。ただし一つここで問題なのは、IBUの値が同じでもビールの種類によって苦さが違うということがあるのです。例えば、共に20IBUのスタウトとアメリカン・ラガーがあったとします。この場合モルトの甘味が強く芳醇なスタウトより、ライトなアメリカン・ラガーのほうがずっと苦く感じられるのです。たとえ両方のビールに同じ分量の苦味成分が含まれていたとしても、人の味覚に感じられる苦味は違うのです。従って、苦味の計算は造ろうとするビールの性格も念頭においてしないといけないことになります。もっと詳しい説明は、上級編のホップのセクションですることにします。

HBU: ホップの使用量はどうやって決めたら良いのか？

　ホームブルワーがホップの量を決めるには、ビアレシピに従うのが一番安全でしょう。レシピにはそれぞれのビアスタイルに適したIBUが示されているので、使おうとしているホップのα酸含有量（IBU）を調べて、それをもとに使うべきホップの量を算出することになります。あるいはHBU（Homebrew Bitterness Unit）と呼ばれるもっと単純な計算方法もあります。
この算式は：

　HBU = α酸（%）× ホップの重さ（oz: オンス）

例えばα酸5%のハラタウホップを2オンス使えばHBUは10となります。また、チヌックならばα酸が10%なので、この場合は半分の1オンスで同じ10HBUになります（ただし、ビールの仕込み量によって違うことに注意）。

ホップの風味(flavor)と芳香(bouquet)

　苦味のほかに、風味や芳香といったホップの特徴をうまく利用すればビール造りに深みがでてきます。ただし使いすぎは禁物。強すぎるとかえってビールの味がだいなしになりかねません。上手に使ってビールのバリエーションを広

げましょう。苦味付けのホップを"ビタリング・ホップ"あるいは"ボイリング・ホップ"と呼ぶのに対して、風味や芳香付けに使うホップのことを"フィニッシング・ホップ"と呼んでいます。

　前述のようにホップの風味と芳香はルプリンに含まれたオイルから生まれます。苦味成分を出すレズンと違って、ルプリンのオイルはすぐ水に溶けます。しかしその反面、揮発性も持っているので、ウォートを煮込むと水蒸気と一緒に出て行ってしまいます。ではどうしたら良いのでしょう？ここでホップが花だということを思い出してください。ホップのデリケートな風味や芳香をビールにつけるときには、ちょうど上質なお茶を煎じだすようにします。鮮度の良いホップを熱いウォートに10分前後浸せば、ビールに素晴らしい風味と芳香をつけることが出来ます（この場合、苦味はあまりつかない）。

　また"ドライホッピング"という方法もあります。これは発酵を終了したビールに乾燥したホップを投入する方法で、ビールを瓶詰めする3・4日前に行います。この場合19リットルのビールなら、約7g（1/4oz）のホップで足りるでしょう。もちろん瓶詰めの時にはホップを取り除きます。ただし、この方法にはちょっとしたリスクもあります。それは、ホップにビールを汚染する微生物が付いているかもしれないということです。しっかりパッケージされたクリーンなホップであれば問題ないとは思いますが、それでも念には念をということもあるので、ドライホッピングをするときにはビールがしっかりと発酵を終えているのを確かめてからにしてください。発酵が完了したビールには雑菌の繁殖を抑えるのに充分なアルコール分と酸が備わっているはずです。反対に、発酵前のビール（つまりウォート）は雑菌にとって格好の棲家になっています。ドライホッピングにはホップペレットというものを使うと便利です。

　私はホップの風味が大好きないわゆる"ホップヘッド"です。私が勧めるフィニッシング・ホップのやり方はこうです。まずウォートを煮込み終える約15分前に少量のホップを投入します。これは風味づけ。そして煮込み終了の1・2分前に再び少量のホップを投入します。これは芳香づけ。それからウォートをすばやく火から下ろし、できるだけ早く冷却します。ここが肝心。こうしないと、せっかくの風味と芳香が熱と蒸気で出て行ってしまうからです。このやり方ならドライホッピングのようにビールが雑菌に汚染される心配も無く、また瓶詰めの前にドライホップを取り除く手間や危険もありません。

ホップオイルとは？

　最近はホームブルワーでもホップオイルを手に入れることができるようになりました。ホップオイルは揮発性の油で、とても複雑な化学成分の組み合わせによって構成されています。たった「10億分の1（0.001ppm）」添加するだけでもビールにはホップの風味とアロマが加わります。使い方はフィニッシング・ホップと同じで、ウォートを煮込み終わる直前、あるいは発酵終了後や瓶詰めの際ビールに添加します。ただし、ホップオイルは水やビールに溶けにくいので、エチルアルコールやヴォッカなどアルコール濃度の高いものにまず溶け込ませ、そのあとでビールに添加するようにします。そのままをビールに添加しても油っぽくなるだけなので、使用に当たっては製造元の説明に従うのが良いでしょう。

　失敗を覚悟で試してみたければ、5ガロン・ビールの場合でウォートに10〜50ppm（0.2ml〜1.0ml）を煮込み終わるころ鍋に投入すれば良いでしょう。また、初期発酵の終了後にビールに添加したければ、1〜10ppm（0.02ml〜0.2ml）あたりから始めるのが無難だと思います。

ホップペレットとは？

　ホップペレットはホップの花をハンマーミルという機械で丸ごと粉砕し、それに圧力をかけてペレット状に成型したものです。これによってルプリンのカプセルは破壊されてしまいますが、反対にレズンとオイルが凝固してペレットの形を保つことができるのです。

　ホップペレットの欠点としてはルプリンのカプセルが破壊されるので、当然ホップの風味や苦味が減少してしまうのではないかということ。また、ウォートに添加すると粉末状になって拡散するので、取り除くことが難しくなりクリアーなビールを造りにくくなるということがあります。本来ならウォートを発酵容器に移すとき、ホップの花が"フィルターベッド"と呼ばれる自然の濾過層を形成してくれますが、これが粉末状になったペレットでは形成されないからです。

　一方で利点としてはまず、がさばらない。また、確かに表面は酸化しやすいけれど、内部のレズンやオイルはむしろ外気から保護されるので、保管がしやすくなるということがあります。さらに、加工することで複数のホップをブレンドすることが可能にもなります。

ホップエキストラクトとは？

　ホップエキストラクトというものがビール業界では使われています。これはいろいろな溶媒を使ってホップのレズンを溶かし出し、それを化学的に加工してビールやウォートに溶けやすい性質を持たせたものです。また新しい方法では液状の二酸化炭素を使って、苦味成分であるレズンとともに揮発性のオイルまでを同時に抽出できるようにもなりました。ただし、濃縮してあるので苦味の成分は強いのですが、それによる風味やアロマは期待できないと言っていいでしょう。ホームブルワーにも入手できますが、メーカーの説明書をよく読んで使わないと、とんでもなく苦いビールが出来上がることもあります。中にはほんの微量、毒性の化学物質が溶媒として使われているものもあるので注意してください。煮込んで使えば毒素も分解蒸発させることができますが、必ず説明書をよく読んで使うようにして下さい。

ホップ入のモルトエキスとビアキット

　モルトエキスやビアキットにはホップ入のものが多く売られています。ただし、モルトエキスを煮込んでいくうちに風味や芳香はほとんど飛んでしまうので、フィニッシング・ホップを使うことをお薦めします。

品質の良いホップはどうやって見分ける？

　新鮮で良いホップを手に入れることは、ホームブルワーにとっては大変に重要なことです。安いからといって古くなったホップを買うのはやめたほうがいいでしょう。風味も芳香もすでに無く、お金を節約するどころか、まったくの無駄金になってしまうのがおちです。

　ホップの良し悪しを見分けることは、それほど難しくありません。良く見て、匂いをかいで感じとってください。新鮮なホップやホップペレットは緑色をしています。もし茶色がかっていたら、それは酸化している証拠です（例外として、英国製でホップの鮮度を保つために硫酸加工してあるものがあります。これらは外見上黄金色に見えるかもしれません。）特にルプリンは鮮やかな黄色でなくてはなりません。酸化されたルプリンはオレンジ色になっているでしょう。また鮮度の良いホップならば、指でつまんでルプリンを潰してみれば、べとべとしてホップのアロマがします。反対にあまりべとつかずにざらついてチーズのような匂いでもすれば、これは酸化してしまっている証拠です。

第2章 中級編 ～Better Brewing～

　そういった意味でホップのパッケージングは非常に大切です。良い製品は酸化防止ビニールやアルミフォイルでコーティングしたバッグに詰められ、酸素が取り除かれ真空状態になっています。また酸素の代わりに窒素が注入されていたりすれば申し分ないでしょう。冷蔵庫で保管すれば、保存期間も伸ばすことができます。ただし、鼻を近づけたときにホップの香りが少しでもしたら、そのパッケージは完璧なものではありません。ホップの質にこだわるのは重要なことです。なぜなら、ホップの状態が悪いと、ビールそのものが台無しになってしまうからです。

ホームブルワーが入手できるホップは何種類くらいある？

　78ページの表は各種ホップのα酸含有量、保存性、原産地、特性などを示したものです。ただし、α酸の値はあくまでも平均値であって、実際には収穫した年や出来具合、それに収穫後の取り扱いによって違います。ホップはあくまでも植物だということを忘れずに。使用に当たっては製品のパッケージにより正確な情報が記されていると思うので、そちらを参考にしてください。苦味の目安としては、α酸 4～5.5%なら弱、5.5～8%なら中、8～13%なら強。特にα酸が強の場合には使い過ぎないよう注意してください。ここでいう保存性とは、どれくらいの期間、質の低下を防ぐことができるかということを示しており、"劣る"や"そこそこ"とあれば、室温で2・3週間保存すると50%の品質劣化が起こると考えてください。"良い"や"優れる"はパッケージングを正しくしておけばかなりの期間保存が効くだろうと思います。エールであろうとラガーであろうと、ホップの使い方に決まったルールはありません。どの種類のホップでもビタリング用として使用することができますし、逆にフィニッシング用として使うことができます。ただしある種のビアスタイルで特定のホップを用いているということはあります。特徴としてその辺のことを記しておきましたが、それを使えばそのスタイルのビールが出来上がるというものでもありませんので、誤解されないように。むしろホームブルワーは自分の判断でいろいろ試してみたほうが良いと思います。ホップにも自分の好みやこだわりがあってこそ、ホームブルワーのホームブルワーたる所以なのであります。いろいろ迷ったときにはこの言葉を思い出して：Relax. Don't worry. Have a homebrew！

水について

　ビールの90～95％は水です。だから水に含まれているミネラルやその他の成分が、出来上がるビールにかなりの影響を及ぼすと考えていいでしょう。そうはいっても、水だけでいいビールができるわけではありません。他の原料や醸造の仕方など、いろいろな要因があいまって初めてビールのクオリティーが決定付けられるのは言うまでもありません。世界一の水を使ったからといって、それだけで世界一のビールができるものではないでしょう。しかしタンクの洗浄に始まって、モルト造り、マッシング、煮込み、発酵と、ビール造りのあらゆる工程で水は使われています。だから、水の成分を化学的に分析してその影響を理解しておくことは、良いビールを造る上で大変に重要なことなのです。

　初級や中級レベルのホームブルーイングであれば、飲料用水で大丈夫と考えて良いでしょう。ただし、地域によっては消毒用の塩素が平均より多く水道水に含まれていることがあるので、気になる場合は家庭用の浄水器などで濾過して使うと良いでしょう。また、使う水をあらかじめ煮沸しておくことでも、かなりの塩素を取り除けます。そうすればビールの風味に与える塩素の影響を最小化できるでしょう。ある種のミネラルを水に添加して使うことも考えられますが、ホームブルーイングではそういったことよりもむしろ、器材の殺菌消毒や材料の質にこだわることのほうがずっと重要です。

水の質はどうやって計る？

　ビール造りにおける水質とは、飲料に適しているかどうかということのほかに、含有ミネラル成分などが問題になってきます。モルトエキスで造るホームビアであれば、まず飲料に適していてまずくなければ大丈夫。ただし、水のミネラル成分はビール造りのある段階でかなりの影響をもっていることも確かです。水を化学的に計測する場合には、「硬度」や「酸性・アルカリ性」といったことが問題になります。この場合の酸性・アルカリ性は、pHや特定のミネラル成分の含有量（ppm）を意味しています。ビール造りに使う水に関して、値を調べる必要が生じたり、添加したりする「塩」つまりミネラルには、石膏（硫酸カルシウム：$CaSO_4$）や食塩（塩化ナトリウム：$NaCl$）などがあります。これらの塩は水に溶かすと電離して、カルシウムイオンと硫酸イオン、またナトリウムイオンと塩素イオンに分かれます。このイオンはビールの味にも影響を与えますし、ほかの材料から出てくるイオンや塩とも反応する可能性があります。

ホームブルワー

ホップの種類	平均α酸含有量(%)	安定性	原産地
Aquila	6 〜 7.5	そこそこ	アメリカ
Banner	9.5 〜 10.5	そこそこ	アメリカ
Bramling Cross	5 〜 6	劣 る	イギリス
Brewers Gold	8 〜 9	劣 る	アメリカ／イギリス
Bullion	8 〜 9	劣 る	アメリカ／イギリス
Cascade	5 〜 6.5	劣 る	アメリカ
Centrennial/Cfj-90	7 〜 8	劣 る	アメリカ
Challenger	7 〜 9	劣 る	イギリス
Chinook	11 〜 13	優れる	アメリカ
Cluster	6 〜 8	最 高	アメリカ
Columbia	9 〜 10	そこそこ	アメリカ
Comet	8 〜 11	そこそこ	アメリカ
Eroica	10 〜 12	そこそこ	アメリカ
Fuggles	4 〜 5.5	そこそこ	アメリカ／イギリス
Galena	12 〜 13	優れる	アメリカ
Goldings	4.5 〜 5.5	そこそこ	アメリカ／カナダ
Green Bullet	10 〜 11	良 い	ニュージーランド
Hallertauer	4.5 〜 5.5	劣 る	アメリカ／ドイツ
Hallertauer Hersbrucker	4.5 〜 5.5	劣 る	ドイツ
Hallertauer Mittelfruh	4 〜 6	劣 る	ドイツ
Huller	4 〜 6	そこそこ	アメリカ
Kent Goldings	4.5 〜 5.5	そこそこ	イギリス
Mt.Hood	5 〜 6	そこそこ	アメリカ

安定性について(室温21℃で4ヶ月保存して保たれている苦味度合い)
 優れる：90%
 良　い：80〜90%
 そこそこ：60〜80%
 劣　る：60%以下、1ヶ月でかなり劣化するものもある。
 注：低温で酸素との接触を避ければ「安定度」はかなり増す。

ホップ一覧

コメント
1990年代初期に開発されたアロマホップ
1900年代初期に開発されたビタリングホップ
Goldingsの異種交配種。伝統的エール用ホップ。フィニッシングに適する
伝統的エール用ホップ
多用途に向いたビタリングホップ。アロマは弱い
多用途に向いたビタリングホップ。アロマ兼用ホップ。柑橘系
Cascadeを強化したタイプの優れたアロマホップ。柑橘系。80年代初期に開発
入手が困難なホップ
強い苦味。アロマは好みが分かれる
一般的なビタリングホップ。オイルは少ない。アロマやフレーバーは弱い
入手が困難なホップ
入手が困難なホップ
非常に強い苦味
伝統的な英国系エールに適したビタリング。アロマ兼用ホップ。種子量多い
非常に一般的なビタリングホップ。非常に強い苦味
伝統的な英国系エールに適したビタリング。アロマ兼用ホップ
非常に強い苦味
伝統的ラガー用ホップ。アロマ秀逸。スパイシーなフレーバー。米国産、ドイツ産と異なる
伝統的ラガー用ホップ。アロマ秀逸。スパイシーなフレーバー
伝統的ラガー用ホップ。アロマ秀逸。スパイシーなフレーバー。Hersbruckerより口当り良い
ビタリング、アロマ兼用ホップ。優良
伝統的な英国系エールに適したビタリング、アロマ兼用の秀逸なホップ
アロマ非常に良好。Hallertauer似として開発

ホップの種類	平均α酸含有量(%)	安定性	原産地
Northdown	7.5 〜 9.5	良 い	イギリス
Northern Brewer	7.5 〜 9	そこそこ	アメリカ／ドイツ
Nugget	11 〜 13	良 い	アメリカ
Olympic	10 〜 13	そこそこ	アメリカ
Orion	7 〜 9	そこそこ	-
Perle	7 〜 9	良 い	アメリカ
Pride of Ringwood	7 〜 9	良 い	オーストラリア／カナダ
Progress	7 〜 8	良 い	イギリス
Record	5 〜 7	そこそこ	ドイツ
Saaz	4 〜 6	そこそこ	チェコ
Saxon	6.5 〜 8.5	優れる	イギリス
Spalt	6 〜 7.5	劣 る	ドイツ
Stickelbract	9 〜 11	良 い	ニュージーランド／オーストラ
Styrian Goldings	5.5 〜 7	そこそこ	アメリカ／ユーゴ
Super Styrian	7 〜 9	良 い	オーストリア／チェコ
Talisman	7 〜 9	良 い	アメリカ
Target	9 〜 11	劣 る	イギリス
Tettnanger	4 〜 6	劣 る	アメリカ／ドイツ
Viking	6 〜 8.5	良 い	イギリス
Willamette	5 〜 6	そこそこ	アメリカ
Wye Target	9 〜 11	そこそこ	イギリス
Yeoman	10 〜 11.5	優れる	イギリス
Zenith	8.5 〜 10.5	良 い	イギリス

安定性について(室温21℃で4ヶ月保存して保たれている苦味度合い)
　優れる：90%
　良 い：80〜90%
　そこそこ：60〜80%
　劣 る：60%以下、1ヶ月でかなり劣化するものもある。
　注：低温で酸素との接触を避ければ「安定度」はかなり増す。

ホップ一覧

コメント
苦味、フレーバー、アロマとも良質
伝統的ヨーロッパ系ラガーに適したビタリングホップ
非常に強い苦味。アロマも良
入手が困難なホップ
ラガー向きの良質なビタリング、アロマ兼用ホップ。ドイツ産 NorthernBrewer 似として開発
ビタリングホップ
入手が困難なホップ
アロマ弱い
伝統的ヨーロッパ系ラガー（Pilsener）に適したホップ。スパイシーなフレーバーとアロマ秀逸
入手が困難なホップ
伝統的なドイツのビタリング、アロマ兼用ホップ
非常に強い苦味
非常に良質な英国系エール用ホップ。アロマ良
StyrianGoldings や Saaz に類似
Cluster に類似した入手が困難なホップ
英国では入手が容易
非常に優良なラガー用ホップ。米国産はフローラルで、よりスパイシーなドイツ産と異なる
入手が困難なホップ
Fuggles の種子の無いタイプとして開発。アロマ秀逸。エール、ラガー両用
非常に強い苦味
英国では入手が容易
英国では入手が容易

第2章　中級編　～Better Brewing～

水質はビール造りにどう影響するのか？

　水がビールの質に最も影響を及ぼすのは、酵素がデンプンを糖化するマッシングの過程においてです。したがって本当に水の化学的な知識が必要になってくるのは"オールグレイン"でビールを造る場合になります。とりあえずこの章ではモルトエキスによるビール造りが中心なので、そこまでの詳しい知識は必要ないでしょう。それにホームブルワーが使うほとんどのモルトエキスには、メーカーによって既に必要とされるミネラルなどが添加されているのです。そこでここでは石膏（$CaSO_4$）や塩（$NaCl$）に含まれるイオンの働きについて説明します。

　カルシウムイオンには発酵の段階でイーストを沈殿させてビールをクリアーにする働きがあります。また、ウォートを煮込んでいるときにも、モルトの殻やタンパク質、タンニンなど、ビールの渋みや濁りの原因となるものを取り除く作用もあります。

　硫酸イオンにはビールに"キレ"を与えドライにする作用がありますが、強すぎるとホップの苦味がうまく抽出できないという副作用もあります。ときにはビールが塩っぽくなったり舌触りが悪くなることもあります。

　ナトリウムイオンにはビールの風味を強く感じさせるという作用があります。強すぎると、やはり舌触りを悪くし、すっぱい金属的な味わいをビールに与えます。

　塩素イオンはビールをソフトでまろやかにし、甘くボディのあるものにする作用があります。いずれにしてもミネラルの過多はビールの味を損なうことになります。これらのミネラルはおおかたモルトエキスや一般の水道水にも含まれています。水道局に問い合わせると含有ミネラルの成分を教えてもらえます。結論として、基本的にホームブルワーはミネラルの添加を考えなくても良いということです。実際、モルトエキスから造る場合にはミネラルのまったく含まれていない蒸留水を使ってもかまわないくらいです。それでもやはり石膏や食塩を加えたいというのなら、使おうとしている水のミネラル成分を良く調べてからにしましょう。ミネラル成分の極小な軟水を使用する場合には、5ガロンのビールに対して石膏を小さじで1～4杯、食塩なら多くとも0.5杯までが順当な量だと思います。

ビールに使われる水の化学

　水の化学に関して踏み込むと大変ややこしいことになります。なにしろそれぞれのミネラルは互いに反応しあうだけでなく、他のビール材料とも反応し出すからです。それに水の硬度や酸性・アルカリ性などは、どういう材料を入れたかだけでは判断がつかず、季節ごとに変化するミネラル成分の影響まで考えなくてはならないのです。水質を表す目的で**永久硬度**（permanent hardness）や**一時硬度**（temporary hardness）をミネラル成分の ppm 値で表したり、**永久アルカリ性**（permanent alkalinity）や**一時アルカリ性**（temporary hardness）を pH で表したりすることになるのです。

　もしミネラルを計画的に添加してビールの質をコントロールしようというのなら、これらの化学を知った上で、その結果どういう化学反応が起こるかという予測ができなければなりません。単に水のレシピを真似ても、問題を複雑にしてしまうだけでしょう。もちろんその気さえあれば学べないほどのことでもありませんが、とりあえず今の段階ではいいでしょう。水の化学的な働きについては上級編でもう少し詳しく説明します。

イースト(酵母) について

　ビール造りに欠かせないイーストは生物学的には菌類に属し、ビール原料に含まれた糖分を食物として成長し繁殖しながらビール特有の風味を造り出します。イーストにはそれこそ何百という種類や"血統"があります。私たちの周りにもたくさんの"ワイルド・イースト（野生酵母）"が空気中に漂っています。しかしこれらワイルド・イーストは、ビールの風味を損ねたり、ビールを濁らせたり、発酵しすぎてビールを噴出させたりといった、予測できない事態が引き起こすので、ビール造りには特別に選定されたビアイーストだけを培養して使うのです。

ビアイーストの系統

　ビアイーストには大きく分けて 2 つの系統があります。ひとつはエールイーストと呼ばれる上面発酵酵母で、学名は"サッカロマイセス・セルベシエ（*Saccharomyces cerevisiae*）"と言い、もうひとつはラガーイーストと呼ばれる下面発酵酵母で、学名は"サッカロマイセス・ユバルム（*Saccharomyces uvarum*)"と言うものです。こちらの方は以前、発見されたカールスバーグの地にちなんで"サッカロマイセス・カールスベルゲンシス（*Saccharomyces carlsbergensis*)"とも呼ばれていたことがあります。この二つの系統からさらに細かく分類された何百ものビアイーストが存在し、それぞれが特徴あるビールを造りだしているのです。

ホームブルワーが使うビアイースト

　エールイーストでもラガーイーストでも室温で充分に満足の行くビールが造れます。それにはまずイーストの生態について基本的なことを知っておくことが大事です。そうすればビール醸造の仕組みも良くわかります。

　エールイーストは液温13〜24℃くらいで活動するイーストです。これより低い温度だと発酵はうまくいきません。中には10℃以下になるとまったく活動しない系統もあります。**多くのエールイーストは発酵の初期に液面に浮き上がり、凝集して活動するので"上面発酵酵母"の名前がついています。**最終的には全てのイーストは発酵容器の底に沈んでいきます。比較的高い温度で発酵するこのエールイーストでビールを造ると、エールイースト特有の香りがビールにつきます。もちろん、イースト以外の材料がビールの風味に与える影響も大きいことは言うまでもありません。

　ラガーイーストは液温0〜13℃くらいで活動するイーストです。これもやはり室温で醸造できる範囲でしょう（場所によっては温度管理が必要ですが）。さらにその後4℃以下にして3週間から数ヶ月熟成（ラガーリング）できれば、スムーズな口当たりのおいしいビールが出来上がります。ビールの風味は使用したイーストの種類によっていちじるしく異なります。**ラガーイーストは発酵するとき容器の底に凝集するので、"下面発酵酵母"の名前がついています。**

質の良いイーストを手に入れるには？

　ホームブルーショップのビアイーストはたいてい粉末状のドライイーストとして、フォイルのパッケージに密封された形で売られています。また最近では液状で培養されたリキッドイーストに人気が集まっています。いずれもたくさんの種類のものが複数のメーカーによって供給されているので、ショップで自分の好きなものを選ぶことができます。

　ドライイーストの利点は扱いが簡単なことです。これはそのままウォートに

振り掛けるだけでも充分使えますが、もっと確実に風味をひき出したければイーストを培養液に戻して活性化させてから使うというやり方があります。これには一度煮沸殺菌した水を使うといいでしょう。1.5カップぐらいの水を10分くらい煮立てて、それを殺菌消毒した容器（小さなジャムの瓶のようなものを一緒に10分くらい煮沸消毒するといいでしょう）に移し、ラップなどでしっかりフタをしておきます。そのまま容器を冷やして水温が38℃以下になったらドライイーストを入れて、15〜30分そのままにしておきます。このとき砂糖などは入れないほうがいいと思います。ウォートに投入するときには、できればウォートとイーストの入った水の温度が同じくらいになっていると理想的です。これは温度変化によってイーストにショックやストレスが加わるのを防ぐ為です。覚えていますか、イーストは生き物だということを？

　ラガーイーストの場合にはちょっと注意が必要です。ラガーイーストはラガーらしい性格を損なわずにパッケージすることが難しく、購入したドライイーストが充分に発酵活動を再開できるかどうか保証の限りではないからです。一度自分で実験して確かめてみるといいでしょう。もしラガーイーストが想定された低い温度で活動しなければ、運が悪かったと思うしかありません。あるいは室温で発酵させてみるか、リキッドのラガーイーストを使ってみると良いでしょう。ラガーイーストの場合は液状培養が理想的なのです。ただし、リキッドイーストはドライイーストに比べるとずっと取り扱いに注意が必要です。これについては後ほど詳しく説明します。

　イーストの活動と発酵過程は、実はビール造りでも最も興味深い部分です。**イーストは"生きている微生物"**なのです。我々人間と同じくらいにデリケートで気まぐれな生き物なのです。ですからイーストの"癖"を良く知っていると、ビール造りはとてもうまくいくのです。

第2章　中級編　～Better Brewing～

ホームブルワーが使うその他の材料

　ビール原料に含まれている糖分はイーストの栄養分となり、炭酸ガス（二酸化炭素）とアルコールに変化したり、ビールの"ボディ（甘味や口当たり）"になったりします。ビールに使われる糖分にはいろいろな種類がありますが、基本となる糖分はモルトやグレインにもともと含まれています。しかしその他にも、特別な風味付けをしたり製造コストを下げるために"添加"される糖分があります。糖分と一口にいっても化学的には分子構成により、さまざまな糖分に分けられます。その内、ビール醸造に関わる糖分としては主に、マルトース（麦芽糖）、シュクロース（蔗糖）、グルコース（ブドウ糖）のほか、デキストロース、フルクトース（果糖）、ラクトース（乳糖）などがあります。これらの糖分の違いを理解するために、まずその分子構造から見ていくことにします。

さまざまな糖分

　糖分はそもそも炭素と水素と酸素の結合物で、化学的には炭水化物と呼ばれています。そして原子結合の仕方によってタイプの違うさまざまな糖に分かれています。これらの糖分は穀物などに含まれているデンプンの形で自然に供給されます。デンプンはやはり炭水化物の一種で、多くの糖分分子が化学的に連結したものなのです。この連結が酵素やその他の化学反応によって断ち切られ、糖分に分解されるというわけです。

　ここまでは大丈夫ですか？

　糖分にはイーストによって分解されるものとされないものがあり、性格や甘さもそれぞれ違います。ビール醸造には多種多様な糖分が関わっていますが、それらの特徴を個別に見ていくことにしましょう。

フルクトース（またはレブロース）

　フルクトースは最も甘く、イーストによって発酵されやすい糖です。モルトやその他のフルーツに含まれているほか、デンプンからできたシロップなどにも含まれています。ただし"高フルクトースのシロップ"という表示があっても、それは100％フルクトースという意味ではありません。その場合はたいてい40％くらいのフルクトースと、残り60％はグルコースや他の糖分からできてたシロップのことを指します。フルクトースの結晶はサトウキビやビートなどから採取します。

グルコースとデキストロース（ブドウ糖）

グルコースもやはりイーストによって発酵されやすい糖です。多くはデンプンから造られチップ（水晶体）やクリスタル（砂糖などの結晶）、あるいはシロップなどの形態をとっています。いわゆるデキストロースと呼ばれているものは、実は工業的に生産されたグルコースのことなのです。デキストロースはグルコースと分子構造が同じで、コーンなどのデンプンが化学変化したものなので"コーンシュガー"という呼び名もついています。

ラクトース

ラクトースは牛乳から取れる糖分で普通のビアイーストでは発酵されません（ある種のワイルドイーストはこれを発酵させますが）。通常は結晶の状態で製品化されており、甘さはほとんど無いといって良いでしょう。

マルトース

マルトースはグルコースの分子が二つ連結してできた糖で、やはりビアイーストによって発酵されますが、シュクロースやグルコースなどに比べると比較的ゆっくりと発酵が進みます。主にはモルトに含まれているものですが、モルト以外の形態でもいろいろ入手することができます。

シュクロース

シュクロースもやはりモルトに含まれているイーストに発酵されやすい糖です。白い結晶体になったテーブルシュガーなどの製品として売られています。

インバートシュガー（転化糖）

インバートシュガーはグルコースとフルクトースの分子が一つづつ結合した糖で、シュクロースを酸で処理することで得られます。甘味が強く、シュクロースとはまた違った味がします。イーストによる発酵のされ易さではシュクロースより一割ほど劣ります。"転化糖"の名前はその溶液が光線を転化する現象に由来しています。

第2章　中級編　～Better Brewing～

ホームブルワーが購入できる糖

ホワイトシュガー（白糖）

　一般家庭でいちばん良く見かけるのが白糖で、はほぼ100％シュクロースからできています。原料にはサトウキビやビートが使われていますが、どちらであっても違いはありません。ただし純粋でないものは避けましょう。ビールに不快な味をつけてしまいます。ホームブルワーが白糖を使う理由には、安く済ませるためやアルコールの度数を上げるため、あるいはボディを軽くするためなどが考えられますが、ビールが「サイダーのような味」になるので、できれば使わないほうがいいでしょう。使う場合でも30％を超えないようにしたほうがいいと思います。いずれにしてもサトウキビやビートの糖はビールの風味を良くするものではないということを覚えておいてください。

　サトウキビやビートの糖はシュクロースですから、酸性の液体で煮込むと転化糖に変化します。ウォートも酸性なので白糖を加えて煮込めば転化糖になるはずですが、それでも"サイダー臭"を消すことはできないのです。ウォートの糖分を増加させたいときにはコーンシュガーを使うのが良いでしょう。ただしその場合でも殺菌のために必ず煮込むことを忘れないようにしてください。

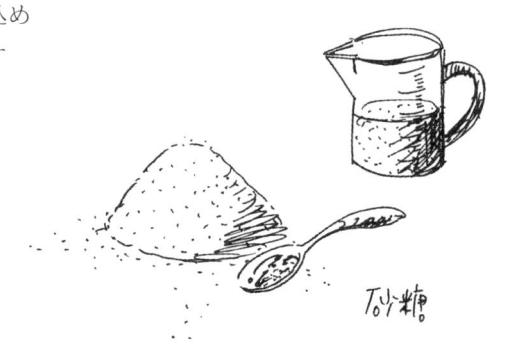

コーンシュガー

　副原料としてホームブルーイングで最も良く使われるのがコーンシュガーです。その名のとおりコーンを精製して作るコーンシュガーは、発酵にとても適したグルコース（デキストロース）でどこでも手に入るでしょう。ただし純粋なものを買うようにしてください。コーンシュガーは"プライミングシュガー"として使うのに非常に適しています。（＊一般的には5ガロンの仕込みに対して120gぐらいのコーンシュガーを、少量の水あるいはウォートにとき煮沸し

てからビールに加えます。）また、副原料として添加するときには発酵糖分の20％くらいに抑えるのが賢明でしょう。それを超えて使用するとやはりビールに"サイダー臭"がつくので気をつけてください。ドライなビールにしようとコーンシュガーをたくさん入れるホームブルワーもいますが、"モルト100％のクラフトビール"にこだわるのならば、副原料の使用は避けたいところですね。いくら経済的だからといっても、せっかく手間と時間をかけたホームブルーイングなのですから。

ラクトース

　ビールにほのかな甘味とボディをつけるために、ラクトースを発酵済みのビールに加えることがあります。そのままではビールに溶け込まないので、一度水に加えて煮込んでから添加します。ラクトースは普通のビアイーストでは発酵されないので、ビールに加えたときには風味がそのまま残ります。英国では**スウィートスタウト**に入れて使われています。ホームブルーショップか健康食品店で白い結晶体のものが手に入るでしょう。

ブラウンシュガー

　ブラウンシュガーは精製されていない白糖にほんの少量の糖蜜が加わったものと考えていいでしょう。ビールに加えるのならば、発酵可能な糖分の1/10くらいが適当でしょう。ブラウンシュガーを入れるときには必ず煮沸してからにしてください。

モラーシィズ（糖蜜）

　簡単に言えば精製されていない砂糖なのです。だから通常なら精製によって取り除かれるはずの不純物が、そのまま糖に混じっているのです。これらはほとんど発酵しない成分で、それがビールに独特の風味と色を付けることになるのです。5ガロンのビールに1カップ入れただけで誰にでも分かってしまうほど強いくせを持っています。芳醇でバターのような香りがするので、うまく使えば英国の**オールドペキュリアー**というエールに似せることができますが、入れすぎるとくどくなりビールの飲みやすさがそがれるので注意してください。

　糖蜜は含まれているアロマ成分の量によっておおまかに、ライト、ミディアム、ブラックの3つに分けられます。シュクロースの成分が多く、それにフルク

第 2 章　中級編　～ Better Brewing ～

トースとグルコースが少し加わっています。ライトからミディアム、ブラックとなるに従ってシュクロースが減少し（65％くらい）アロマ成分が増えていきます。やはり水やウォートに溶かして、煮沸してから加えるようにします。
"カーボネイション（瓶内で炭酸を加えるための発酵）"に使用するならば、5 ガロンの仕込みに対して、コーンシュガーなら 3/4 カップのところを糖蜜 1 カップで代用できるでしょう。

ローシュガー

　ローシュガーはブラウンシュガーのライトなものと考えていいでしょう。特徴的にはサトウキビやビートの糖分と変わらず、ほんの少量の糖蜜成分が色に出るくらいです。

デイトシュガー

　デイトシュガーはナツメヤシの実を乾燥させて、それを挽いたものです。それ以外には何の加工もされていません。私はまだ試したことが無いのですが、きっと独特の風味があると思います。ただ、精製されていないのでなかなか溶けにくいかもしれません。

コーンシロップ

　家庭用から醸造用までいろいろあり、かなり発酵するものもあれば発酵しないでビールに甘味を残すものもあります。それぞれで内容成分がかなり違うので使用に当たっては注意が必要でしょう。ビール醸造用のものは成分のほとんどがグルコースとマルトースからなっていますが、これはなかなか入手しにくいでしょう。

　一方家庭用のコーンシロップはたいていのスーパーで手に入りますが、ラベルの成分表示をよく読んでからにしてください。イーストに悪影響を及ぼす保存料やバニラなどが入ったものはビールには好ましくないでしょう。使用にあたっては他の添加糖分同様に、全体の発酵成分の 20％を超えないようにして、必ず煮込んでから使いましょう。

ソールガム

　ソールガムは糖蜜に似たもので、熱帯に育つソールガムを絞ったジュースか

ら造られます。ビールにつかう場合には、糖蜜と同じようにすればいいでしょう。甘く濃い色をしていて、かなりユニークな味がつきます。

メープルシロップ

主な成分はシュクロースで、それに水分と微量のミネラルが含まれています。これを使ったビールを飲ませてもらったことがありますが、謹んで読者の皆様にもメープルシロップを使うことをお勧めする次第です。味わいはとてもよく、特にフルボディのビアスタイルであればメープルのフレーバーがとても輝くのではないかと思います。できれば5ガロンのビールに対して1ガロンでも入れたいところですが、高くついてしまうでしょうね。メープルサップ（樹液）を入れたビールも飲んだことがあるのですが、とてもおいしかった。ビールにほのかに木の香りもついて、ドライで引き締まった味がしました。皆さんのメープルシロップ入ビールをご相伴にあずかれる日が来ることを願っています。

ライスシロップ

ライスシロップは言わば"お米のモルトエキス"です。麦芽ならぬ米芽を麦芽と一緒に炊飯した米に加えます。すると麦芽と米芽の酵素によってマッシングが始まり、米に含まれているデンプンが糖化してグルコースやマルトースを含んだ糖分に変わります。こうしてできたマッシュをモルトエキスのようにシロップに加工するのです。これを使うとライトタイプのアメリカン・ラガーが造れます。ライスシロップは多くのホームブルーショップや健康食品店などで売られています。

ハニー（蜂蜜）

蜂蜜をビールに入れると独特の風味が生まれます。これまで蜂蜜を使ったいくつものホームブルービアがコンテストで入賞しているので、一度は使ってみることをお勧めします。蜂蜜の中には何種類もの糖分が含まれていますが、一番多い成分はグルコースとフルクトースです。シュクロースとマルトースは全体の5％未満にとどまっています。蜂蜜の中には糖分以外にも、酵素や野生イースト、花粉、蜜蝋、水分など様々な物質が混じりこんでいます。そればかりか足や触覚などといった蜂の体の一部まで入っているので、使用にあたっては必ず煮沸消毒が必要です。水やウォートに溶いて煮沸しながら浮いてきた異物

を取り除くともっと良いでしょう。

　蜂蜜は蜂が集めた花の蜜が熟して変化したものです。だから蜜のとれた花の種類によって何百種類の蜂蜜があり、色と風味がはっきりと違います。ビールの材料に使うならば、風味がそれほどきつくないクローバーやアルファルファなどの蜂蜜が適していると思います。蜂蜜はとても発酵しやすいのでアルコール度数の高いドライなビールが出来上がります。しかも精製された砂糖と違ってオフフレーバーも無く、発酵したときには好ましい風味が生まれます。ただし副原料として使うときには全体糖分の 30% 以下に抑えるようにしないと、ビールらしくないビールになってしまいます。実は蜂蜜に水を加えると自然に発酵して "ミード" というお酒ができるのです。ワインのような甘いものからシャンペンのようにドライなものまでいろいろあります。ミードについては後ほど第 6 章で詳しく説明しましょう。蜂蜜自体にはイーストを育てる栄養分が含まれていませんが、大麦モルトが健康な発酵に必要な養分を充分に提供してくれます。

味付け役の材料

カラメル

　ここでいうカラメルとはお菓子のことではなく、糖分を熱したり化学的に加工したりして造る、少々苦味を帯びた茶色い粘性のある液体のことを言います。これをビールに添加するのは色付けが目的で、市販のビールやモルトエキスに使われていることはありますが、ホームブルワー向けの商品としては無いでしょう。

デキストリン

　デキストリンはグルコースの分子が 3 つ結合したもので、ビアイーストはこの連鎖を断ち切ることができません。つまり発酵しないのです。発酵しない糖分をビールに加えるのは、ボディ、つまり甘味やコクをつけたり、泡持ち（フォーム）をよくしたりするのが目的です。たいていのモルトエキスにはこれが含まれているのですが、さらに増量して添加するなどボディを調整する材料として使うことができるでしょう。

フルーツ

　ものによって合う合わないはありますが、フルーツはビールの風味付けにもってこいです。それなのに、ほとんどの大手ビールメーカーがフルーツビールを造らないのはなぜでしょうか？例外といえばベルギーのビールです。ベルギーではチェリーやラズベリー、ピーチ、カラントなどを良く使います。これらのビールは実にうまい！そのほかにもリンゴ、梨、桃、サクランボ、ブルーベリー、どのフルーツを使ってもいいのですが、ビールに入れる前には必ず加熱殺菌しましょう。でもそこには一つのパラドックスが生じます。加熱殺菌するということは煮込むということになるわけですが、フルーツを煮込むと芳しい風味が損なわれるうえ、ビールの濁りの原因となる"ペクチン"という炭水化物も生じてしまいます。また、種子などにある好ましくない風味を強めてしまうこともあります。

　だから私はフルーツを入れるときには、ウォートの火を落としてからにします。その後66〜82℃くらいの温度で15〜20分放置しておけばいいでしょう。特にチェリーやベリー類を使うときには実をつぶしてから投入するようにします。そうしないとフルーツのジュースがうまく抽出できないからです。でも冷凍フルーツならばこの必要はありません。なぜなら冷凍されたフルーツの細胞はすでに破壊されているからです。

　投入したフルーツはそのまま発酵容器に移してもかまいませんが、初期の発酵が済んだ段階で取り除くようにしましょう。フルーツジュースを使えばその手間はなくなりますね。私も、チェリーやラズベリー、アップル、ブルーベリー、ブラックベリー、クランベリー、ピーチ、ペアー、それにサボテンのジュースをビールに入れて造ったことがあります。ああ、どれも素晴らしかった。ホームブルワーならではのビールというところでしょうか。

第2章　中級編　〜 Better Brewing 〜

野菜

　そう、そのとおり。野菜を入れるんです。どんなビールになるか想像できないでしょ。でも、野菜を入れたビールはたくさんあるんです。豆類、にんじん、パースニップ、アーティチョーク、ズッキーニ、ポテト、ナス、きゅうり、とにかく畑になっているものなら何でも試す価値あります。実際にこれらの野菜を試した人たちから話を聞き、いろいろと試飲もさせてもらったけれど、正直に言ってどれでもうまかったというわけではありません。しかし、これを入れたらどんな味になるだろうかと、想像しながら造ることが楽しいじゃありませんか。だからどんどんチャレンジして造ってみてください。サンプルを送っていただけるなら、喜んでご相伴にあずかります（ひょっとしてまずいことを言ったかな？）。

チリペッパー（唐辛子）

　唐辛子にはいろいろあるんですね。アナハイム、ハッチ、ハラペーニョ、セラーノ、カイエンヌ、四川（セシュワン）、タイ、これぜんぶ唐辛子です。どれを使うかによって辛さも風味も違ってきます。入れる量もよく考えてからにしたほうがいいでしょう。驚くかって？　そりゃもう。とにかく飲んだ人は誰でもびっくりするし、楽しいビールになることは請け合いです。私が最初に唐辛子入りのビールを造ったときには、みんなを集めて樽あけしましたが大いに盛り上がったのを覚えています。

　唐辛子を入れるならば、二次発酵の時にするのが賢いやり方でしょう。炒った唐辛子の風味が好きならば、殻をつけたまま入れる。青唐辛子、きざんだセラーノやハラペーニョ、乾燥したカイエンヌペッパーや四川など、どれを入れるにしても二次発酵容器に数日つけておけば充分。もし辛さが足りないと思ったら後から足すこともできます。とにかく入れすぎに注意。少しの量から試すことをお勧めします。

パンプキン（かぼちゃ）

　かぼちゃビールなんぞを最初に造ったのは"ピルグリム・ファーザーズ（アメリカに最初に入植した人たち）"に違いないと思いますよ。造り方は簡単。まずはかぼちゃを煮るなり蒸かすなりして、それを酵素が活動しているマッシュに加えます。缶詰のかぼちゃは使わないほうがいいでしょう。添加物や保存料が入っているからです。パンプキンパイに使うスパイスなんかを加えてもいいですね。ジンジャー、シナモン、ナツメグ、オールスパイス、クローブ。いくつものブルワリーがこのパンプキンビールを季節限定ビールとして造っているけど、どれも素晴らしい。

穀類

　いろいろな穀物がビールの副原料として使用可能です。大麦・小麦のほかにも、ライ麦、オート麦、米、トウモロコシ、粟、ライ小麦（小麦とライ麦を掛け合わせた品種）、テフなどがあります。これらの穀物をそのまま添加する場合もあれば、加工されたものや抽出されたデンプンのみを加えることもあります。重要な点はこれらの穀物に含まれているデンプンをイーストが発酵できる糖に変える必要があるということです。ただ単純にウォートを煮込んでいる鍋に投げ込めばいいというものではないのです（まあそうやっても結構うまいビールができる場合もありますが）。それぞれの穀物の特質を知り、適切な使用方法を知ることでビール造りの技術は格段と上がります。

　デンプンを糖化するには酵素の働きを借りなければなりません。したがって酵素が働きやすいように穀物を加工するのです。まず穀物の粒を挽いて砕いた後、お湯にといて小一時間ほど煮込み粥状にします。それを"マッシュ"（**大麦モルトを湯にといたもの**）に放り込んでマッシュと一緒に酵素に分解してもらうのです。"フレーク状"に加工された穀物や料理用のコーンスターチなどは煮込まずそのままマッシュに添加して OK です。酵素は 66 〜 71℃の温度で最も良く活動します。穀物をビールの副原料として使うと、ビール造りがより楽しくバリエーションに富んだものになります。これが自由にできるのがホームブルワーの特権。より詳しい使い方については上級編を読まれたし。

第 2 章　中級編　〜 Better Brewing 〜

ハーブとスパイス

　ビール造りをほんとに面白くするのが、ハーブとスパイス！様々な香辛料を自由気ままに試せるのは、ホームブルワーだからこそ。ただし、たとえどんなにユニークな香辛料を見つけたと思っても「こりゃすごい、大発見だ」などと簡単にうぬぼれることなかれ。ビールの歴史をたどれば、そこには必ず自分の前に"発見者"がいるはずです。ホップがこれほどポピュラーになる前には、それこそいろいろなハーブやスパイスがビールの香辛料として使われていたのです。中でも人気があったのはカプシカム（Capsicum）とコリアンダーでしょう。カプシカムというのは唐辛子類の植物名です。これをビールに入れると飲むほどに体が火照り、消化不良を吹き飛ばす作用があるからだといいます。素晴らしい！ビール好きが喜びそうな理由じゃないですか。

　さて、これから先輩ホームブルワーたちが発見した人気のスパイスをいくつかご紹介しましょう。その前に一つだけ注意。説明を読んでおいしそうだと思っても、入れ過ぎないように。ちょっと足りないかなと思うぐらいが適当でしょう。もっと入れたくなったらいつでも足すことはできますが、入れすぎたら後から減らすわけには行かないのだから。

シナモン

　ダーク系のビールにいれればとてもいいアクセントになるスパイス。そのままウォートを煮終える 10 〜 15 分前に入れます。粉末状のものなら小さじで 2 杯、樹皮状のシナモンなら長さにして 8 〜 10cm くらいが適当。少量の場合にはシナモンの香りはしないかもしれませんが、入っているということは歴然とわかるでしょう。

コリアンダー・シード

　カレー粉の材料として知られているこのスパイスは、植民地時代のアメリカや 18 世紀の英国で人気のあったビールの香辛料。ライト系のビールに合います。ビールに入れるとはっきりその風味がでるので、コリアンダーの香りが嫌いな人にはお勧めできませんね。小さじで 1・2 杯が適量でしょう。

ジンジャー（生姜）

　早い話がおろし生姜を入れるわけ。これがホームブルワーにとても人気の香辛料になりつつあるんです。ライトでもダークでもどちらのビールにも合います。ビールそのものに爽やかさが加わるので、たとえ「あまりビールは好きじゃあないが」という人にも好まれることは請け合いです。ただし、生姜そのものが嫌いなお方は例外。乾燥したものは刺激が強いので、使うならば生の生姜。スーパーに行けばたいていいつでも売っています。おろし金ですりおろしてから、煮込み終わる10～15分前のウォートに投入します。5ガロンのビールに対して1オンス（28g）入れればかなりの風味がでるでしょう。私は入れる量を1/4オンスから4オンスまで変えて使ってみたことがありますが、どれもみなそれなりの味におさまり好評を博しました。生姜にはいろいろな種類があります。中でもタイのガランガはユニークで、生でも乾燥でも、すりおろしても、スライスに切っても、良い風味が出ます。

リカリス（甘草）

　日本ではカンゾウあるいは甘草と呼ばれたりするリカリス（Licorice）は甘味のある植物ですが、発酵にはあまり影響をあたえません。ホームブルーショップで売られている"ブルワーズリカリス（根から採ったエキス）"は簡単にウォートに溶けますが、根をそのまま使うときには表面を削いだり切り刻んだりして使います。根の固い部分を10～15cmくらいウォートに入れ、最低15分は煮込むようにしてください。適量を使えばとてもよい風味がつき、泡持ちの良いヘッドができます。ダークビールに良く合うでしょう。

スプルース（Spruce）

　ホップの手に入らなかったアメリカの入植者たちに好まれて使われていたスプルースは、ホームブルワーには人気の定番スパイスです。爽やかな風味とともにビールの安定性を強めるビタミンCを補強することができます。春先に出る新芽や枝や針葉、それに幹の部分などを使います。エキスなども手に入ります。1パイント（500cc）のジャーに軽くいっぱいのスプルースの小枝を5ガロンのビールに入れると充分な香り付けができます。私は一度カナダのブリティッシュコロンビア州にあるクイーン・シャルロッテ島で、このビールの仕込みを手伝ったことがあります。そこにはSitkaというアラスカ・スプル

ースが茂っていて、香りの良い針葉が山ほど手に入るのです。出来上がったビールはモルトエキスから造ったとは思えないほどうまかった。ちょうど甘味を抜いたペプシコーラにビールの風味を足したような感じでしょうか。もし近くの森にスプルースの木がなければ、ホームブルーショップでスルプルース・エッセンスが手に入ります。5ガロンに対して小さじで2〜5杯くらいが適当でしょう。

　注意：松を乾留して採る"パイン・タール"はスプルース・エッセンスとはまったく違うものです。あるホームブルワーが、なんと250ccものパイン・タールをビールに入れたら、ジョージワシントン・ブリッジの舗装道路のような味がしたそうです。

その他のスパイス

　カルダモン、クローブ、オールスパイス、ナツメグ、ホースラディッシュ、ホーハウンド（ニガハッカ）、ウォールナッツの葉、ライムの葉、四川唐辛子、スウィートバジル、アニス、ジュニパーベリー、ルートビールに使われるサッサフラス、サルサの樹皮、冬緑樹（とうりょくじゅ）、ヴァニラビーン、ティーベリー、ディアベリー、チェッカベリー、ボックスベリー、スパイスベリーどれも惹かれるスパイスです。

個性派の材料

　この他にどんな材料をビールに"ぶち込む"か、それはホームブルワー諸兄の創造力にかかっているのですが、ここにもう少しだけ興味深い材料を並べてみたいと思います。

チョコレート

ノンミルクや苦めのチョコレートをビールに入れる。これがホームブルワーの間で流行っているんです。「ええっ！チョコレートを？」といぶかる御仁は多いでしょう。しかし、ダークビールに入れてみるとこれがなかなか。そう聞くとたぶんあなたもその気になってきませんか？半信半疑で入れて造ったものが、実は思い出のビールになったりするんです。ホームブルーイングには遊び心も大事。

ガーリック

そう、大蒜。「まーた冗談を！」と言われることは覚悟の上ですが、これが本当に冗談のようなビールなんです。ただし"ニンニクが大好きな人"以外は試さないほうがいいでしょう。正直なところ。実は私もあるブルワーに薦められて造ったのでした。彼がニンマリとしながら言うには「ピザと良く合うんだよー」。とても執拗に迫られてとうとう5ガロンのニンニク入りビールを造りました。その匂いたるや鼻を離れることが無かったのを覚えています。まあ正直言って、ビールよりはチリビーンズやアイリッシュシチューに入れるのが正解だと思います。

スモーク（燻製）

響きほどは奇妙なものでもありません。現にドイツのバンバーグというところで造られているラオホビール（Rauchbier）という有名なスモークビールがあるのです。炉で乾燥したモルトをさらに火であぶってスモークするので、スモークの香りのするビールになるのです。確かに変わってはいますが、スモークサーモンなどのスモークした食べ物にはピッタリと合うのです。ホームブルーイングに使うなら、バーベキューセットの窯でグレインを少しスモークしてみると良いでしょう。燃やす木材としてはアップル、メスキート、ヒッコリーなどが合うと思います。あるいはもっと簡単に液体スモークエッセンスを使うという手もあります。これもいろいろなブランドがスーパーのバーベキューコーナーに並んでいます。購入する前にラベルにある注意書きをよく読んで、酢や塩などの添加物や保存料が入っていないものを買ってください。液体スモークエッセンスはとても強烈なのでビールに入れるときにはむしろケチケチと入れたほうがいいでしょ

う。5ガロンのビールならば小さじ1杯で充分。また、スモークビールの色はたいていブラウンと決まっています。

コーヒー

これはもちろんスタウトに合う。私はコーヒーが大好きだから、フレッシュな挽き立ての豆をマッシュに入れます。ウォートを煮終わる5分くらい前に入れて、決して煮立てたりはしません。あるいは、ビールが発酵した後に添加することもできます。この場合には挽き立てのコーヒー豆に湯ではなく水を通して冷たいコーヒーを出し、これをそのままビールに入れるのです。どれくらい入れるかは好みによりますが、最初は5ガロンに対して1/2ポンド（227g）ぐらいがいいでしょう。好きだったら、その後だんだんと増加していけばよいでしょう。そしておそらく誰もが考えることでしょうが、コーヒーと来たらジャマイカ産のブルーマウンテン。これに勝るものは無いでしょう。と言いながら、実は私自身はまだ試したことがないんです。もしチャンスがあれば、飲ませてください。デカフェ（カフェイン抜き）のコーヒービールなんてのもあります。

最後にチキン（鶏肉）

最後にご紹介するのは、チキンを入れた"コックエール"。実はこのレシピは1899年に出版されたエドワード・スペンサー著の『The Flowing Bowl: 懐かしい話や逸話を盛り込んだ全ての時代のあらゆる飲み物に関する論文』という本に載っていたものです。

コックエール（Cock Ale）

曰く…「まず10ガロンのエールと大きな雄鶏を一羽用意する。雄鶏は古いほどいい。それを半生に煮てから皮をはぎ、そのあと石臼でたたいて骨が砕けるまでつぶす（もちろんこのとき内臓は取り除いておく）。それを2クウォーツのサック（16世紀のスペイン産白ワイン）に浸けて、それに3ポンドの干しぶどうを入れ、少々のナツメグとクローブを加えたらまとめてキャンバスのズタ袋に入れ、その袋を発酵を始めたエールと一緒に大きな容器に入れ1週間から9日間漬け込む。後はボトルに詰めて熟成させるだけ」…とある。

いやはや、なんて飲み物なんだ。エールやスタウトのボディ付けに馬肉を使うというのは聞いたことがあるが、「雄鶏を丸ごとビールの樽にぶち込む」なんていうのは、なんとも野蛮な感じがしますね。だいたいそんなことをしようとする人がいるのかしらん。しかし驚くこと無かれ、そんな人がいたんです。彼曰く、「そんなに悪くはなかったよ」。くわばらくわばら。

イーストの栄養分

　ビール酵母が健康な発酵をするためには、適度な栄養分と極わずかなミネラルが必要になります。これらの養分はマッシングを終えたモルトには自然に含まれているので、イーストの栄養分を補給する必要はまず無いということです。ただし副原料や香辛料など、モルト以外の材料を全体の40％以上使っている場合には、これが必要になることがあります。その場合にはホームブルーショップで売っているイーストの栄養分や活性剤などをその説明書に沿って使うようにします。

清澄剤：ビールの透明度を上げるには

　醸造と発酵の段階で、ビール中には様々な浮遊物ができます。質の良い材料を使って器材の消毒をしっかりとやれば、熟成するに従って自然とビールはそこそこにクリアーなものになります。しかし、ビール造りには様々な添加物が使用されることが多いので、添加物を増やすにしたがってビールを濁らせる要因も増えていきます。そこで濁りが気になる場合には、これを取り除くのに清澄剤というものを使います。ビール醸造の過程で発生する浮遊物は主に二つあります。ウォートを煮込んでいるときにできるタンパク質の凝固したものと、発酵過程で繁殖するイーストです。これらの物質を取り除きビールの透明度を増すために添加される材料を"ファイニングス（Finings）"と呼んでいます。ファイニングスは分子の電荷を利用してこれらの浮遊物を取り除くもので、プラスの分子とマイナスの分子が引き合う作用を利用します。磁石と同じ原理です。まあ難しいこととかもかく、浮遊物によってこのプラスとマイナスの電荷が異なるということだけ覚えておきましょう。つまりファイニングスにもプラスとマイナスのものがあって、引き付けようとする対象によってこれを使い分けると言うわけです。

第2章　中級編　～Better Brewing～

アイリッシュ・モス

　ウォートを煮込んでいくと含まれているタンパク質が凝固していきます。これはプラスの電子を帯びているので、これを引き付け取り除くためにはアイリッシュ・モスなどの植物性ファイニングスを使います。アイリッシュ・モスはまたの名を Carragheen と言うアイルランド産の海藻です。これを煮込み終わる15分くらい前のウォートに投入すると、マイナスの電子を帯びたアイリッシュ・モスはプラスの電子を帯びたタンパク質と結合して沈殿するのです。小さじで1/4か1/2を入れれば充分足りるでしょう。

　片やイーストの場合は、発酵を終了すると自然に容器の底に沈殿していきます。ただしその為にはしっかりと発酵を完了できる環境が必要です。またイーストの種類やその取り扱いによってもこの沈殿作用は異なってきます。そこでイーストの沈殿作用を促すためにプラスの電子を帯びている動物性のファイニングスを加えることがあります。ほとんどのイーストはマイナスの電子を帯びているからです。

ゼラチン

　ゼラチンの原料は馬や牛のひづめです。ゼラチンはプラスの電子を帯びているので、マイナスのイーストを引き付け沈殿させるのに都合がよいのです。まずテーブルスプーン1杯のゼラチンを約1パイントの水に加え、溶け込むまでゆっくりと加熱します。これを瓶詰めや樽詰のときビールに加えます。このとき煮立ててしまうとゼラチンの効果が失われるので気をつけましょう。

アイシングラス

　アイシングラスは魚の浮き袋から取れるゼラチンのような物質です。英国ではこれが良く使われています。アイシングラスもやはりプラスに帯電しているのでイーストを良く引き付けますが、その効果はイーストの種類によって若干異なります。アイシングラスの使用は少々めんどうで、正しく使わないと効果が望めません。弱酸性の溶液を使うため注意が必要で、しかも何日もの期間がかかるのです。結局ホームブルーイングの場合にはそこまでしなくともいいだろうということで、アメリカのホームブルワーはあまり使っていません。しかしどうしても使いたければ、注意書きをよく読んでから使ってください。

チル・ヘイズとその他の清澄剤

そのままだときれいに澄んでいるのに、冷蔵庫で冷やすことによってビールに濁りがでることがあります。これを"チル・ヘイズ"と呼んでいます。チル・ヘイズはタンパク質とタンニンが作用して起こる現象で、室温では溶け込んでいるこれらの物質が温度の低下によってビールから分離し、浮遊し始めるのです。モルティングとマッシングの時間をしっかりと管理すればチル・ヘイズを幾分減らすことができますが、その方法を用いると他の要因が犠牲になるということが起こるので、痛し痒しと言ったところでしょうか。ただし、チル・ヘイズというのはまったく見かけだけの現象で、ビールの風味には何の影響もありません。つまりそう気にすることではないのです。どうしても気になる人は中の見えない陶器のマグで飲んだらどうでしょう？　でも、それでは味気ないとおっしゃる方に、以下の解決法をご紹介しておきます。

パパイン

パパインはパパイヤの皮から取れるタンパク質分解酵素で、食肉を軟らかくするときなどに使われています。この酵素をモルティングやマッシングの段階で使用すれば、タンパク質レベルを下げることができます。モルトエキスの製造者はこれをうまく使って含有タンパク質の量を最低に抑えているのです。使うのはほんの少量、5ガロンのビールに対して1/2グラムも入れれば充分に効果が得られます。パパイン酵素はだいたい50℃以下の温度で数日間活動します。煮立てると活動不能になるので、冷めたウォートに加えるようにします。通常は二次発酵のときか熟成期間中に添加されているようです。混ぜ物の無い純粋なパパインは入手が困難だと思います。ホームブルーショップよりはむしろその手の特殊なハーブやスパイスを売っている食材屋さんで聞いたほうがいいでしょう。

PVP (Poly Vinyl Pyrdlidone) /Polyclar

PVPはプラスチックの一種です。水に溶けない白い粉末状のPVPをビールに投入すると、それが沈殿する間にタンニンを静電気で引き付けて底に沈みます。これは"吸着"と呼ばれる物理現象で、ビールに対する化学反応は無いので心配は要りません。PVPを容器の底に残したまま、ビールを他の容器に移せば良いのです。ビール中のタンニンが取り除かれれば、もはやタンパク質と結合し

第2章　中級編　〜 Better Brewing 〜

てチル・ヘイズを起こす要因は無くなります。PVPを入れるのはイーストが発酵活動を終え容器の底に沈殿した後にします。5ガロンに対して2グラムぐらいのPVPを入れれば数時間でタンニンは取り除かれます。たいていのホームブルーショップで手に入るでしょう。

シリカゲル（Silica Gel）

乾燥剤などに使われる二酸化ケイ素で、タンニンではなくタンパク質のほうを取り除くのに使います。ホームブルワーが使うことはあまりありませんが、プロのブルワーの多くがこれを使っています。

酵素（Enzymes）エンザイム

酵素は他の物質と働き合って新たな物質を造り出す分子です。生物から生み出され、条件によっては活性にも非活性にもなるものです。ビール造りに欠かせない酵素はモルティングやデンプンを糖に変えるマッシングの過程で自然に生み出されてきます。特に大麦がモルトに変化するときには、ビールができるのにちょうど良い酵素が生産されます。これを特に "ジアスターゼ酵素" と呼んでいます。

もしこの酵素を増量させると、発酵に必要な糖と、発酵せずにビールのボディやヘッドとなるデキストリンとのバランスに、少なからぬ影響を与えることになります。酵素を添加する場合の調整は非常に難しく、したがってホームブルワーがこれをすることはまず無いといっていいでしょう。しかし、それでも実験してみたいという人には次の二つの酵素が入手可能です。どちらを使った場合でも、甘さが減ってボディが軽くなり、ヘッドの泡持ちが悪く、アルコールが強くなります。つまり、アメリカン・スーパーライトのようなビールができるというわけです。

αアミラーゼ

ホームブルーショップでも粉末状のものを見かけますが、この手のαアミラーゼはAspergillus nigerという菌類からもたらされたものだと思います。60℃以下のウォートやマッシュに添加すると中のデンプンを分解して最も単純な分子構成の糖分（グルコース）にします。この酵素は60℃を超すと完全に不活性になります。αアミラーゼはグルコ・アミラーゼとも呼ばれており、様々な酵素

活動によって作り出されているので、物によって強さが異なります。一般的に粉末状で売られていて、ホームブルーイングで使う場合には5ガロンに対して小さじ1杯で充分と考えられます。その場合60℃近くの温度を保てば3時間ほどで糖化は完了します。ブルワリーで使われる場合は、たいてい二次発酵か熟成タンクに入れられます。1週間もすると発酵しないはずのデキストリンが発酵可能な糖分に変化し、それによって更なる発酵が促されることになります。αアミラーゼはまだモルトになっていない大麦からバーレイシロップを造るときや、モルトエキスに添加されていることもあります。

βアミラーゼ

もう一つのアミラーゼはバクテリアによって造られる β(ベータ)アミラーゼです。デンプンをデキストリンに変えるこの酵素は熱に強く、煮沸しても活性を失わないという特性をもっています。その為、これを使用した場合にはビールの発酵状態をうまくコントロールできないという事が起こるので、ホームブルワーにはお勧めできません。

麹（Koji）

日本酒を造るのに欠かせないこの酵素は学名 *Aspergillus oryzae* という菌類で、実際には米や大麦に植え付けて造られています。粉末状のものが手に入りますが、"麹種"の場合にはまだ酵素に発展していないので、ビールの醸造には使えません。麹は43～49℃の時に最も良く活動する酵素で、10～20分でデンプンを糖に変換してしまいます。温度を54℃以上に上げれば活動を停止します。使用する場合は、5ガロンのビールに対して小さじ1杯で充分。大手のアメリカン・ライトビールには良く使われていて、その場合は二次発酵タンクに入れ1週間ほど寝かすようです。効果は種類や温度によって様々なので、実験してみるとおもしろいでしょう。

ジアスターゼ・モルトエキス／モルトシロップ（DME/DMS）

これらは酵素を生かしたまま濃縮したモルトで、コーン、米、小麦などの副原料を使うときに大麦モルトの酵素力を補う目的で使用されることがあります。66～71℃のマッシュに加えれば副原料のデンプンを良く糖化します。副原料となる穀類1kgにたいして3kgのDMEを加えるとちょうど良いでしょう。

ビール造りに使われるその他の材料

アスコルビン酸（Ascorbic acid）

　一般的にはビタミンCという名で通っているこの化学物質は、いろいろな食品の酸化防止剤としても利用されています。酸化とはつまり酸素がいろいろな物質と結合することですが、これが食品の質を劣化させることになります。ビールが酸化すると安定性を失いオフフレーバーを生じます。ですからビールの発酵が始まったら、できるだけビールから酸素を遠ざけるようにします。アスコルビン酸は酸素と結合しやすいので、ビタミンCを加えればビールそのものの酸化を防ぐことができるというわけです。酸化されたビタミンCはビールの風味や安定性にそれほど影響を与えないので問題ありません。クリスタル状のビタミンCがホームブルーショップで手に入りますから、これを5ガロンのビールに対して小さじで1.5杯、煮立ったお湯に溶いてから入れます。いわゆるタブレットのビタミンCにはいろいろな物質が混じっていますから、これはビールには使わないようにしましょう。

　もっとも、本来のやり方をしっかりと守って酸素の混入を防ぐビール造りができていれば、アスコルビン酸などを添加する必要は元からありません。つまり、バチャバチャとウォートを流し込んだり、サイフォンするときにへまをしたりしないということです。また、ボトリングするときには口から3cmのところまでしっかりとビールを詰めるということです。あまり心配することはありません。それでも心配なら、ビタミンCを添加すれば良いでしょう。

クエン酸（Citric acid）

　これを加えることによってウォートの酸性度を増すことができます。私も最初はクエン酸を加えていたのですが、ビールの材料を研究していくうちにこれはまったく必要のなかったことだと気が付きました。つまりウォートはもともと酸性だし、モルトエキスにしてもマッシュにしても元来が酸性のものなのです。これだけ酸性のものを使っているのだから、更にその酸性度を増す必要はないでしょう。ただし、ハニーミードやワインの酸味を増すために使うことは正しいと思います。

ブルーイング・ソルト（ビール醸造用塩）

　ペール・エールで名高い**バートン・オン・トレント**（Burton-on-Trent）の水を複

製するために加える各種のミネラルを総称して"ブルーイング・ソルト"または、"バートンウォーターソルト（Burton water salt）"と呼ぶことがあります。ヨード化処理されていない食塩・塩化ナトリウム（NaCl）、石膏・硫酸カルシウム（CaSO$_4$）、硫酸マグネシウム（MgSO$_4$）などがそうです。これを蒸留水あるいは脱イオン水に加えて、バートン地方の醸造水を真似るわけですが、これが大変に難しい。ブルーイング・ソルトはオールグレインのビールを造るときにより重要な要素となってきます。水とブルーイング・ソルトについては上級編で詳しく述べることにしますが、ここではとりあえず簡単な水質の調整法をご紹介しておきます。例えば水道水が軟水のときにウォートに石膏を少量加えると、より良い発酵が得られることがあります。含まれているカルシウムが50ppm以下ならば、小さじで1～4杯の石膏を加えると良いでしょう。自宅の水道水の成分については、市町村の水道局に問い合わせれば教えてもらえますし、石膏はホームブルーショップで手に入ります。その他の醸造用塩、塩化カルシウム（CaCl$_2$）や塩化カリウム（KCl）などについては、もっと慎重に、ビールに与える化学的な影響をよく理解してからにしたほうが良いでしょう。

ヘディング・リキッド

"ヘディング・リキッド"というのはビールのヘッドの泡持ちを良くする為に添加する液体のことをいいます。これには樹の根や皮などから採ったエキスが使われます。でも、しっかりと消毒を行って良い材料で造ったビールならば、こんなものを加えなくともりっぱなヘッドができるんです。現に私は今でもモルトエキスからビールを造っていますが、そのヘッドの素晴らしさといったらあのギネスにも劣らないほどです。ホント。もしあなたのビールのヘッドがあまりうまくできていないとしたら、それはたいていの場合ビールの注がれたグラスのほうに問題があるんです。グラスがきれいでなかったり、油や洗剤などが良く洗い流されていなかったりすると、ビールのヘッドはいとも簡単に崩されてしまうのです。特にポテトチップスなどの油っこいものを食べながらビールを飲んだ場合には、グラスについた油でビールのヘッドがあっという間に消え去ってしまいます。それでもヘディング・リキッドを使う場合には、説明書きをよく読んでからにしてください。

発酵の秘密：イーストはどう行動するか

　ビールの醸造にはイーストという微生物が関わっています。イーストは生きものとしての感覚を備えているので、その扱いによってビールの出来に微妙な違いが生まれます。つまり造り手としてのブルワーの個性が、ビールの味に反映されるというわけです。ビールの個性はイーストとブルワーの連帯作業によって生まれるものだと言っても良いでしょう。まさしく宇宙の神秘にも匹敵するほどの不思議な作用なのです。

　ビアイーストは菌類に分類される単細胞生物です。この微生物の"生命活動"が結果としてビールという嬉しい飲み物を生み出すのです。だから間違ってもこの"生命活動"をおろそかに考えてはならないのです。確かにウォートに放り込めば、イーストはせっせとビールを造り出してはくれますが、単なる材料として無造作に添加すればいいというものではないのです。生きものとしての生態を良く理解し、イーストが活動しやすい環境や状態を造り出してやることが、ブルワーとしての任務なのです。そうすればおいしいビールができるのですから。

ビアイーストの活動環境

　イーストの生態は複雑で現代の微生物学でも完全には解明されていません。まだいくつかの謎が残されているのです。ただし、どんな形でどういう行動をとるかといった大まかなことは分かっています。これからご説明するのは"イーストの特徴"と、それが"どうやってビール造りに生かされているか"ということです。ホームブルワーの基本知識として理解してください。

　最初に強調しておきたいことは、イーストには様々な種類がありそれらが様々な特徴を持っているということです。つまりイーストにもそれぞれの個性があるということを覚えておいて欲しいのです。これからの説明には多分に一般化した側面があるので、それを踏まえた上で読んでいってください。

　ビールの発酵に関わる数日間に、イーストはその数を3～5倍に増やしながら一通りのライフサイクルを完了します。そのサイクルは次の3つの段階で成り立っています。

1) 呼吸：活動し増殖するためのエネルギーを蓄積する。
2) 発酵：蓄積したエネルギーを使いながら糖をアルコールと二酸化炭素に変化させ、ビールの風味を醸し出していく。この期間中イーストはウォートの中を浮遊し拡散して、さかんにビールとの接触を続けている。
3) 沈殿：凝集しながら発酵容器の底に沈殿する。エネルギー源となる食物がなくなると、イーストはその活動を停止する。その後は休眠状態に備えながら生命維持の段階に入っていく。

　ビール造りではイーストがこれらの段階を"速やか"かつ"健やか"に行えることが大事なのです。なぜならウォートの中には他の微生物（ワイルドイーストやバクテリアなど）もいて、それらが常に増殖する機会を伺っているからです。ビアイーストが速やかにその活動を開始すれば、これらの"雑菌"が繁殖するチャンスを潰すことができます。従ってビアイーストが好む環境を創ってやり速やかに発酵活動を開始させることがビール造りの重要課題になってくるのです。
　そのための要素としては：1) 温度、2) pH（酸性度／アルカリ性度）、3) 栄養素／食物、4) 酸素、5) 健康状態、がありますが、これらはビアイーストに限らず全ての生物にとって重要な要素です。もちろん我々人間にとっても大事なことなのです。だから基本的なことさえ抑えておけば簡単に理解できるはずです。ではいったいどんな環境をビアイーストは好むのでしょうか？

1) 温度
　もちろんイーストの種類によって違うのですが、まとめて言えば1〜32℃の範囲でビアイーストは発酵活動をします。上面発酵のエールイーストなら16〜24℃、下面発酵のラガーイーストなら2〜10℃のときに活動が最も盛んになり、ビールの風味もうまくつきます。この温度より低いと活動が鈍くなるか停止してしまいます。反対にウォートの温度がこれより高いときにはイーストは死んでしまうか、むしろ活動がもっと活発になるかのどちらかです。たいていは49℃を超える温度でイーストは死にます。また、ウォートの温度が高くなるとバクテリアの繁殖によってビール汚染が始まります。それと同時にビールにとって好ましくない風味、つまりオフフレーバーがイーストによって生み出されるようになります。オフフレーバーとしては、フルーツ臭、ソルベ

第2章　中級編　〜Better Brewing〜

ント臭、サイダー臭、ダイアセチルによるバタースコッチのような臭い、アセトアルデヒドによる草のような臭い、などがあります。この他にもイーストの種類によっては卵の腐ったような（硫化水素）臭いが出るものもあります。これらは特に有毒な成分ではありませんが、ビールの風味を損ないうまみを減ずるもとになるものです。イーストも人間と同じように急激な温度変化を好まないので、イーストを培養したり膨潤化（水を含ませる）させたりするときには、スターター（イーストを培養した液体）の温度をゆっくりとウォートの温度に近づけてから、ウォートに投入するようにします。

2）pH（酸性度／アルカリ性度）

　蒸留水は酸性でもアルカリ性でもない、つまり中性です。pHの値は7.0で、これより低いと酸性、高いとアルカリ性ということになります。**大抵のビアイーストはpH5.0〜5.5くらいの酸性を好みます**。ウォートの酸性度は元々これくらいなので、ホームブルーイングではこれに何も添加する必要はありません。イーストによる発酵が進むとウォートのpHは4.5くらいまで下がります。イーストは非常に繊細で、自分を囲んでいる環境、特に"浸透圧"には敏感です。"浸透圧"というのはイースト細胞の内と外の圧力の差によって生まれる力のことで、この圧力が高いとイースト細胞の壁（つまり細胞の肌にあたる）には大きな力がかかります。例えば飛行機が上昇し高度をあげるとき、機体内の気圧を徐々に下げて外気圧に近づけようとします。これは内外の気圧差が大きいと機体にかかる負担が大きくなるからです。イーストもこれと同じで濃度差のある液体、つまり自分の細胞内の圧力と違う圧力の液体に投入されると新しい圧力に対応しようとするため負担を感じます。つまりストレスを感じるのです。さらに大きな圧力差のある液体にいきなり投入されれば、浸透圧によってイーストの細胞は破裂してしまうでしょう。よもや破裂を免れたとしても、その環境に慣れるまでの間イーストは本来の発酵活動を開始できないことになります。糖分を多く含んだウォートと純粋な水との圧力差は大きいものです。イーストのことを考えれば、できるだけそのショックを和らげて発酵活動をうまく行えるようにしてやることが大切でしょう。まあ、簡単に言えば"イーストの身になって考える"ということでしょうか。

3) 栄養素/食物

　あらゆる生物にとってその生命活動を維持するために大切なことは、新陳代謝と健康な細胞壁を保つことでしょう。その為には栄養源となる食物が必要となります。イーストの食物は糖分、タンパク質、脂肪、そして微量のミネラルです。糖分はエネルギー源として、タンパク質はイーストの細胞壁を構築する物質として利用されます。タンパク質はモルティングやマッシングの時にアミノ酸として形成され、それがイーストの栄養源となります。一方、ホップやモルトに含まれている脂肪(油)もイーストの細胞壁を造るのに役立っています。これはほんの少量あれば足りるものです。またミネラルとしては亜鉛とカルシウムがイーストの活動に欠かせません。亜鉛はモルトから、カルシウムはモルトや水から補給され、どちらも多過ぎるとイーストにとっては有害となります。これらの栄養素が正しく補給されないと、イーストの不活性や変形、不充分な沈殿、オフフレーバー、ビールの安定性が落ちるなど、さまざまな問題が起こります。イーストの種類によって必要とされる栄養素は異なりますが、これらの必要な栄養素はどのモルトエキスにもだいたい充分に含まれているはずですから、あまりこれについて心配することはないでしょう。

4) 酸素

　イーストが増殖を始める初期の段階において、酸素は欠かすことのできない要素です。イーストはまず呼吸活動をすることによって、その後に続く活動に必要なエネルギーを蓄積していきます。これには糖分と酸素が必要になるので、この過程をエアロビック（好気的）な段階と表現したりします。**イーストはウォート中に溶け込んでいる浮遊酸素を取り込んで呼吸をするので、ウォートにはできるだけたくさんの酸素が溶け込んでいることが望ましいのです。**多ければ多いほど良く、多すぎて困るということはないくらいです。煮沸したウォートには酸素が欠乏しているので、ウォートを攪拌して酸素を取り込む必要があります。酸素の足りないウォートでは発酵が非常に緩慢に進むか、あるいは完全な発酵が得られないといった状況が起こります。酸素をウォートに溶け込ませるためには、ウォートを発酵容器に移すときにできるだけ勢い良く酸素を巻き込むようにしてバシャバシャと流し込むと良いでしょう。ただし煮込んだウォートに後から水道水を加える場合には、酸素の欠乏を心配する必要はないでしょう。蛇口から出る水道水には酸素が充分に含まれているはずです。ところ

が反対に、発酵が始まった後のウォートには決して酸素を近づけてはならないのです。

ホームブルワーに注意：英国のサリー州にある醸造研究所（Brewing Industry Research Foundation）の報告によると、イーストを培養し増殖させる方法によっては、その後のイーストの酸素に対するレスポンスが異なり、発酵にも大きな影響があるということです。重要なのはある段階で酸素が必要だということでしょう。ドライイーストの多くは、その培養過程で酸素をたくさん供給されているので、ホームブルーイングで使う場合にはそれほど酸素の心配をする必要はないでしょう。しかし自分でイーストを培養したときには、その後の酸素供給には充分に注意してください。

5）健康状態

イーストの健康状態にたいする配慮は前述したとおりですが、一つ付け加えるならばイーストのパッケージングや保管があります。液体イーストは冷蔵庫で保管するか、あるいは特別処理して冷凍庫に保管します。パッケージの説明書きに従ってください。温風で乾燥されるドライイーストは、その70％が生きていると考えてよいでしょう。室温でそのまま保存することもできますが、冷蔵庫で保管すればもっと長持ちするでしょう。

ビアイーストのライフサイクル

イーストが発酵する様子をホームブルワーは観察することができます。これはホームブルワーだからこそできることで、決して大きな醸造所ではそうはいきません。イーストの種類や状態またその準備の仕方によって、発酵にもいろいろなパターンがあります。

イーストは最初休眠状態にあります。そしてウォートに投入されたときからそのライフサイクルが始まります。イーストは呼吸期と発酵期にその数を3〜4倍に増やします。イースト細胞は出芽期とも呼ばれる過程において、およそ24時間ごとに分裂を繰り返しその人口密度が最適状態（1ミリリットルあたりに5千万個）に達するまで増殖します。その増殖過程でイーストは栄養素を取り込みながら新陳代謝を繰り返します。ライフサイクルは：1）呼吸期　2）発酵期　3）沈殿期の3段階に分けられます。

1) 呼吸

　イーストの呼吸活動はウォートに投入されたときから始まります。これは酸素がイーストの細胞内に取り込まれる"好気性の過程"です。イーストは取り込んだ酸素から増殖や細胞構造の形成、発酵に必要なエネルギーを得ることになります。そしてこのエネルギーは発酵過程でほとんど全て使い切られてしまいます。呼吸期の時間はその状況によって著しく違いますが、たいていは4〜8時間です。この期間中にイーストは増殖し二酸化炭素と水、それにビールの風味を生み出すのです(ただしこの間まだアルコールは製造されていません)。

　風味はイーストの新陳代謝による副生成物で、中でも際立った匂いはエステルとダイアセチルによるものです。エステルのタイプはイーストの種類や温度、その他の条件によって異なり、その匂いには、ストローベリー、アップル、バナナ、グレープフルーツ、ナシ、ラズベリーなどがあります。このエステル匂はビール好きにとってはある程度好ましいものだといえるでしょう。

　ダイアセチルはバターあるいはバタースコッチのような匂いを生み出します。これはバクテリアによって生み出される場合もありますが、たいていはイーストの新陳代謝によるものです。この風味はイーストが浮遊する発酵段階に減少されます。従ってイーストが充分な期間浮遊していないと、このダイアセチルの生み出す風味を充分に消し去ることができなくなり、結果としていわゆ

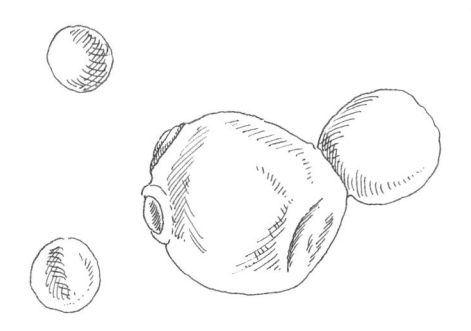

電子顕微鏡で見たイーストの絵
中央の大きな球体が親の細胞で、そこからいくつもの子細胞が分裂していく。左に見えるクレーターの様な傷はその跡。ビールの発酵が一番盛んな時には、5千万もの細胞が1ccのウォート中に存在する。これが1cc中、10万にまで減ると、ビールは肉眼ではクリアーに見えるようになる。

る"バター臭"がビールにつくことになるのです。これは一般的にはオフフレーバーとして敬遠されていますが、中にはむしろこの風味を個性としているビールもあるのです。

英国のヨーク州にある**サミュエル・スミス**というブルワリーではサミュエル・スミス・ペールエールとビターを醸造しています。これらのビールには微かながらもはっきりとしたバタースコッチの風味がついています。発酵は特別なエールイーストをスレート（粘版岩）で囲まれたヨークシャーストーンと呼ばれる特殊な四角い容器に入れて行われますが、発酵期にイーストが浮遊する状態が充分得られないので、時々ビールを攪拌してイーストを浮遊させたりします。それでも充分にダイアセチルの働きを和らげることができないので、結果としてバタースコッチの風味がビールに残ることになるのです。そしてこの風味こそがビアドリンカーから歓迎されるサミュエル・スミスの個性となっているのです。

2) 発酵

呼吸期に続いてすぐに発酵期が始まります。**発酵は呼吸と反対に"嫌気性の過程"なので、酸素はまったく必要とされません。**実際にはウォート中の酸素はそれ以前にイーストが造り出した二酸化炭素によって"かき出されて"しまい、液中にはほとんど残っていない状態です。ただしこの発酵段階でもイーストは増殖を続け、それが人口密度の最適値に達するまで続きます。そしてウォートの中を徘徊し、糖をアルコールと炭酸ガスに変化させながらビールの風味を造り出していくのです。ビアイーストの特質は発酵を終えるまでしっかり浮遊している点にあります。我々が使っているイーストのほとんどは、3～7日の間液中を浮遊して、そのあと凝集し容器の底に沈んでいきます。発酵の最盛期にイーストはエネルギーの枯渇を感じ始めます。そして発酵が終了に近づくとイーストの食料はほとんど無くなり、イーストは休眠準備を始めながら静かに容器の底に沈殿していくのです。

時として卵の腐ったような匂いを経験することがありますが、これは特別めずらしいことではありません。ある種のイーストは硫化水素を製造するので、それが炭酸ガスによって表面に運ばれ卵のような臭いを発するのです。この場合はイーストを変えてみるか、あるいは発酵の温度を変えてみると良いでしょう。

3) 沈殿

　沈殿の過程でイーストはグリコーゲンという物質を造り出します。グリコーゲンはイーストが休眠する際の細胞壁を保持するために必要な物質で、イーストが休眠から覚めて再び活動を始めるときの栄養源ともなるものです。沈殿を始めた頃のイーストは最も活力を内蔵しているので、イーストを再利用する場合はこの時期の沈殿物が一番良いということになります。イーストが沈殿してしまった後の発酵はほとんどなく、あったとしてもかなりゆっくりになります。したがって沈殿が早すぎると、発酵が完了するまでの期間が長くなります。その場合には沈んでしまったイーストを攪拌して浮遊させる必要があるかもしれません。ただし酸素やバクテリアを混入しないように、細心の注意を払ってください。でもホームブルーイングの場合にはそういったことをあまり気にせず、沈殿が早すぎたと思ったらじっくり発酵が終了するのを待てば良いのです。たいていの場合3日もあれば発酵は終わります。

　もし何週間にも及ぶ長期間の熟成を行いたいのならば、沈殿したイーストとビールを分離させたほうが良いでしょう。ある期間を過ぎるとイーストが自己分解と呼ばれる劣化を始め、これがイースト臭の原因となることがあるのです。発酵を追え沈殿したイーストはビールには必要のないものです。たとえこれを取り除いても、中にはまだ何百万ものイーストが浮遊しているはずです。このイーストだけで熟成や瓶内発酵には充分だからです。ただし底に溜まったイーストがない場合には、オフフレーバーは必ずしもイーストのせいとは言えません。また矛盾するようですが、瓶詰めしたあとのビールには少量のイーストがあったほうがビールの風味が安定することも確かです。

ひとくちアドバイス～イーストのつぶやきに耳を傾ける
仕込む量で違う

　イーストの行動は仕込もうとしているビールの量によって異なる。例えば、1ガロンの容器と5ガロンの容器とでは室温の影響による温度の変化が異なる。1ガロンの容器は5ガロンのものより容積に対しての表面積（外気に接触する面積）比率が高いので、より早く室温の変化に影響されるからだ。また容器が小さいとイーストが底に沈むまでの時間が短くなり、ビールが澄んでくるのも早い。

使用原材料によって違う

使用するモルトや副原料、あるいはモルトエキスの内容によって発酵可能な糖分と栄養素とのバランスが異なるので、必然的にイーストの反応も違ってくる。

発酵温度によって違う

発酵させるとき、ウォートの温度が高いほどイーストは活発に活動する。反面イーストが沈殿するときには、ウォートの温度が低いほど早くなる。

汚染はイーストをおかしな行動に走らせる

ビールの風味がおかしいときは、ウォートに混入した他の微生物による可能性が高い。イーストは他の微生物が混入すると予期しない行動を取ることがあるのだ。この場合はイーストのせいでも使用している原材料のせいでも無い。衛生管理には細心の注意をはらおう。

イーストは順応しやすい生きもの

イーストは培養される環境によって変化することがある。1000バレルの巨大タンクで仕込むために培養されたイーストは、5ガロンの仕込み容器の中では違ったものになるのだ。

投入するイーストの量で風味は変わる

ウォートに充分な量のイーストが投入されていないと、ビールの発酵が遅れるだけでなく完全な発酵が得られないこともある。逆に投入されたイーストが多すぎると、イーストの分裂増殖が充分でないままその最適人口密度に達してしまう為、"イーストバイト"と呼ばれる独特の風味がビールに残ることになる。これについての科学的な説明はまだない。

家の味がある

あなたの家で造られたビールにはあなたの"家の味"がある。仕込んだ状況や環境、造り手の態度や考え方によって、ビールの味には微妙な違いが出るものだ。その"家の味"はどんなスタイルのビールにも共通したものになる。これはその家あるいは地区に住み着いている土着の微生物が影響しているものと考えられる。

水を差すな

一度ビールが発酵を始めたら、決して水を足さないように。新たに水を足すとそこに含まれている酸素やバクテリアによって、酸化や汚染が発生してしまうからだ。発酵を始めた後のビールに、酸素は百害あって一利なし。もしどうしても今造っているビールを薄めたくなったら、しっかり煮沸し冷却した水を瓶詰めのときに加えれば良いだろう。

イーストを混ぜる

異なる系統のイーストを混ぜて使うとおもしろい結果が得られることがある。例えばエールイーストとラガーイーストをブレンドしてみる。ブルワリーがこれをするときには、それぞれのイーストを投入する段階をはっきりと分けているが、基本的にイーストを混ぜることに問題はない。

ホームブルーイングのサニテーション(衛生管理)

"清潔は善良に次ぐ美徳なり" メルリン(Merlin)

おいしいホームブルービアを造るための最大条件は「清潔さ」です。ビールに好ましくないワイルドイースト(野生酵母)やバクテリアの混入をいかに防ぐかということが、ビール造りの「鍵」なのです。これらの微生物に"汚染"されるとビールが濁ったり、酸っぱくなったり、異常発酵して炭酸が強くなりすぎたり、表面にカビが生えたり、オフフレーバーがついたりと、様々な事態が引き起こされます。汚染の原因によってその深刻さは異なりますが、ひとつだけ安心できるのは、これまでにどんな有毒な菌や微生物もビールの中で生存し続けた試しが無いということです。だから、少々失敗したからといって死ぬなどということはありません。ビールが奇妙な味になるくらいのものでしょう。でも衛生的にするというのはそんなに難しいことではないんです。ちょっとだけ気をつけて必要な手続きを怠らなければいいのですから。まあ、あまり神経質にならずともそこそこのビールはできますが、衛生に気をつけて造ったビールはかならず数段うまいものになるでしょう。それは確かです。

ビールに好ましくない微生物どもを退治するには二つのプロセスがあります。これからその二つのプロセス、「洗浄」と「殺菌消毒」について説明して

イーストの活動グラフ

エアロビック・サイクル（好気性の過程）：呼吸；糖をCO_2とH_2Oに変化させる（アルコールは造らない）；イーストが増殖・発酵するためのエネルギーを蓄える時期。

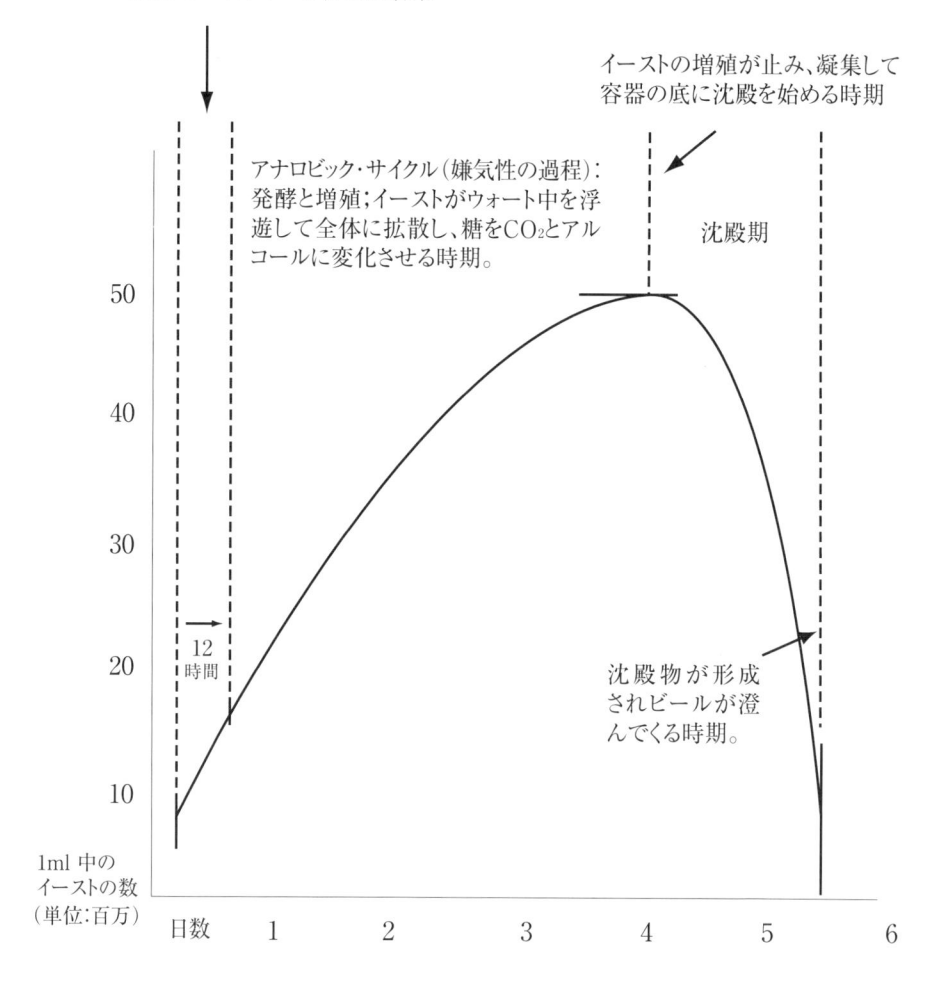

アナロビック・サイクル（嫌気性の過程）：発酵と増殖；イーストがウォート中を浮遊して全体に拡散し、糖をCO_2とアルコールに変化させる時期。

イーストの増殖が止み、凝集して容器の底に沈殿を始める時期

沈殿期

沈殿物が形成されビールが澄んでくる時期。

12時間

1ml中のイーストの数（単位：百万）

日数　1　2　3　4　5　6

いきますが、その前に用語の定義をしておきましょう。まず「洗浄」：これはビールを造るために使用する器具や道具をきれいに洗うということ。それから「殺菌消毒」：これは文字通りそれらの器具・道具を消毒すること。ただし「殺菌消毒」といっても菌やバクテリアを100％取り除くことはできません。世界一優秀なビール工場でもこれはできないとしています。消毒薬を使ってバクテリアやワイルドイーストをある程度まで駆逐しその人口を減らしておけば、あとはビアイーストが勝手に繁殖して大勢をしめるようになります。そうなれば他の菌が繁殖する余地はなくなるのです。

　まあそう硬くならずに。決して科学者や衛生士になれと言っているわけではありません。ただちょっと骨の折れる仕事かもしれませんが、洗浄は難しいことではありません。消毒にしても道具を消毒液に浸すだけです。また汚染を防ぐにはウォートに下手にさわらなければいいのですから。

　ホームブルワー向けの洗剤（クレンザー）と消毒剤（サニタイザー）は何種類かあり、プロフェッショナルなものもあります。これからそれらを紹介していきますが、その前に一つだけ重要な注意をしておきます。**絶対、絶対、やってはいけないこと：それはこれらの洗剤や消毒剤を併用して使うことです。それをやると化学変化が起こり人体に有毒なガスが発生するからです。**

クレンザー（洗剤）とサニタイザー（消毒剤）

家庭用アンモニア

　家庭用アンモニアを溶いた水にビール瓶を浸けておくと、瓶のラベル（金属製のものは除く）がきれいにはがせます。アンモニアはとても臭いのきつい薬品なので風通しの良いところで作業したほうが良いでしょう。これは絶対に塩素系の洗剤と混ぜないように気をつけてください。代わるものとしては洗浄用ソーダがあります。

塩素（クロリン）

　塩素系洗剤、つまりキッチン用のブリーチのことです。塩素はとても強力な洗剤であり、消毒殺菌剤でもあります。ただしクロリン（塩素）とクロライド（塩素イオン）は化学的に別のもので、クロライドは塩を水に溶いたときにナトリウムと分離してできる物質です。**塩素系洗剤を酸やアンモニア、あるいはその他の化学物質と混ぜないように気をつけてください。**

第2章 中級編 ～Better Brewing～

　　ホームブルーイングには家庭用のブリーチが一番手に入りやすく効果的です。たいていのキッチンブリーチにはクロリンが5％ほど含まれています。あとの成分はほとんど何の化学作用も持っていません。ただし、たった5％だからといって侮らないように。キッチンブリーチはとても強力な薬品です。どれくらい強力かというと、蒸留水に0.25ppmのクロリンを溶かせば消毒剤として使えるということからも分かります。これは小さじで1杯のブリーチを1000リットルの水に溶かしたのと同じ濃度です。

　　クロリンはどんな働きをするのでしょうか？ クロリンは次亜塩素酸ナトリウム（Sodium Hypochlorite）として、台所用のキッチンブリーチに含まれています。水と融合したときに初めて次亜塩素酸ナトリウムとなり消毒剤としての効力を発揮します（始めから水に溶かしてあるものも売られています）。次亜塩素酸ナトリウムというのはきわめて不安定な物質で、簡単に他の化学物質に変化して消毒剤としての効力を失うだけでなく、水に不快な特質を加えます。この物質は日光や熱によって分解されやすい性質を持っています。またタンパク質やイーストの養分としてウォート中に含まれている窒素化合物などとも結合して化学変化を起こし消滅に至ります。ただしクロリンと窒素化合物との組み合わせには少々問題があります。それはクロロフェノールやクロロホルム、クロロメネスなどといった安定物質に変化してビールのオフフレーバーとなり、しかも多量になれば人体にも有毒だからです。これらのやっかいな化合物は無臭です。クロリン特有のあの臭いは、F.A.C.（浮遊有効塩素）から発せられており、これもやはり日光や熱によって分解されます。

　　キッチンブリーチを安全に使うにはどうしたらよいでしょうか？ クロリンを含んだキッチンブリーチには消毒剤としてだけでなく漂白剤としての効果もあり、落ちにくい汚れや手の届かない部分の汚れを取り除くのに使われています。ですからビールの瓶や発酵容器の汚れカスなどを取り除くのにも最適なのです。5ガロン（19リットル）の水に2オンス（56g）のブリーチを溶かし込んで、一晩浸しておけば発酵容器などの汚れも簡単に落とせます。かなり強力な物質なので、お湯を使ってよくすすぐようにしましょう。

　　ホームブルーイングに使うときには、5ガロンの水に小さじで1/3～1.5杯を溶かし込んで使います。これで5～25ppmの濃度があり30分～1時間浸けこむことで充分に消毒剤としての効果を発揮します。その後にこれを水です

すぎ落とす必要があるかどうかは、ホームブルワーの間でも議論の対象になっています。というのも、水道水に含まれている雑菌がつくかもしれないという不安があるからです。しかし、たいていの飲み水であればそこまでの心配は無いと私は考えます。それでも心配であれば、一度煮沸したお湯をすすぎ水として使えば問題は解決します。また貯湯タンクに何時間か置かれたお湯であればおおかたのバクテリアは死滅しているはずです。もっとも、これくらい容器を消毒しておけば、そのあと混入する少々のバクテリアは無視してかまわない程度でしょう。

洗剤

容器や道具にこびりついている油汚れは、洗剤を使って良く洗い落としてください。ただし芳香を付けていない無臭タイプがいいでしょう。すすぎもしっかりしましょう。少しでもカスが残っているとビールの味を損ないます。注意：石鹸と洗剤は別のものですから、ふたつを混ぜて使うことはしないように。両方が打ち消しあってまったく意味のないものとなります。

熱

お湯や熱によっても器具を消毒できます。**その場合には71℃以上の温度にする必要があります。**

ヨウ素

あまり一般的ではありませんが、乳製品を扱う業者などに使われているヨウ素系の消毒薬も使えます。製品としてはヨウ素系殺菌剤として売られていますが、リン酸などの有毒な薬品を含んでいることが多いので、使用に当たってはよく説明書を読んで注意深く使うようにしてください。5ガロンの水に小さじで2杯も入れれば充分です。

石鹸 (Soap)

石鹸も使ってかまいませんが、すすぎはお湯で良くしておきましょう。

洗濯ソーダ（炭酸ナトリウム）

洗濯ソーダはアルカリ性の洗剤です。5ガロンの水に1/2カップぐらいを

第2章　中級編　～ Better Brewing ～

溶かして使うと、瓶のラベルをはがすことができます。ただしアルミ缶には使わないように。炭酸ナトリウムがアルミニウムを腐食して水素ガスが発生するからです。基本的に薬品を入れる容器にアルミニウムを使ってはいけません。

プラスチック製の容器や道具の洗浄・消毒

　サイフォンホースや発酵容器などのプラスチック製品を洗浄・消毒する場合には、表面にキズをつけないように気をつけましょう。タワシやブラシを使わないようにします。裏面が硬いキッチン用のスポンジもいけません。これらは容器の表面に小さなキズをつけるからです。このキズにはバクテリアが住み着きやすく、しかもどんなに強力な消毒剤をもってしても取り除くことができなくなるからです。表面にキズがついたり古くなってきたら、迷わずその容器や道具は捨てて新しいものを使うようにしましょう。

　プラスチック製品の洗浄・消毒には、これまでに挙げたどの薬品を使ってもかまいません。ただし、ソフトプラスチックは熱に弱いので煮沸するのはやめておきましょう。洗浄剤や消毒剤に浸しておくか、やわらかいスポンジや布でやさしく表面を拭くようにして洗うと良いでしょう。

ガラス製カーボイや瓶の洗浄・消毒

　ガラス製の器具も他の物と同様きれいに洗浄して使うことは言うまでもありません。やはりこれまでに挙げた洗剤・消毒剤を使うことができます。しかし、5 ガロンのカーボイや瓶の洗浄は少々厄介です。これには柄の長いブラシを使わなければならないでしょう。ブラシを使って瓶の底や側面、首のくびれのあたりを念入りにこすって汚れを洗い落とします。洗った後には汚れが残っていないかしっかりと検査してください。一番良いのは使い終わった直後に洗浄することです。そうすれば水で洗い流すだけで充分に汚れが落とせます。瓶やカーボイに水やお湯を入れてよく振り、流し出すことを 3 回ほど行えばきれいになるでしょう。また 5 ガロン（19 リットル）の水に対して 2 オンス（56g）のブリーチを溶かして、これに一晩浸けておくことも有効です。

　ビール瓶の汚れには特に注意が必要です。光の良く射す場所でしっかりと内側を検査してください。少しでも汚れがこびりついていたら、おしまいです。汚れはバクテリアの格好の棲家になるからです。よーく検査しましょう。どうしても汚れが落とせないときや見た目に分からないときには、ブリーチに浸け

て時間を置いてみると良いでしょう。表面と内側を消毒し、その後お湯を使ってよくすすいでおきましょう。

その他の道具の洗浄・消毒
　ボトルキャップ（王冠）の消毒は、そのまま煮沸するのが簡単で手っ取り早い方法です。ただし中には抗酸素製のキャップなど、煮沸できないものもあるので注意してください。その場合には他の方法をとりましょう。木製のスプーンは使えません。木製品は消毒不可能だからです。**ウォートを煮込むときにかき混ぜるのには問題ありませんが、温度が71℃以下になったら入れないようにして下さい。**「それじゃあ、冷めたウォートはどうやってかき混ぜたらいいのか？」と聞かれるかもしれませんが、その場合の答えは「かき混ぜる必要はない」です。比重を計るために少量をすくい取る時と、サイフォンでくみ出す時以外、ウォートに手をつけることは無用なのです。ウォートが発酵を始めた後も、けっして酸素の混入を招くようなことをしてはなりません。もちろん手を突っ込むなんてことは論外です。どうしてもそうしなければならない事態に陥ったならば、手を良く洗って消毒してからにすること。またサイフォンをするときには口を使わないようにしましょう。人間の口内には乳酸菌などのバクテリアがたくさんいるのです。これらはビールを酸っぱくする原因です。サイフォンをするときにはサイフォンホースに水を満たして、それをビールの入った容器に入れれば良いのです（＊第7章：補講「サイフォンについての考察」参照）。

　そして忘れてはならないこと…
結局、バクテリアや微生物がビールに混入するのを100％防ぐことはできません。また彼らを目の敵にしたところで始まらないのです。ある程度のことをやっておけばあなたの造るビールは充分に満足の行くものになるはずです。洗浄や消毒は一度経験してしまえば、後は簡単にできるようになります。とにかく心配しないで、リラックスしてやりましょう！Have a homebrew!

第2章　中級編　〜Better Brewing〜

トワイライト・フォームへの旅

　さあ、これからあなたは旅に出るのです。もう戻れない、止まることもできない、そして終わりもない、そんな旅です。それはさらに奥深い手造りビールの世界"トワイライト・フォーム"への旅なのです。トワイライト・フォームは素晴らしいウォートの世界へとあなたを誘います。そしてあなたはちょっとしたヒントからこれまでにない独自のビールを造ることになるのです。それも様々な。いままで想像もできなかった。そんなビールです。

「消毒！消毒！」

　洗ったり、消毒したりすることが重要なことはパパジアンの言う通り。しかしこの本が書かれた時代に比較すると、かなりいい消毒液が手に入るようになった。日本では消毒用のアルコールがよく使われるが、大きな容器を消毒したりする面に関しては心もとない。単にアルコールを吹き付けたぐらいでは気休め程度と言えるだろう。むしろ、アルコールはイースト培養の際に、ビンの口に吹き付けてから火をかざしたりするような、補助手段として利用したい（イーストの培養については「第5章：上級編・上級者のイースト管理」を見られたし）。キッチンブリーチを利用するのは有効な方法だが、お湯で十分に濯ぐことが前提。これを怠ると薬品臭が残ったり、最悪の場合は有害物質が形成される可能性もあるので要注意だ。アメリカで一番普及しているのはヨウ素系の消毒薬である。この本が書かれた当時は、ヨウ素系消毒液は手に入りにくい状態だったが、現在ではどのホームブルーショップでも簡単に手に入る。個人輸入などの方法もあるが、最近では日本でも入手可能になっている（「資料編」を参照）。また、酸性消毒液など便利な商品も出てきているので、インターネットなどを利用して通信販売のショップを探してみよう。（大森治樹）

もう既に何度かビールを造ったあなたは、おいしいビールがこんなにも簡単にできるのだということを分かっています。しかし更に追求するならば「なぜそうやって造るのか」ということなのです。この辺のことを意識していけば、もっとおいしいビールができるでしょう。自分で造ったビールを友達のグラスに注ぎながら「これは僕が造ったんだ」と言う時のあの誇らしい気分は、ホームブルワーなら誰もが分かることです。その感動を次のビール造りに注ぎ込めば、更に充実した満足感を味わうことができるでしょう。またその感動を人に伝えることで、あなたのまわりにホームブルワーの輪ができていくのです。

　この後のセクションではこれまでに学んできたブルーイングの過程を振り返りながら、「なぜそうするのか」という一歩踏み込んだ考察をすることで、もっとおいしいビールが造れるようになります。モルトエキスとホップやグレイン（穀物）をいろいろ組み合わせれば、それこそ手におえないくらいたくさんの種類のビールが造れるのです。ビールの材料はお互いにどういった関係を持ってどう影響しあっているのか、そういうことを知ればビール材料の調合のしかたにも様々なバリエーションが生まれるとともに、安心して自分のレシピを開発することができるようになるでしょう。そして肝心なことは、リラックス！
Don't worry, have a homebrew!

ブルーイングノートをつけよう（記録を取る）

　長旅に出る前にしておかなければならないことがあります。冷蔵庫に何本かのビールを冷やしておくこと。それから始めましょう。次に思い出してください。どうやってうまいビールができたのかを。自分の造ったビールのレシピを覚えておくことは大事です。しかし、ことは細かな数字や時間や量だったりするわけですから、これを全部暗記しておくのは至難の業です。だからそういったデータを記録するわけです。そうすれば、同じビールを造ろうとするときはもちろん、友達にそのレシピを教えてあげることもできるでしょう。あるいはそのレシピをもとにして、更に改良を加えるといったこともデータがあればこそできる技です。さて、その場合どこまでの記録が必要になるのでしょうか？実は簡単でいいんです。あまり詳細な記録を残そうとすると、かえってそれが面倒な作業になってしまうでしょう。だから簡単なノートでいいんです。どんなデータを取るべきか以下に示してみました。まあ、私はこれで充分だと思います。

第2章 中級編 ～Better Brewing～

＜ホームブルー・ログノート＞

① 仕込んだ日
② ビールの名前
③ 仕込んだ量
④ 材料の種類と量
⑤ 煮込んだ時間
⑥ グレインやホップを添加したタイミング
⑦ イーストを投入(ピッチ)したタイミング
⑧ 初期比重
⑨ 発酵容器を入れ替えた日
⑩ 瓶詰めした日とプライミングシュガーの量やタイプ
⑪ 最終比重
⑫ 気づいたこと(後で参考になるだろうと思われるコメント)

例)

1984年2月28日

グリズリー・ビール：5ガロン

材料：「アメリカン・プレイン・ライト・モルトエキスシロップ」：5ポンド
　　　クリスタルモルト：1ポンド
　　　石膏：小さじ2杯
　　　ファグルスホップ：1.5オンス（ボイリング）
　　　ハラタウホップ：0.5オンス（フィニッシング）
　　　ピルスナー・ブランドのエールイースト：1袋

熱湯にモルトと石膏、それにファグルスホップを入れて45分。
ハラタウホップを最後の5分に投入。
火を落として15分後イースト投入、ウォートの温度24℃
初期比重：1.040
3月4日　ビールを二次発酵容器に移す、比重：1.017、いまだに発酵継続
3月6日　発酵終了
3月14日　瓶詰め：プライミングシュガー3/4カップ、最終比重：1.013。
とてもおいしいがイーストの香りがする。
3月20日　最初の瓶を開けてみる。おいしい！あと1週間ぐらいでもう少

し炭酸が強まるか？

4月21日　すごい！ビールがクリスタル・クリアー（透明）。完璧な味わい。これまでに無い出来。次に仕込むときにはファグルスホップをもう1/2オンスよけいに入れてみよう。ううん、ほんとにうまい。ノートを取っていて良かった。

これまでのおさらい
1) まずリラックス
2) 材料をそろえる
3) ウォートを煮込む
4) スパージング（ウォートからグレインやホップのカスを濾して取る）
5) 発酵
6) ボトリング（瓶詰め）
7) リラックスしてビールを飲む

1) まずリラックス
仕込みを始める前に前回造ったビールに敬意を表しながら、そいつを一杯やること。

2) 材料をそろえる
必要な量のホップやモルトエキスを計って用意する。クリスタルモルトやブラックモルトなどのスペシャルティ・グレインを使うときには、ちょっとした準備が必要になる。グレインの特徴を最大に引き出すためには軽く挽くこと。未開封のモルトエキス缶やビール瓶でグレインをつぶすのも良い。グレインを少量テーブルや硬い台の上に広げてその上からビール瓶をゴロゴロと転がせば、グレインはほどよい大きさに挽くことができる。グレインをジップロックなどの袋に入れてやれば、挽いた粉が散らばらずにうまく回収できる。ここで気をつけることは、あまり挽きすぎないこと。粉末状ではなく、荒挽きの状態が良い。コーヒーミルを使ってもよいが、**決してパウダー状になるまで挽かないこと。軽く挽くことでグレイン本来のうまみが引き出せる。**フードプロセッサーやフラワーミルなどの器具を使うときでも、挽き過ぎないように一番荒い挽き方に抑えよう。目安としては、グレインの穀1粒が5つの小片になるぐ

らいだろうか。挽きすぎて粉末状にしてしまうと、ウォートをストレイナー(ステンレス製ザル)で濾すときに、グレインが濾しとれないということになってしまう。そうなるとグレインのカスによるオフフレーバーが引き起こされる。また、グレインを挽くときには発酵容器から遠ざけてやろう。グレインを挽いているときには必ず細かな粉末が舞い散って、これが発酵容器に入ってしまうとバクテリアも一緒に混入してしまうからだ。

3）ウォートを煮込む

　ウォートを煮込むとき、水やモルトエキスは当然のこととして、グレイン、ホップ、石膏などのミネラル、添加する糖やその他の副原料、それにファイニングなども一緒に煮込む。これらの材料は同時に投入してもかまわないが、それぞれに適した時間に投入することでより良い結果を得られる場合もある。まずスペシャルティ・グレインを荒引きして、まだ加熱していない水に投入する。それから加熱を始め、水が沸騰するちょっと前にグレインを濾し取る。ストレイナーを使えばグレインの８〜９割くらいは簡単に濾し取れるだろう。いたって簡単。しかし、ダシ袋を使えばもっと簡単。よく味噌汁を作るときにダシのカツオや煮干を入れるメッシュの袋を使えば、グレインは100％取り除くことができる。しかもワンタッチ。

　スペシャルティ・グレインを濾し取ったら、そのダシ汁にモルトエキス、ミネラル、ホップ、副原料の糖分などを加える。それから大きな木製のスプーンやお玉でエキスをかき混ぜながらゆっくりと沸騰させていく。このとき吹き零れに注意。ちょっと気を抜いて目を離すとあっという間にウォートが吹き零れて、レンジがウォートの焦げ付きで真っ黒になってしまう。今は高をくくっているかもしれないが、いずれ分かるだろう。誰でも一度は経験していることだ。まあ、言い換えれば今はいくら言っても一度経験しないことには分からないということか。一応ご忠告だけはしておく。

　とにかくウォートは吹き零れやすく、しかも焦げ付きやすい。特にモルトエキスは比重が重いので鍋の底に沈んで焦げ付く原因となる。ていねいに良く鍋をかき混ぜよう。材料を全部投入したら、煮込み時間を計り始める。約30分〜１時間煮込む。アロマや風味付けのためのホップは煮込み終了の１〜10分前に投入する。これ以上長く煮込んではならない。風味成分というのは10分以上も煮込むととんで行ってしまうからだ。微妙なアロマを引き出したければ、

ほんの1・2分前に投入したほうが良い。そうすればホップのほの香るうまいビールができるはずだ。

　どうしてウォートを煮込むのでしょう？　ひとつには煮込むことでホップの苦味成分を引き出すということがある。ホップのレズンの苦味成分が化学変化を起こして、ウォートに溶け込んでいくのにおよそ30分の煮沸時間が必要だ。そしてこのホップの苦味成分は、ミネラルや煮沸という物理的な力とあいまって、ビールにとって望ましくないある種のタンパク質を凝集・沈殿させるという効果がある。これによってビールはより澄んだものとなるし、発酵状態や風味も向上する。これを"ホットブレイク"と呼んでいる。ウォートを煮込み始めてしばらくすると、なにやら濁ったような状態になる。これは凝集したタンパク質が小片となってウォートの中で踊っているからだ。このホットブレイクを実際に観察する方法がある。ホットブレイクが始まったウォートを少量取り出し、これをあらかじめ熱くしておいたガラス容器に移す。すると豆粒大のタンパク質のかたまりが容器の底に沈んでいくのが見える。更に小さじで1/4程度のアイリッシュモスを煮込み終了前の5〜10分に投入すれば、このホットブレイクが促進されてビールの透明度は増すことになる。ウォートを煮込む時間は1時間。それ以上は必要ない。

4）スパージング

　スパージングとは麦汁を搾り出す、というより濾し取る作業だ。ウォートの素となるグレインから糖分をお湯で濾しだし、そのカスになる穀粒やホップなどをストレイナーやザルで濾し取るのだ。スパージングを始める前に、まず器具を消毒しておこう。発酵容器、ストレイナー、ひしゃく（ソースパンなど）を消毒する。消毒の方法については既に述べた。消毒の済んだ発酵容器に水を必要な量だけ満たす。ストレイナーやひしゃくなどは煮込んでいるウォートに浸せば簡単に消毒される。プラスチック製のものを使う場合にはそうしないで消毒剤を使おう。いたって簡単な作業だ。心配はいらない。

　もしホップ入りのモルトエキスを使っていて、追加のホップやグレインを添加しないのであれば、このスパージング作業は必要なくなる。この場合には熱いウォートを発酵容器に入れた冷たい水の上から静かに注ぐだけだ。グレインやホップを加えているときには、ストレイナーでこれを濾しながらウォートを発酵容器に流し込む。その後、ストレイナーにたまったホップやグレインのカ

第2章　中級編　～Better Brewing～

スの上から、熱い湯を少量かけて残っている麦汁成分を濾しだそう。

　ホールホップを使っていれば、スパージングのときにこのホップが自然な濾過層を形成して"ホットブレイク"によって凝集したタンパク質のカスを濾し取る役目をしてくれるので、都合がよい。このスパージング作業を省くと発酵容器の底に大量の沈殿物が溜まることになる。この沈殿物を"トゥルーブ"と呼んでいる。プロのブルワーたちはこのトゥルーブを取り除くことに大変な労力をかけている。スパージングだけでなく"ワールプール（渦巻き）"と呼ばれる一種の回転容器でトゥルーブを取り除く。これはちょうど紅茶のポットをスプーンでかき混ぜたときに、紅茶の葉が渦巻きの中央に集まってくる原理を利用している。このとき、ウォートは回転容器の底ではなく側面から外にはきだされる。発酵容器の底にトゥルーブが溜まっているとビールのオフフレーバーの原因になるが、ホームブルーイングの場合にはそれほど気にすることは無いと思う。その他にもはるかに影響の大きいことがいくつもあるからだ。リラックス！Don't worry. Have a homebrew.

　さてここからのサニテーションが大事だ。ウォートが冷めて温度が71℃以下に下がると微生物やバクテリアに汚染されやすくなるからだ。だから、リラックス。使い終えた道具はしまって、必要な器具の消毒が済んでいることを確認しよう。

5）発酵

　発酵容器にウォートを流し込んだら、ウォートの温度と比重を計るために必要な少量のウォートをすくい取る。その後は極力ウォートに触れたり動かしたりしないように。どうしてもウォートをかき混ぜようというのなら、消毒した長い柄のスプーンやひしゃくを注意深く使うようにしよう。イーストを投入し終えたら、発酵容器は暗くて静かな場所に移そう。ホップの成分は強い光に反

応して臭いゴムのような不快なアロマを造りだすからだ。特に強い日光に当たるとものの数分でこの作用が起こる。

　エールやドライラガー・イーストを使ったブルーイングでは発酵の適温は16〜21℃とされているが、むしろ出だしは21〜24℃くらいのほうがいいだろう。それに対してラガーイーストで本格的な下面発酵をする気ならば出だしの温度は10〜16℃にして、発酵が終了した後には2〜13℃の温度を保つようにする。イーストを投入してから通常24時間以内に発酵の兆しが見え、36時間以内に盛んな発酵活動が観察される。このときイーストは増殖を進め、たっぷりとした泡のヘッドをウォート液面に構成する。これを"**クロイセン**"と呼んでいる。クロイセンの表面にはレズンのカスでできた茶色の苦い膜ができる。クロイセンの消滅後この膜が容器の側面にこびりついて、その後再びビールに溶け出していく。この膜がビールに溶け出す前に取り除くことが出来れば、ビールには余計な苦味がつかないですむ。同時にフーゼル油と呼ばれる発酵の副産物も取り除ければ、二日酔いの原因も軽減できる。だから、できればクロイセン段階のレズンの皮膜は取り除きたいのだが、それによってビールが汚染される可能性があるのならばこれは断念しなくてはならない。あくまでもビールを汚染せずに皮膜を取り除くことが大事なのだ。初級編で解説したように、"**密閉式発酵法（クローズド・ファーメンテイション）**"を採用しているのであれば、このレズンを含んだクロイセンはブローオフの作用によって自然に容器の外に排出されてしまうので便利だ。しかし"**開放式発酵法（オープン・ファーメンテイション）**"を採った場合には、こうはいかないので、その場合にはクロイセンを取り除くのはあきらめよう。クロイセンを採るためにビール全体を汚染してしまうのは馬鹿げている。レズンや油脂はそれほどビールに溶け込むものでもないので、汚染によるオフフレーバーに比べればまったく取るに足らないものだからだ。そうかなあ？と思ったら、リラックスしてビールを飲もう。「僕のビールはうまくなる」と呪文を唱えながら。

　発酵が始まってから3〜6日もすると、クロイセンはビールの中に溶け込んでイーストは容器の底に沈みはじめる。発酵容器を一つだけ使う一段発酵法では、発酵開始後6〜14日、あるいは発酵が完全に治まってから、どちらか早いほうをとってビールの瓶詰めをする。発酵が終了してしまうと、表面の泡も消え二酸化炭素も放出されてしまうので、ビールが汚染される可能性が増す

第2章　中級編　〜Better Brewing〜

のだ。発酵が終わったかどうかを確認するには比重計を使うと良い。もし、何らかの理由で2週間以上も発酵容器にビールを入れておかなければならないときには、ビールを一度密閉式の発酵容器（カーボイなど）に移しておくことを勧める。もちろんエアーロックをつけて。これを醸造業界では"ラッキング"と呼んでいる。こうすることで、ビールを酸化の原因となる酸素から遠ざけ、同時にオフフレーバーの素となるトゥルーブなどの沈殿物から隔離することができるのだ。そうしないと2週間もすると沈殿物からオフフレーバーの成分が溶け出す。

　ラッキングとはつまりビールの容器を取り替える作業だが、ホームブルーイングの場合にはこれを"サイフォン"（ビニールチューブを使って吸い出す）によって行うことになる。このときに移し変える容器がオープン（開放式）なのかクローズド（閉鎖式）なのかによって、必要な手続きは違ってくる。クローズドのほうが手間や汚染の心配が少ないのだが、オープンの器具しかない場合にはオープンでもまったく問題は無い。

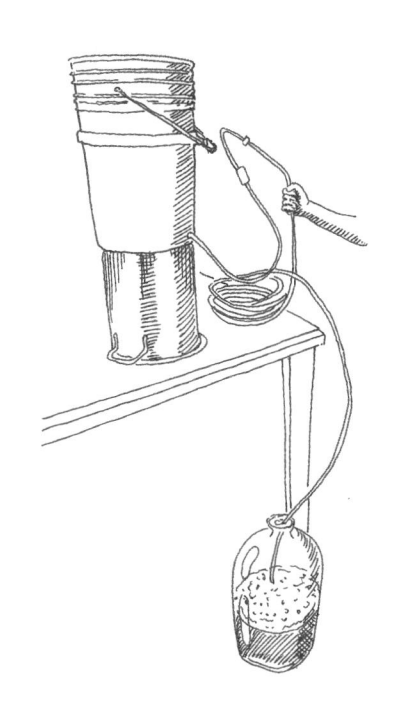

6）ボトリング（瓶詰め）

　発酵が終了して"もういいかな？"と感じたら瓶詰めしよう。中級と言っても瓶詰めに関しては初級者と何ら変わらない。5ガロンのビールに対してコーンシュガーなら約100g、ドライモルトなら160gをプライミングシュガーとして使う。この量であれば室温でビールをサーブしても泡が噴出す（"ガッシング"と言う）心配は無い。コーンシュガーなら120g、ドライモルトなら200gぐらいまで増やしても大丈夫だが、この場合は室温ではなく冷やしてサーブしないとガッシングする可能性はある。プライミングシュガーは必ず水にといて煮沸してから添加する。また瓶詰めするときにはビールをバチャバチャ

させない。空気をできるだけ巻き込まないようにすること。サイフォンに使うホースを瓶の底につけ、静かに静かに流し込もう。「瓶の口からどれくらいのところまでビールを注いだらよいか」ということがよくホームブルワーの議論の的になる。基本的に残す空間は少ないほうが良いのだが、口から 3cm から 4cm くらいのところまで注ぐのが無難だと思う。私の経験では、これが 2〜5cm くらいまでほぼ同じ程度の炭酸量が得られる。もしビールを瓶の口いっぱいにまで注いでしまうと炭酸が充分に発生しない。炭酸の発生量は瓶に残された空間とイーストの発酵活動に関係があるらしい。イーストは瓶内の圧力がある一定度に達すると、発酵活動を止めるからだ。瓶内の空間が少ないと圧力が早く増すので、イーストが充分に炭酸を生産する前に活動を停止してしまうらしい。逆に空間が多いとなかなかイーストが活動を停止しないので炭酸ガスの発生が進み、泡が大量にできてしまう。だからビールを瓶の半分くらいまでしか入れないでおくと、かなりの確立で"爆発"を起こすことになる。大変危険である。

　"ケギング"とはビールを樽（ケグ）に詰めることを言う。ホームブルービールでもケギングすれば立派なドラフトビールになる。またこの方が一本一本瓶詰めするよりずっと手間は少なくて済む。これについては「第 7 章：補講」に詳しく説明しているので読んで欲しい。

7) あとは飲むだけだ！

ファーメンテイション：開放式と密閉式

オープン・ファーメンテイション（開放式）

開放式の利点は単純で経済的なところだ。しかし細心の注意が必要なので、むしろやむなくこの方式を取る人が多いだろう。

1) 比重を計るときにサンプルする場合以外は、常に発酵容器にカバーをしておくこと。
2) クロイセンの泡を取ろうとしないこと。その為に犯すリスクはあまりにも大きい。
3) クロイセンが消えたときがビールを移し変える時。このときに第1段発酵はほぼ終了し、比重の低下も2/3くらいは済んでいるはずだ。
4) ビールを過度に熟成させる必要はまったく無い。仕込んでから4週間以内には飲み干してしまおう。

クローズド・ファーメンテイション（密閉式）

初級編でも述べたが、この方式が一番安心してビールを造れるし利点も多い。第1段発酵もサニテーションがしっかりした発酵容器（たいていは5ガロンのカーボイ）の中で行われるし、"ブローオフ"によってレズンや油脂などの余分な成分も密閉したまま手をつけることなく排出できるからだ。欠点と言えば、ブローオフのときに大切なビールの一部が失われることくらいだが、これも量としては取るに足らない。その代わりに質の高いうまいビールができるのだから、これは容認できるロスだと言えるだろう。ただし、この場合でも長期間瓶詰めが出来ないとき（例えば旅行中に瓶詰めの時期が重なったり、何らかの理由で瓶詰めの時間がとれなかったりするとき）には容器を移し変えたほうがよいだろう。汚染の心配が少ない密閉式であれば比較的長期にわたって容器をそのままにしても問題ない。
（パパジアン）

第3章

世界のビアスタイル
〜The World Classic Beer Style〜

第3章 世界のビアスタイル 〜The World Clasic Beer Style〜

ブリティッシュ・エール (British Ale)

　ブリティッシュ・エールはモルト100％、ホップ、水、イーストでつくる伝統的な上面発酵ビールだ。もっとも最近では砂糖、大麦、とうもろこし、米などのスターチ（デンプン質）を添加したものもある。16〜21℃で3〜5日間発酵させた後、清澄させるために貯発酵タンクに移され10℃くらいに保たれ貯蔵される。それから樽に詰められ"コルク"と呼ばれる木栓が打たれる。2〜3日寝かされた後パブなどでサーブされるが、その中でも低温滅菌やフィルターでイーストが濾されていないものは"リアル・エール"と呼ばれている。セラー（貯蔵室）の温度（13℃）でサーブされるエールはかすかな炭酸を含み、それぞれ個性的な香りを醸す。ブリティッシュ・エールに使われている伝統的なホップはブルワーズゴールド、ブリオン、ケントゴールディングス、ファッグルス、ノーザンブルワーなど。アメリカのマイクロブルワリー（小さな醸造所）は、ブリティッシュ・エールにカスケード、ウィラミット、センテニアルなどのホップを使うため、また違った個性のものになっている。

ブリティッシュ・エールのクラシックスタイルには……

ビター（Bitter）

ライトエール（普通のビター）、スペシャル・ビター、エキストラ・スペシャル・ビター、の3種類に分けられる。一般的に普通のビターが初期比重1035-1038、スペシャル・ビターが1039-1042、エキストラ・スペシャル・ビターが1043-1049で仕込まれると言っていいだろう。ビターは造られている場所によってさまざまで、あるものはホップがきつく、あるものは軽い。また、あるものはホップの香りがするのに、あるものは全くしない。クリーミーなヘッドがあるかと思えば、炭酸が微かにしか入っていないものもある。苦さは20-35 IBU、色合いは8-14 SRMと幅が広い。アメリカに輸入されているビターはほとんど無く、その中ではFuller's London Prideがあるがイギリスで飲むビターからはほど遠い。アメリカやカナダではたくさんのマイクロブルワリーがこのビールを醸造している。ビターは造るのが最も簡単で、早くできる上に満足のいく味を楽しめるためホームブルーにはうってつけのビールだろう。

マイルド（Mild）

アルコール分の少ないブラウンエール。もともとは北イングランドあたりの製鋼所で働く労働者向けのものだったらしい。労働の後に喉の渇きを癒せるように、アルコール分が少なく、たくさん飲むことができた。ビールはもともと（そして今でも）ただ酔うために飲むものではなく、ゆっくりと味わい楽しむものなのだ。マイルドは特に風味が強いものではなく、ホッピーでもない。むしろライト〜メディアムボディで、香りが高くアルコールの少ない喉の渇きを癒すのに適したビールだ。少量のブラックパテントやチョコレートモルトが色付けに加えられる。アメリカではほとんど見かけることはない。

初期比重:1032-1036　アルコール分:2.5-3.5％
IBU:14-30　SRM:22-35

ペールエール（Pale Ale）

ビターの兄弟分だがアルコール度が高く、ホップもきつい。伝統的なペールエールは硫酸カルシウムや炭酸塩などのミネラルをたくさん含んだ、かなり硬度の高い水で醸造される。ミネラル分の

高い水を使うときには強めのホップが適しているし、硫酸イオンの含有量が高いとドライなビールができる。英国ではドラフトやボトルで供される。しばしばホームブルービアのように澱が底にたまっていたりする。ペールエールはスッキリとしていて安定性があるので、アメリカではとても人気の高いビールのひとつだ。アメリカの多くのマイクロブルワリーでも造られており、代表的なものに Sierra Nevada Pale Ale がある。英国の代表的なものは、Bass Pale Ale 、Young's Special London Ale 、Whitbread's Pale Ale 、Samuel Smith's Pale Ale だろう。

初期比重:1045-1055　アルコール:4.5-5.5%　IBU:20-30　SRM:8-10

　インディア・ペールエールは特にホップやアルコールが強く、香りも苦さも強いものだ。アメリカのアンカー・ブルーイングが造っている Liberty Ale が良い一例。初期比重:1055-1070　IBU:30-60　SRM:6-14

オールドエール（Old Ale）

　またはストロングエールとも言うが、これはペールエールのアルコール度がさらに高いもの。ボディや甘さも強く、貯蔵期間が長いためホップのシャープな苦味があまり感じられない。

初期比重:1060-1075　アルコール:6.5-8.5%　IBU:30-50　SRM:10-16

ブラウンエール（Brown Ale）

英国には様々なブラウンエールがある。一般的には兄弟分のマイルドより甘く、ボディもしっかりしている。Newcastle Brown Ale はナッツのような甘さのあるライトブラウンで、Old Peculier は芳醇で特徴がある。

初期比重:1040-1050　アルコール:4.5-6.5%　IBU:15-30　SRM:15-22

　アメリカでは1980年代にやや苦めのブラウンエールがホームブルワーたちに

よって造られたが、適当な名前が見当たらなかったのでアメリカン・ブラウンエールと名づけられた。ホップの効いたダーク・ペールエールといったところか。IBUは25-60。発酵が早くボディがしっかりしているため、ブラウンエールから始めるホームブルワーも多い。味が濃いため、初心者向きと言えるだろう。

スタウト（Stout）

スタウトの黒い色はその材料となっている**ローステッド・バーレイ**(焙煎大麦)によるものだ。ホップも効いていて、ドライ、インペリアル、スウィートの3種類に分類される。特にドラフトの**ドライスタウト**は驚くほどアルコール分の少ないビールで、初期比重も1033-1036とかなり低めだ。アイルランドのダブリンで造られているギネスのスタウトはドライでアルコール分も少なく、軽やかな苦味があるがホップの香りはしない。この苦味はやはりロースト大麦によるものだ。特徴のあるクリーミーな"ヘッド(泡の冠)"は、樽からグラスに注がれるときに窒素ガスが添加されていることによる。瓶詰めされたギネスにはこのロースト大麦の特徴がもっと良く出ており、かすかな甘味も感じられる。ドライスタウトの甘さはそれぞれだが、共通しているのは上面発酵であることと、ロースト大麦による特徴がある点だ。ドラフトでサーブされるギネス・スタウトを例外とすれば、ほとんどのドライスタウトは

初期比重:1036-1055　アルコール:3-6%　IBU:25-40　SRM:35+

インペリアルスタウトはドライスタウトよりも芳醇で強い。ホップがふんだんに使われていて苦味も強い。アメリカではいくつかのマイクロブルワリーと何千というホームブルワーによって造られているが、たいていは更にフレーバーを強くするためのホップが使われている。アルコール分が強くホップも強いので長く熟成させることができ、そのため複雑に変化したフレーバーは品があって面白いものとなっている。アメリカのマイクロブルワリー

第3章 世界のビアスタイル ～ The World Clasic Beer Style ～

ではワシントン州ヤキマの Yakima Brewing Company が造っている Grant's Imperial Stout が有名で、数々の受賞をしたこのビールがホームブルワーたちの手本となっている。

初期比重:1075-1090　アルコール:7-9％　IBU:50-90　SRM:35+

スウィートスタウトは市販用のものをあまり見かけない。ホップやロースト大麦の苦味も無く、英国では"ファームスタウト"と呼ばれることもある。甘さを出すために砂糖やその他の甘味成分が加えられ、その甘さを保つために低温滅菌によってイーストの働きを止めているので、ホームブルワーには造るのが難しいスタイルといえる。また、甘さを出すためではなくボディを強くするためにラクトースという非発酵性の糖分を加えることもある。スタウトの好きな人ならばこの芳醇なビールを一度は造って見たくなるだろう。自家製ビールならではの鮮度の良さと、スタウトを造ったんだという満足感は、どんな市販のスタウトでも味わうことができないものだ。英国の Whitbread で造られている有名な Mackesson Sweet Stout には甘さを強めるためのシュクロースと、ボディをつけるためのラクトースが瓶詰めの直前に加えられている。その後パスチャライゼーションで発酵が止められる。甘さの強い Mackesson は食後に適しているだろう。スタウトは言ってみればビールのエスプレッソだ。

初期比重:1045-1056　アルコール:4.5-6％　IBU:15-20　SRM:35+

バーレイワイン（Barley Wine）

いくつかのイングリッシュ・エールはその並外れたアルコール含有量によって"バーレイワイン（大麦のワイン）"と呼ばれている。時としてアルコール度数12％、初期比重1120にも達するフルボディのビールだ。甘さは自然だが強めで、大量のホップの苦味とうまく調和している。香りを楽しみながらするのにピッタリ。長期熟成されているので時としてエステル臭がありフルー

ティで、祝い事など特別な行事のために醸造される事が多い。アルコールとホップの両方が強いため、中には25年も熟成させられるものさえあり、多くは黄金色か黄銅色をしている。英国の Courage Brewery で造られている Russian Imperial Stout は深く豊かな銅色をしている。スタウトという名前はついているが、まさしくバーレイワインの名にふさわしい代物だ。

 初期比重:1090-1120 アルコール:8.5-12% IBU:50-100 SRM:14-22

ポーター (Porter)

 このスタイルの伝統について語ろうとすれば意見の対立は避けられない。ダークなその色はロースト大麦ではなく濃色のモルトによるものだ。アルコール含有量は 4.5-6% と決して高くないが、メディアムボディで甘さやホップの強さは様々。歴史的にはスタウトの先祖と言えるもので、一般家庭でもよく造られていたエールだ。その特徴はハーブやその他さまざまな添加物がワイルドに混じりあったものだと表現される。商業的にはアイルランドのギネス (Arthur Guinness and Sons) によって初めて造られた。そのアルコールの含有量を強めたものが"スタウト・ポーター"と呼ばれ、それがやがて"スタウト"として定着した。アメリカではサンフランシスコのアンカーブルーイングが造っているものが有名で、芳醇なブラックで鋭い苦甘さを持っている。その他のアメリカンポーターはもっと苦味が薄い。英国の**サミュエル・スミス**はメディアム・ブラウンでスウィートなポーターを製造している。深みのある黒色をしていながらも、スタウトのようにロースト大麦の癖がないので、ホームブルワーには親しみやすいスタイルと言える。(ロンドン港の荷揚げ PORTER が愛飲したという説もある)

 初期比重 1040-1055: アルコール:4.5-6% IBU:25-35 SRM:25-35

スコティッシュ・エール (Scottish Ale)

 英国の北に位置するスコットランドで造られたこのスタイルはイングリッシュ・エールとは対照的である。際立った違いはモルトの強いフレーバーと、比較的濃いその色、それにほのかなスモーク臭だろう。ライト 60/ (60シリングと読む)、ヘビー 70/、エキスポート 80/ はイングリッシュ・ビターの"従兄弟"で、度数の高いストロング・スコッチ・エールはイングリッシュ・ストロング・エールのモルトと色を濃くしたバージョン。

第3章 世界のビアスタイル ～The World Clasic Beer Style～

ライト60/:初期比重:1030-1035　アルコール:3-4%　IBU:9-10　SRM:10-12
ヘビー70/:初期比重:1035-1040　アルコール:3.5-4%　IBU:10-11　SRM:11-13
エキスポート80/:初期比重:1040-1050　アルコール:4-5.5%　IBU:11-13　SRM:12-15
ストロング・スコッチ・エール:初期比重:1075-1085　アルコール:6-8%　IBU:14-16　SRM:14-17

scottish ale

小麦ビール (Wheat Beer)

　小麦ビールはもともとベルギーとドイツで造られていたもので、1980年代の半ばになるまでその他の地域で飲まれることは少なかった。しかし、ホームブルーイングやマイクロブルワリーが盛んになるにつれて、世界中でこのタイプのビールが造られ飲まれるようになってきた。ベルギーやドイツの伝統的なスタイルだが、中でも際立った特長を持ったものが、ヴァイツェン（ヴァイス）、ベルリナー・ヴァイス、ベルジャン・ランビックの3つだ。

ジャーマン・ヴァイツェン (German Weizenbier)

　南ドイツの小麦ビールでボディは軽くさわやか。ホップも軽く、イーストの香りがし、少々すっぱい。炭酸が強く、バナナやクローブの香りと風味を持っている。ドイツで消費されるビールのなんと28％がこのスタイルで、最近ホームブルワーの間で人気が出てきているため、ウィート・エキス（小麦のモルトエキス）や特別なイーストがホームブルーショップでも買えるようになってきた。ヴァイツェンビールには少なくとも50％の小麦モルトが使われている。イーストはクローブやバナナの風味をかもし出す特別な上面発酵酵母で、小麦がさらにフルーティな味を強めている。瓶詰めや樽詰のときにこのイーストは濾されて、より安定度のあるラガーイーストが瓶内発酵のために新たに添加される。南ドイツ人はヴァイツェンがとても好きでイーストごと飲んでいる。

　初期比重:1045-1050　アルコール:4.5-5%　IBU:8-14　SRM:3-8

ドゥンケル・ヴァイツェン（Dunkelweizen）

ダークのヴァイツェンでちょっと強い。クローブとバナナの風味が薄く、チョコレートモルトのような感じがある。

初期比重:1045-1055　アルコール:4.5-6%　IBU:10-15　SRM:17-22

ヴァイツェン・ボック（Weizenbock）

ボックスタイルのビールを知っていれば、だいたい味の想像がつくだろう。ドゥンケル・ヴァイツェンより芳醇で強く、それでいて南部の伝統的な癖をしっかりと持っている。

初期比重:1066-1080　アルコール:6.5-7.5%　IBU:10-15　SRM:7-30

ベルリナー・ヴァイス（Berliner-style Weisse）

小麦モルトを60-75%も使ったこのビールは、もともとあるブルワリーが商用に開発したものでユニークな特徴をもっている。イーストと乳酸菌の両方による発酵を経て熟成するため、口をすぼめるほどのすっぱさがある。ドイツ北方で造られたこのスタイルは色が淡く、さわやかな発泡性を持ち、苦さがほとんど無いため夏向きのビールとして定着している。バリエーションとして甘いシロップやラズベリー、レモン、車葉草などをミックスしたものもある。ただし、乳酸菌の発酵はコントロールが難しく、またこのスタイルに使われているイーストも非常にユニークな系統のものなので、ホームブルーイングで造るのは少々難しい。

初期比重:1028-1032　アルコール:2.5-3.5%　IBU:5-12　SRM:2-4

ベルジャン・ランビック（Belgian Lambic）

世界中のビールの中でもこれほどミステリアスで好奇心をそそり、エロティックな感じのするビールは他に無いのではなかろうか。このビールはベルギーのブルッセル南西24キロ四方にしか生息していない野生イーストで造られている。そのイーストがウォートに静かにふりそそぎ、ゆっくりと発酵をうながしていく。実はランビックの造られている建物は、クモが巣を張る古いベルギーの寺院なのだ。小麦を30-40%使い、これに大麦モルトを混ぜ合わせ造られる。ホップも室内に何年も寝かされたものを使い、年季の入った木製の容器で発酵が行われる。バリエーションはいくつかあるがどれも共通して酸味が強く、

第3章　世界のビアスタイル　～The World Clasic Beer Style～

苦味はほとんど無く、さわやかな発泡性をもち、特異なアロマを有し、何年も熟成されていて、不思議とクセになる魅力を持っている。

　　初期比重:1040-1050　アルコール:4-6%　IBU:3-5　SRM:4-8

グーズ（Gueuze）

　比較的若いランビック（発酵3ヶ月くらいのもの）と成熟したランビックをブレンドして瓶詰めすると、新たな発酵が始まりそれを更に1年以上熟成させて造る。

ファロ（Faro）

　低アルコールと高アルコールのランビックを混ぜ合わせ、それに砂糖やカラメルを加えて造る。

クリーク（Kriek）

　若いランビックにチェリーを加えると新たな発酵が始まり4〜8ヶ月続く。その後フィルターでこれを濾し、瓶詰めしたのち更に1年寝かせる。チェリーの代わりにラズベリー、ピーチ、ブラックカラントを加えたものが、それぞれフランボワーズ、ピーチ、カシスのランビックとなる。

アメリカン・ウィートビア（American Wheat）

　ヨーロッパで生まれた小麦ビールと異なり、アメリカの小麦ビールにはその輝きやユニークさは見当たらない。定義すら困難で、副原料に小麦を使っているだけだと言ってもいいだろう。そもそもヨーロッパの小麦ビールの特徴は、小麦よりむしろ特殊なイーストやその他の菌によるものだが、アメリカの小麦ビールにはこの特殊な発酵が含まれていないからだ。小麦やエステルによるフルーティな香りと、苦味の少ないところが強いてあげられる特徴か。いずれアメリカン・ウィートビアのスタイルも確立してくるだろう。

ジャーマンスタイル・エール (German-style Ale)

ドイツにもエールの伝統は生き残っている。正統な上面発酵ビールでとても個性的な2種類のスタイルがデュッセルドルフ (Düsseldorf) とケルン (Köln) にある。

デュッセルドルフ・アルトビア (Düsseldorf-style Altbier)

アルトビアとは"オールド・ビア"、つまり古いタイプのビールのことだ。下面発酵のラガーイーストが発見される前、ドイツでもビールは全て上面発酵だった。その昔のスタイルを残しているのがドイツのデュッセルドルフ地方にあるこのアルトビアなのだ。深めの琥珀色か、濃い茶色で、ホップの香りはしないが苦味はある。エールイーストのせいで少しフルーティだが、二段階目の発酵における"ラガーリング（低温で寝かせること）"でそれは最小限に抑えられている。そこがイングリッシュ・エールとの違いだろう。

初期比重:1044-1048　アルコール:4.5-5%　IBU:28-40　SRM:16-19

ケルシュ (Kölsch)

フルーティで軽く、うっすらとした酸味がある。ホップはメディアム。ドイツのケルシュ地方で造られている、ワインを思わせるようなドライなエールかラガーで、時として小麦モルトが副原料として使われることもある。このスタイルと似たものを造るには、ケルシュと同じ系統のイーストを使う必要がある。

初期比重:1040-1045　アルコール:4-5%　IBU:16-30　SRM:4-10

ベルジャン・スペシャルティ・エール (Belgian Specialty Ale)

ベルギーは個性豊かなビールが何百とある国だ。まさしく"ビールのディズニーランド"。口でその説明をするよりは、ベルギーに飛んでいって20種類くらいのビールを飲んで欲しいところだ。全てを紹介するのは不可能だが、いくつか海外でも入手可能なビールを取り上げてみよう。

フランダース・ブラウンエール (Flanders Brown Ale)

ブラウンモルトの芳醇さとエールイーストのフルーツ香、それにかすかな酸味を併せ持ったエール。ホップのアロマや風味はあまり感じられないが、苦味はしっかりとある。お店で見つけるのが困難だろう。

初期比重:1045-1055　アルコール:5-6.5%　IBU:35-50　SRM:16-20

第3章 世界のビアスタイル ～The World Clasic Beer Style～

セゾン（Saison）

夏に飲めるようにと伝統的に春仕込まれるビール。アロマホップが効いていて、他のベルギービール同様フルーティで刺すような酸味を持っている。色はライトからアンバー（琥珀色）で、苦味ははっきりしているがそれほど強烈ではない。クリスタルモルトによる特質が時として顕著。強さはさまざまだが、おおかたは中くらい。

初期比重:1052-1080　アルコール:5.5-7.5%　IBU:25-40　SRM:4-10

ベルジャン・ホワイト（Belgian White Beer）

"ビールのディズニーランド"の中でもひときわ楽しいビール。大麦モルトに小麦を加え、たまにオート麦（燕麦）も加えることがある。更にコリアンダーの種とキュラソー（curacao: オレンジの一種。または、その皮で味付けしたリキュール）あるいはオレンジの皮を入れて造る。ホップにはザーツかハラタウが使われ、瓶詰めしてコンディショニングされる。楽しくてワクワクするほどおいしいビールだ。

初期比重:1044-1050　アルコール:4.5-5%　IBU:20-35　SRM:2-4

ベルジャン・トラピスト・エール（Belgian Trappist Ale）

トラピスト・エールというひとつのスタイルとして知られているが、正確にはベルギーに現存する6つのトラピスト教会で造られているビールにつけられた名前。どれも平均して強いビールで、色はアンバー（琥珀色）からカッパー（黄銅色）。ベルギー特有のスパイス風味が効いており、フルーティでかすかな酸味のあるところが他のエールと違う点。ブルワリーとなっている修道院では、たいてい3種類のトラピストエールを造っている＝ハウスブルー（シングルモルト）、スペシャル（ダブルモルト）、エキストラスペシャル（トリプルモルト）。このスタイルのビールを造るにはオリジナルのイーストを入手するしかないが、幸いこれらのビールはパスチャライズ（低温滅菌）されていないので、買ってきて飲んだ後に瓶の底に残っているイーストを培養して使うことができる。実際このやり方で多くのホームブルワーが成功している。

ハウスブルーの初期比重:1060-1065
アルコール:6-6.5%　IBU:25-40　SRM:15-25
ダブルモルトの初期比重:1075-1085
アルコール:7.5-8%　IBU:30-40　SRM:17-30
トリプルモルトの初期比重:1090-1100
アルコール:8-10%　IBU:35-50　SRM:20-30

ジャーマン&コンチネンタル・ラガー

　今日世界中で飲まれているビールのほとんどがドイツのラガースタイルだ。ドイツのブルーマスターがその技術をアメリカ、中国、日本、メキシコなど、世界中の国々に広めたのだ。ラガービールは通常ラガーイースト（下面発酵酵母）を10℃以下で発酵させて造るビールだ。ラガーイーストは19世紀後半に初めて発見されたもので、このイーストで造られたビールはスッキリとした味わいと安定した性質を持っている。発酵を低温で行うために、おそらくビールに雑味を与えるバクテリア類が増殖しにくいからだろう。またそのおかげで長期間の貯蔵が可能になり、新たな味わいを発見することができたのかもしれない。"Lager"とはドイツ語で"貯蔵"を意味する。第一段階目の発酵は4〜10℃の温度で通常4〜6日間行う。本来のラガービールなら、さらに第二段階目の発酵として4℃以下の温度で最低3週間は発酵を行う。中には3ヶ月以上も貯蔵熟成するものがある。ラガービールの供給形式は様々で、パスチャライズしたものとそうでないもの、フィルターで濾したものと濾さないもの、あるいは樽から直接ドラフトで供されるものと瓶詰めで運ばれるものなどである。ドイツやヨーロッパで造られているラガービールのスタイルにはそれこそ驚くほどの種類がある。だいたいどれも7〜13℃で供され、泡立ちが良くボリュームのあるヘッドができる。伝統的に使われているホップとしては、ハラタウ、ノーザンブルワー、パール、スパルト、ザーツ、テトナンガーなどがある。

ピルスナー（Pilsener）

　ピルスナーの発祥地はチェコのピルゼン地方（"緑の牧草地"の意味）で、それが初めて世に出たのは1842年だ。淡い黄金色に輝くそのビールは、世界中のビールメーカーたちをあっと言わせた。なぜなら、それまでは全てのビールがダークカラーだったからだ。ヨーロッパやアメリカのブルワリーはこぞっ

てその真似をし、この"ゴールデンビール"は瞬く間に世界中に広まった。かくして今では世界一ポピュラーなビールとなったのだ。正統ピルスナーとしてはボヘミアン（チェコ風）スタイルとジャーマンスタイルの2種類がある。ともに軟水から造られしっかりとした存在感がある。ホップの使用量は様々だ。

ボヘミアン・ピルスナー（Bohemian Pilsener）

　現存するオリジナルスタイルは魅惑的な淡い黄金色をしている。使用されているモルトの甘く芳醇な味に強い炭酸がアクセントを付け、密度の濃いクリーミーなヘッドがその上にフタとなって乗っている。ミディアムボディのボヘミアンスタイルには、チェコ産ザーツホップ特有のアロマと風味があり苦味も強烈だ。クリーンでキリリとして、ホップのスパイシーさとモルトの面影を帯びた苦味があり、淡く官能的だ。

　　初期比重:1044-1056　アルコール:4-5.5%　IBU:35-45　SRM:2.5-4.5

ジャーマン・ピルスナー（German Pilsener）

　短縮して"ピルス"とも呼ばれるこのスタイルは、モルトの風味がチェコのオリジナルより淡く、苦味は強くかつドライな傾向をもっている。ドイツで最も人気のある German Pils は、爽やかながら舌を刺すような苦味をしっかりと持ったビールだ。このスタイルを真似したければ"高貴な"ホップ（すなわちスパルト、ノーザンブルワー、テトナンガー、ハラタウ、ザーツ）と軟水を使うことが必須となる。

　　初期比重:1044-1050　アルコール:4-5%　IBU:35-45　SRM:2.5-4.5 。

オクトーバーフェスト（Oktobaerfest）/メルツェン（Märzen）

　アンバーオレンジの銅色をしたリッチなラガー。強いモルトのアロマが切れ味の良い苦味とうまく調和している。このビールはドイツの伝統行事でもある"オクトーバーフェスト（10月祭）"にあわせて3月（Märzen）に仕込まれるので、シーズナルスタイル（Seasonal style）とも言われる。アルコールが強くリッチで、オクトーバーフェストでは1リットルか0.5リットルの陶製ビア

ジョッキ（スタイン）に注いで飲む。

初期比重:1050-1060　アルコール:4.5-6.5%　IBU:20-30　SRM:8-14

ウィーン・スタイル・ラガー（Vienna-style Lager）

地元のオーストリアではもはや造られていないのに、なんとメキシコのブルワリーがこれを造っていた！第2次世界大戦前の混乱期にオーストリアから亡命したブルーマスターがメキシコに住み着いたからだ。メキシコに現存する数少ない生き残り Negra Modelo は、ほんの少量だがアメリカにも輸入されている。こいつはモルトのほかにとうもろこしを原料にしている。色はアンバー・レッドから銅色をしており、基本的にはドイツのオクトーバーフェストに似ているが、モルトの甘さが弱い。

初期比重:1046-1052　アルコール:4.5-5.5%　IBU:18-30　SRM:10-20

ボック（Bock）

NO！　ボックビールは樽の底に残ったカスから造られたものではない！それはアメリカ人のデマだ。ボックビールはアルコール分の強いダークラガーで、格調高いオールモルトのビールだ。ドイツでは法律で厳しく定められた製造法によって醸造されている伝統的なビールで、山羊座の季節に飲めるように仕込まれたりもする。Bock はドイツ語で山羊のことだからだ。また、ミュンヘンの寺院などでは"セントジョセフの祭り"がある3月19日にも飲まれたりする。ボックビールは造るのが簡単なホームブルワー向きビールのひとつ。たいていのブランドのモルトエキスなら、官能的で強いボックビールを造ることができる。本当に強いボックを造るためにはそれ相応の特別なイーストを使う必要があるが、普通のイーストと普通のキッチンでもそこそこ満足の行くものができる。

ジャーマンボック（German Bock）

ジャーマンボックにはダークとライトがある。特徴はモルトの甘さと強いアルコール度数だ。ホップはモルトの甘さを相殺する程度に加えられているので苦味は少ない。使用されるダークモルトにはロースト臭や焦げ臭さがあってはならない。ジャーマンボックは伝統的にホップのアロマや風味を持たない。

初期比重:1066-1074　アルコール:6-7.5%　IBU:20-30　SRM:（ライト）8-18（ダーク）18-35

第3章 世界のビアスタイル ～The World Clasic Beer Style～

ドッペルボック（Doppelbock）

　ドッペルボックは更に強いボックで、その最低初期比重がドイツでは法律で決められている。ペールとダークの2種類があって、とても甘いか、あるいは苦味とバランスがとれている。とにかく強烈ですぐにふらつくこと請け合いだ。ドイツのドッペルボックにはどれも"-ator"という接尾辞が名前の後ろについているのですぐに分かる。例を挙げれば、エレベーター、アリゲーター、エクスターミネーター、インキュベーター、なんでもござれ。

　初期比重:1074-1100　アルコール:7.5-14%　IBU:20-40　SRM:12-35

ババリアン・ビア（Bavarian Beer）

　ヘレス（Helles）とドゥンケル（Dunkel）は、どちらもババリア地方のお祭りには欠かせない南ドイツの伝統的なビールで、他の"お祭りビール"と比べると全体にアルコール度数は低い。ホームブルワーにも簡単に造ることができ、毎日がぶ飲みできるビールだ。この私でさえ2リットルや3リットルはニッコリ笑っていける。"ヘレス"は"ライト"の意味。この手のミュンヘンスタイル・ラガーはババリアならどこに行っても飲むことができる。

ミュンヘン・ヘレス（Munich Helles）

　モルトとホップがマイルドに効いた薄い色のビール。ホームブルワーに造らせると大抵はホップを入れすぎてしまうので注意したい。心地よい苦味はあるが、決して口に残るほどではない。また、ホップのアロマや風味はこのビールには不在。

　初期比重:1046-1055　アルコール:4.5-5.5%　IBU:16-25　SRM:2-5

ミュンヘン・ドゥンケル（Munich Dunkel）

　薄色のヘレスと対照的に濃い色をしたドゥンケルは、ローステッド・モルト（焙煎モルト）を使うためチョコレート豆のような甘さのモルトの性格と、軽めのホップの苦味をもっている。一般的にヘレスより苦めの印象があるが、これはホップのせいではなくローステッド・モルトのせいだ。

　初期比重:1050-1055　アルコール:4.5-6%　IBU:18-27　SRM:10-20

Dunkel

シュワルツビア (Schwarzbier)

　直訳すれば"黒ビール"。ババリアの伝統的なこのビールは、その名の示すとおり黒いラガーだ。やはりローステッド・モルトで色づけされているが、焙煎による焦げ臭さが出ないようにその量が慎重に調整されている。アルコール分は少なく、味もなめらかだ。慎み深い苦味とかすかなホップの風味がうまく味をまとめている。

　初期比重:1040-1046　アルコール:3.5-4.5%　IBU:25-35　SRM:25-40

ドルトムンダー/エキスポート (Dortmunder/Export)

　ミュンヘン・ヘレスより苦くモルトの甘味は少ないが、ジャーマン・ピルスナーよりはボディがあり苦味は少ない。もともとはドルトムントで輸出用に醸造されていたのでエキスポートの名がついた。

初期比重:1050-1060　アルコール:5-6%
IBU:25-35　SRM:4-6

ラオホビア (Rauchbier)

　スモーク・フレーバー（燻製香）のあるビール。初めて私が飲んだのはドイツのフランコニアン地方にあるバンベルグという街で造られている Schlenkerla Rauchbier という銘柄。こくのあるスモーク・フレーバーで彩られた、ベルベットのようになめらかなオクトーバーフェストという感じで、まったく"ホーリー・スモーク（ワオゥ！）"だ。このビールは格別に肉料理と相性がいい。特にスモーク料理といっしょに飲めば最高。独特のフレーバーは木を燃やした煙でモルトを燻製のように乾燥するためつくもの。ドイツではブナの木（Beechwood）が使われるが、ホームブルーならリンゴや桃、ヒッコリーや桜など自分の好きな木で代用してもいいだろう。

　初期比重:1050-1060　アルコール:5-6%　IBU:20-30　SRM:12-17

第3章 世界のビアスタイル ～The World Clasic Beer Style～

アメリカンとオーストラリア

その他のラガービールとしては、オーストラリア、カナダ、中国、日本、アメリカで造られているものがあるが、どれもドイツのラガービールに影響を受けたものばかりだ。しかもそのほとんどは、ドイツのものよりずっと軽めのピルスナーだと言って良い。たいていの場合トウモロコシや米などの副原料が使われているのも共通している。

アメリカとカナダのビールをひとまとめにアメリカン・スタンダードと定義していいだろう。カナディアン・ラガーとかカナディアン・エールといった名称も聞くには聞くが、どう贔屓目にみても、どれも標準的なラガーと大差ない味だ。カナダのライト・ラガーはホップが少々強めだが、いずれにしてもほとんどのアメリカ人とカナダ人はアメリカン・スタンダードを飲んでいるのだ。

アメリカン・スタンダード (American Standard)

平均して60〜75%は大麦モルトが使用され、その他に米、コーン、シロップ類、時として小麦が副原料とされる。特徴はドライでホップが軽く、ライトボディで炭酸が強い。

初期比重:1035-1045　アルコール:3.5-5%　IBU:5-17　SRM:2-4

アメリカン・プレミアム (American Premium)

100%モルトか、極少量の副原料を添加して造る。確かにいくらか生産されてはいるが、基本的にはアメリカン・スタンダードと変わらない。

初期比重:1045-1050　アルコール:4.5-5%　IBU:13-22　SRM:2-8

ダイエット/低カロリー・ビール (Diet/Low-cal Beer)

"アメリカン・スタンダードを水で薄めたビール"とまで言われることがある。フレーバーは確かにその通りだが、アルコール含有量がアメリカン・スタンダードより少ないというわけではない。低カロリー・ビールというのは醸造過程で酵素を増量して本来発酵されにくい(いわゆる"ボディ"として残されている)炭水化物までをも分解してしまうことで、フレーバーとカロリーの両方を減量したものだ。ホームブルーしようとするならば、発酵分解しやすい糖分を使い初期比重を落とせば良い。

初期比重:1024-1040　アルコール:2.5-4.5%　IBU:5-15　SRM:1-4

ドライビール (Dry Beer)

　もともとは1980年代に日本で開発されたビールだが、アメリカ人の好みにも合って広まった。やはり基本的にはアメリカン・スタンダードと同じ特徴を持っているが、発酵を高度に進めた結果さらにライトでほとんどフレーバーを感じさせないものになっている。そこがこのスタイルの目指したところだったのだろう。発酵度を高めるために特殊なイーストが使われている。

　　初期比重:1040-1045　アルコール:4-5%　IBU:15-23　SRM:2-4

カリフォルニア・コモン (California Common)

　"アメリカン・スティーム・ビア"とも呼ばれているこのスタイルはサンフランシスコのアンカー・ブルーイングが造っているAnchor Steamだけで、スティーム・ビアという名称はこの会社の商標になっている。およそ100年前にカリフォルニアで生まれたスティム・ビアは素晴らしい品質を有していた。当時はラガービールを冷やす氷が供給できなかったので、しかたなくラガーを常温で発酵させて造っていたのだ。これはカリフォルニアのコモン（一般的な）スタイルで、ホップをたくさん使用しカラメルモルトやクリスタルモルトの甘さを持たせていた。Anchor Steamはそのひとつに過ぎない。しかし現在では他にこのスタイルを継承しているビールが無いため、これをスタンダードとして位置付けている。

　　初期比重:1045-1055　アルコール:4-5%　IBU:35-45　SRM:12-17

アメリカン・ダーク (American Dark Beers)

　アメリカン・スタンダードに濃色モルトで色付けしたもので、ロースト臭やチョコレートモルトの香りを抑えている。スタンダードのラガーより若干重めの味付けになっている。ドイツのボックよりずっとアルコール分が低いアメリカン・ボックビールも、このカテゴリーに入れられている。

　　初期比重:1040-1050　アルコール:4-5.5%　IBU:14-20　SRM:10-20

第3章 世界のビアスタイル　～ The World Clasic Beer Style ～

アメリカン・クリームエール（American Cream Ale）

　ひと時エールとラガーの両方のイーストをブレンドして使っていたこともある。本質的にはアメリカン・ラガーに似ているが、ホップの香りがわずかにあり、多少度数が強く、微かにフルーツ香がある。炭酸が良く効いていて爽快である。暑い日にアメリカンライトビアのように冷たく冷やして飲みたくなる。

　　初期比重:1044-1055　　アルコール:4.5-7%　　IBU:10-22　　SRM:2-4

オーストラリアン・ラガー（Australian Lagers）

　夏の日差しが強く暑く乾いたオーストラリアでは、のどの渇きを癒すオーストラリアン・ラガーを豪快に飲み干すのがいい。アルコール含有量はアメリカやカナダのライトラガーとほぼ同じ。オーストラリアのラガーの方が強いと一般的に思われているのは、おそらくそのパッケージングによるものだろう。なんといっても1リットル缶のビールが出回っているのだ。オーストラリアにもエールやスタウトが無いわけではないが、それらをオーストラリアン・ビアと定義するのは難しいだろう。アメリカでもオーストラリアのビールは手に入るが、"長旅をしたビール"の味はやはり本来のものとは比べるべくも無い。まあ、ほんとうにオーストラリアのビールを味わいたければオーストラリアに行くのが一番いい。あるいは自分で造ってみるのもいいだろう。オーストラリア製のモルトエキスとオーストラリアで栽培されたホップを使えば、本格的なオーストラリアン・ビアを手造りするのは簡単だ。それ以上詳しいレシピが知りたければ、直に問い合わせるしかない。

ビアスタイル一覧表

	初期比重	Balling Scale	アルコール容積(%)	苦味(%)	色(SRM)
ALES					
Barley Wine	1.090~1.120	22.5~30	8.4~12	50~100	14~22
Belgium-style Specialty					
Flanders Brown	1.045~1.055	11~14	5~6.5	35~50	16~20
Trappist Ales	1.060~1.100	15~25	6~10	25~50	15~30
House Brew	1.060~1.065	15~16	6~6.5	25~40	15~25
Double Malt	1.075~1.085	19~21	7.5~8	30~45	17~30
Triple Malt	1.090~1.100	22.5~25	8~10	35~50	20~30
Salson	1.052~1.080	13~20	5.5~7.5	25~40	4~10
Lambic	1.040~1.050	10~12.5	4~6	-	-
Faro	-	-	4.5~5.5	-	-
Gueuze	-	-	5.5	-	-
Fruit (Framboise,Kriek,Peche…)	-	-	6	-	-
White	1.044~1.050	11~12.5	4.5~5	20~35	2~4
Brown Ales					
English Brown	1.040~1.050	10~12.5	4.5~6.5	15~30	15~22
English Mild	1.031~1.037	8~9	2.5~3.6	14~37	22~34
American Brown	1.040~1.055	10~14	4.5~6.5	25~60	15~22
Pale Ales					
Classic Pale Ale	1.043~1.050	11~12.5	4.5~5.5	20~30	8~10
India Pale Ale	1.055~1.070	14~17.5	5.5~7	30~60	6~14
Old Ale/Strong Ale	1.060~1.075	15~19	6.5~8.5	30~50	10~16
British Bitters					
Ordinary	1.035~1.038	8.5~9.5	3~3.5	20~25	8~12
Special	1.038~1.042	9.5~10.5	3.5~4.5	25~30	12~14
Extra Special	1.042~1.050	10.5~12.5	4.5~5.5	30~35	12~14
Porter	1.040~1.050	10~12.5	4.5~6	25~35	25~35

ビアスタイル一覧表

	初期比重	Balling Scale	アルコール容積(%)	苦味(%)	色(SRM)
Scottish Ales					
Light	1.030〜1.035	7.5〜9	3〜4	9〜10	10〜12
Heavy	1.035〜1.040	9〜10	3.5〜4	10〜11	11〜13
Export	1.040〜1.050	10〜12.5	4〜4.5	11〜13	12〜15
Strong "Scotch" Ale	1.075〜1.085	19〜21	6〜8	14〜16	14〜17
Stouts					
Dry Stout	1.036〜1.055	9〜14	3〜6	25〜40	35+
Sweet Stout	1.045〜1.056	11〜14	4.5〜6	15〜20	35+
Imperial Stout	1.075〜1.090	19〜22.5	7〜9	50〜80	35+
LAGER					
Bock					
Dark	1.066〜1.074	16.5〜18.5	6〜7.5	20〜30	18〜35
Helles	1.066〜1.074	16.5〜18.5	6〜7.5	20〜30	8〜18
Doppelbock	1.074〜1.100	18.5〜25	7.5〜14	20〜40	12〜35
Bavarian Dark					
Munich Dunkel	1.050〜1.055	12.5〜14	4.5〜6	18〜27	10〜20
Schwarzbier	1.040〜1.046	10〜11.5	3.5〜4.5	25〜35	25〜40
American Dark	1.040〜1.050	10〜12.5	4〜5.5	14〜20	10〜20
Dortmunder/Export	1.050〜1.060	12.5〜15	5〜6	25〜35	4〜6
Munich Helles	1.046〜1.055	11.5〜14	4.5〜5.5	18〜25	2〜5
Classic Pilsener					
German	1.044〜1.050	11〜12.5	4〜5	35〜45	2.5〜4.5
Bohemian	1.044〜1.056	11〜14	4〜5.5	35〜45	2〜5
American Light Lager					
Diet/Lite	1.024〜1.040	6〜10	2.5〜4.5	5〜15	1〜4
American Standard	1.035〜1.045	9〜11	3.5〜5	5〜17	2〜4
American Premium	1.045〜1.050	11〜12.5	4.5〜5	13〜22	2〜8
Dry	1.040〜1.045	10〜11	4〜5	15〜23	2〜4

ビアスタイル一覧表

	初期比重	Balling Scale	アルコール容積(%)	苦味(%)	色(SRM)
Vienna					
Vienna	1.046〜1.052	11.5〜13	4.5〜5.5	18〜30	10〜20
Marzen/Oktoberfest	1.050〜1.060	12.5〜15	4.5〜6.5	20〜30	8〜14
HYBRID BEERS/LAGERS ALES					
Alt					
German Altbier	1.040〜1.050	10〜12.5	4.5〜5.5	28〜40	16〜19
Kölsch	1.040〜1.045	10〜11	4〜5	16〜30	4〜10
Cream Ale	1.044〜1.055	11〜14	4.5〜7	10〜22	2〜4
Fruit Beer					
Fruit Ale	1.030〜1.110	7.5〜27.5	2.5〜12	5〜70	5〜50
Fruit Lager	1.030〜1.110	7.5〜27.5	2.5〜12	5〜70	5〜50
Herb Beer					
Herb Ale	1.030〜1.110	7.5〜27.5	2.5〜12	5〜70	5〜50
Herb Lager	1.030〜1.110	7.5〜27.5	2.5〜12	5〜70	5〜50
Specialty Beer					
Specialty Ale	1.030〜1.110	7.5〜27.5	2.5〜12	0〜100	0〜100
Specialty Lager	1.030〜1.110	7.5〜27.5	2.5〜12	0〜100	0〜100
Smoked					
Bamberg Rauchbier	1.050〜1.055	12.5〜14	5〜5.5	20〜30	12〜17
California Common Beer					
California Common Beer	1.045〜1.055	11〜14	4〜5	35〜45	12〜17
Anchor Stream (like)	1.050	12.5	4.6	40〜45	15
Wheat Beer					
Berliner Weisse	1.028〜1.032	7〜8	2.5〜3.5	5〜12	2〜4
Weizen	1.045〜1.050	11〜12.5	4.5〜5	8〜14	3〜8
Dunkel	1.045〜1.055	11〜12.5	4.5〜6	10〜15	17〜22
Weizenbock	1.066〜1.080	16.5〜20	6.5〜7.5	10〜15	7〜30
American Wheat	1.030〜1.050	7.5〜12.5	3.5〜5	5〜17	2〜4

第4章

ホームブルーレシピ集
~Worts Illustrated~

Tasting Beer

第4章　ホームブルーレシピ集　〜Worts Illustrated〜

　ビール造りの楽しみは、なんといっても自分好みのレシピでビールが造れるということにつきます。これまで説明してきたことはそれをするための基礎にすぎません。これからご紹介するレシピはすべてホームブルワーたちが試行錯誤を重ねて作り出したものばかりです。多くの人たちに評価を受けた優秀なレシピを集めてあります（中には悪名高いレシピも）。あなたはこれを参考にしてどんなビールを造るのでしょうか？どんな材料をどう使おうと、それはあなたの勝手です。そのビールの出来の良し悪しも、もちろんあなたの責任です。直感、常識、勇気、全ての才能をうまく使って、おいしいビールを造ってください。でも、リラックスすることを忘れずに。Don't worry. Have a homebrew ！

　その前に、まずレシピの約束ごとを説明しておきます。

レシピの約束ごと

　これらのレシピでは、断りがない限り全て米5ガロン（19リットル）の仕込みを前提にしています。使う材料についてはそれぞれ以下の条件を頭におきながら、どんどん自分で工夫してみてください。

ホップ：
- レシピとは違う種類のホップで代用してもかまいません。恐れずどんどん試してみましょう。
- ホールホップ（丸ごとホップ）でもホップペレットでもかまいません。
- （ボイリング）とあれば苦味付け、（フィニッシング）とあれば香り付けのホップです。

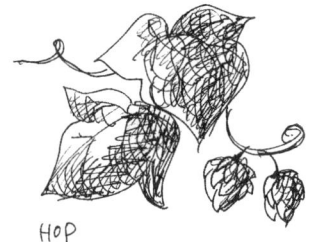

イースト：

　エールイーストと書いてあってもラガーイーストでもかまいません。できれば積極的に液体イーストを使うことを学びましょう。液体イーストはエールでもラガーでもビールの質を驚くほど向上させてくれる。特にラガーイーストを使うときには有効です。どんなレシピでもドライイーストを使う代わりに液体イーストを使って問題ありません。

プライミングシュガー：

　瓶詰めのときに入れるプライミングシュガーは、特にことわりがない限り3/4カップ（約180cc）のコーンシュガーか1+1/4カップ（約300cc）のドライモルトを使います。決してカップとポンドを取り違えないように。蜂蜜を使うなら1/2カップ（約120cc）です。また、コーンシュガーと書かれているところならいつでもモルトエキスで代用してかまいません。ただしその場合にはボディと風味が増すと思ってください。コーンシュガー1ポンドに対してモルトエキス1ポンドでだいたいOK。反対にモルトエキスをコーンシュガーで代用すれば、ボディは軽くなります。アルコール濃度は変わらず。ただし、コーンシュガーをモルトエキスの代用にする場合は、全体の20%以内に抑えたほうがいいでしょう。

プライミングシュガー

　この本ではどのビールに関しても、「3/4カップ（約180cc）のコーンシュガーか1+1/4カップ（約300cc）のドライモルト」でプライミングするように書いてある。実は、アメリカの「1カップ」は日本のものよりも少し大きい。だから、この場合の3/4カップはだいたい日本では「3/4カップ強」になるので気をつけたい。まあ「約180cc」と注釈がついているのでいいだろう。コーンシュガーというのはいわゆる「ブドウ糖」のことだ。ところで世界のどのスタイルのビールも同じぐらいの炭酸を含んでいるかというとそうでもない。ビターなどの英国風エールは、ピリッとした炭酸の刺激でなく、穏やかな飲み口が特徴となっているので、プライミング量を控えめにすることをお勧めしたい。一方、ドイツ南部のヴァイツェンはやや強めの炭酸が特徴となっている。ビール中に含まれる炭酸は、それ自身ビールの味の一部となるので自分の造るビールに合わせてプライミングの量を工夫してみたい。ビール造りはアートだと心得て、細心の心配りをしよう。（大森治樹）

1ガロン=3.8ℓ　1oz=28.35g　1lb=454g　1カップ=237cc　3/4カップ=100g

第4章　ホームブルーレシピ集　〜Worts Illustrated〜

モルト：

　ボディや風味だけでなく、アルコール濃度も低くしたければ、モルトエキスの使用量そのものを減らします。ホップの量も同じくらい減らすとよいでしょう。またグレインを添加する場合には、水が沸騰する前15分から30分ぐらいの時に入れるとよいでしょう。その後はストレイナーで濾して取ります。

　モルトエキスのメーカーは頻繁に製品の変更をします。この本を書いているときには2ポンドの缶で売られていても、もしかしたら3ポンドになっているかもしれません。まあ常識で判断してその差を調整してください。レシピに書かれているとおりにしなくても、1ポンド多くしたり少なくしたり、それは各自で自由に工夫してみてください。ビールの味が変わったとしても、駄目になることはないでしょうから。

仕込み時の注意：

　ウォートに投入したホップは丸ごとでもペレットでも、発酵容器にウォートを移す前にストレイナーでカスを濾し取ります。ホップやグレインをそのまま発酵容器に移してしまうと、後でホースやコックの目詰まりの原因となるからです。ホップを濾し取るストレイナーはちゃんと消毒をしておくこと。

比重：

　初期比重も最終比重も数値は温度が16℃の時のものです。出来上がったウォートの初期比重がレシピに示された値と違うかもしれませんが、心配しないように。モルトエキスの種類や量、それにウォートの温度やかき混ぜ方で測られた比重はかなり違ってくるものです。正確に測れなくても大丈夫。

単位表記について：

　lb＝ポンド、bsp＝大さじ、tsp＝小さじ、c＝カップ、oz＝オンス、O.G.＝初期比重、F.G.＝最終比重、HBU（Homebrewers Bitterness Unit）

　単位は米国ポンドが基本です。英国やカナダ、オーストラリアの製品を使うときには、次の変換率を参考にして使うべき量を自分で計算してください。

5ガロン=19リットル
1オンス= 28.3グラム
1キログラム= 2.2ポンド
1ポンド= 454グラム
1ガロン(US) = 0.8ガロン(英国やヨーロッパ)
1ガロン(英国やヨーロッパ) = 1.2ガロン(US)

HBU（Homebrew Bitterness Unit）：
　HBUはホームブルワーが使うのに便利な苦味の指標です。レシピにあるHBUを参考にして加えるホップの量を計算します。計算方法は簡単：ホップごとに示されたアルファ酸の値にホップの量（オンス）を掛けるだけ。例えば、アルファ酸が9%とのノーザンブルワーホップを2オンス使うならばHBUは18、アルファ酸5%のカスケードホップを3オンス使えばHBUは15です。これを両方使って10ガロンのビールを造るならば総体として18＋15＝33の値になるから、1ガロンあたりのHBUは3.3ということになります。同じ量で5ガロンのビールを造るのならば1ガロンあたりのHBUは6.6です。HBUはIBU（International Bitterness Unit）と違って1ガロンあたりの指数として使うので全体の仕込み量でその値が変わってきます。共通していることはともに苦味を数字で表していると言うこと。どのレシピでもHBUの値で苦味が決められるので、ボイリングホップとして使用するのであればアルファ酸4.5%のザーツホップを2オンス使おうと、9%のノーザンブルワーホップを1オンス使おうと、得られる苦味は9HBUで同じということになります。

名前について：
　ビールのネイミングに特に深い意味はありません。楽しくブルーイングできるようにいろいろと工夫してみました。（＊日本語訳についてもっとおもしろい名前を思いついたら是非お知らせください。みんなで楽しい名前を考えましょう。）

　能書きは以上で終わり。それではレシピを見ていきましょう。

1ガロン=3.8ℓ　1oz=28.35g　1lb=454g　1カップ=237cc　3/4カップ=100g

ウォーツ・イラストレイテッド

イングリッシュ・ビター（English Bitters）

Righteous Real Ale
ライチャス・リアル・エール　　　　　　　　　　　　　　　　　　　　　　高潔漢の正統派エール

このエールの賞味期限は醸造後2週間以内。その間に飲むのが一番おいしく飲めるということ。これはロンドンやその南にあるホップカントリーでは"普通のビール"として醸造されているエールだ。ホップをふんだんに使っているため、香りが高いのが特徴。ただしビタースタイルのビールはすべて炭酸が弱いことを肝に念じておくように。もしいつも飲んでいるビールのように炭酸を強めにしたければ、プライミング（瓶詰め）するときに1/4カップのコーンシュガーを余計に入れること。

- ドライ・アンバー・イングリッシュ・モルト：5 lbs
- カスケード・ホップペレット（ボイリング）：1.5 oz (7-8 HBU)
- ゴールディングまたはウィラミット・ホップペレット（フィニッシング）：1.5 oz
- 石膏：2 tsp
- イングリッシュ・エール・イースト：1-2袋
- コーンシュガー：0.5カップ、またはドライモルトエキス：1カップ
- OG（初期比重）：1.036　FG（最終比重）：1.007-1.010

モルトエキスを1.5ガロンの水にとき、それにボイリングホップと石膏を加えて45分煮込む。煮込み終了1分前にフィニッシングホップを加え、火を切ったらすぐに3.5ガロンの水が入った発酵容器に移す。10日後にはプライミングのコーンシュガーかドライモルトを加えて瓶詰めできるはずだ。瓶詰め後4日たったら飲んでみよう。少なくとも7日以内にはおいしく出来上がっているだろう。

Wise Ass Red Bitter
ワイズアズ・レッド・ビター 小賢しいやつの赤いビター

この芳醇なビターエールはビールの泡がしっかりとしたヘッドをつくり、飲むたびにグラスのふちにその跡を残していき、最後の一口まで美味である。ボディは最高で、ロースト大麦によってかもし出された深紅のガーネット色がモルトのアロマとあいまって、飲む前から期待を掻き立てる。これにはホップ入りのモルトエキスが使われており、ピリッとしたシャープな苦味がある。

- ホップ入りのプレミア・ライト・モルト：4.4 lbs
- プレイン（ホップの入っていない）・ドライ・ライト・モルト：1.5 lbs
- ロースト大麦：1/8 lb（1/2カップ）
- カスケード・ホップペレット（ボイリング）：2 oz（10 HBU）
- ハラタウ・ホップペレット（フィニッシング）：1/2 oz
- エール・イースト：1-2袋
- コーンシュガー：3/4カップ、またはドライモルトエキス：1+1/4カップ）
- OG（初期比重）：1.038 ・FG（最終比重）：1.009-1.011

醸造方法は前述のライチャス・リアル・エールと同じだが、プライミングシュガーが少々多目なので熟成までには瓶詰め後2・3週間待つことになる。

Palace Bitter
パレス・ビター 宮廷の夢ビター

誰もが一国一城の主なのは分かっているが、もし夢がかなうなら私は宮廷の主になってみたい。そうなったなら、私の造ったハウス・ビターはそのままパレス・ビターになるはずだ。ビールを家で造りはじめると、なんだか自分の家が特別の場所に思えてくるから不思議だ。そしてこのパレス・ビターを造ったならば、瓶の栓を開ける瞬間に家がもっと特別に見えてくることは請け合いだ。このライト・アンバーのパレス・ビターも伝統的なイングリッシュ・ビターだ。イングリッシュ・ホップの土臭いキャラクターとロー・アルコール・エールの飲みやすさが特徴。

1ガロン=3.8ℓ　1oz=28.35g　1lb=454g　1カップ=237cc　3/4カップ=100g

第4章　ホームブルーレシピ集　～Worts Illustrated～

- □ イングリッシュ・ライト・ドライ・モルト：4.5 lbs
- □ クリスタル・モルト：12 oz
- □ イングリッシュ・ファグルス・ホップ（ボイリング）：1/2 oz（2.5 HBU）
- □ スタイリアン・ゴールディングス・ホップ（ボイリング）：3/4 oz（3.5 HBU）
- □ イングリッシュ・ファグルス・ホップ（フレーバー）：1/4 oz
- □ スタイリアン・ゴールディングス・ホップ（フレーバー）：3/4 oz
- □ スタイリアン・ゴールディングス・ホップ（アロマ）：1/2 oz
- □ エール・イースト：1-2袋
- □ コーンシュガー：3/4 カップ、またはドライモルトエキス：1+1/4 カップ
- □ OG（初期比重）：1.036-1.040　FG（最終比重）：1.008-1.012

　クラッシュしたクリスタル・モルトを 1.5 ガロンの水に投げ込み、煮立つまで加熱し、そのあとストレイナーで濾し採る。モルトエキスをこれに足し、やはり煮立つまで加熱。その後ボイリングホップを加えて 30 分煮込む。それからフレーバー用のファグルスとゴールディングのホップをそれぞれ 1/4 oz ずつ入れて、更に 15 分煮込む。また 1/2 oz のゴールディングスを加えて 15 分煮込む。最後にアロマ用のゴールディングスを 1/2 oz 加えて 2 分だけ煮込んだら、火を止めて冷水の入った発酵容器にストレイナーでホップを濾し採りながらウォートを流し込む。充分に温度が下がってからイーストを投入すればおしまい。2 週間以内においしく飲める。

Palilalia India Pale Ale
パリラリア・インディア・ペールエール　　　　　　　　　　　　　　ちょっと甘めの I.P.A.

　インディア・ペールエールは"I.P.A."と短い名前で呼ばれることもある。I.P.A. はアルコール度数が高めで苦味も強いのが特徴だが、この"パリラリア"は普通の I.P.A. ほどドライではない。その豊かな味わいはふんだんに使われているクリスタル・モルトとホップのおかげだ。口の中に入れると苦甘さがはっきりと分かる。トーストされた大麦モルトが銅色に輝くビールにモルトのアロマを与えている。"パリラリア"は日を経るにつれて次第にドライになっていく。もっと本物の I.P.A. らしくしたければ、発酵容器に蒸気で消毒したオークチップを両手一杯ほど入れると良い。伝統的な I.P.A. はオークの樽で仕込むからだ。

- プレイン・ドライ・モルト（ライトかアンバー）：7 lbs
- クリスタル・モルト：1 lbs
- トーストした大麦モルト：1/2 lb
- ノーザンブルワー・ホップ（ボイリング）：1+1/2 oz（13 HBU）
- カスケード・ホップ（フィニッシング）：3/4 oz
- 石膏：2 tsp
- エール・イースト：1-2袋
- コーンシュガー：3/4カップ、またはドライモルトエキス：1+1/4カップ
- OG（初期比重）：1.048-1.052　FG（最終比重）：1.014-1.017

大麦モルトをトーストするのは簡単だ。オーブンを177℃に加熱しておいて、1/2 lbの大麦モルトをトレイに広げて中に入れる。10分もしないうちになんともいえないアロマがオーブンから立ち上がり始める。大麦モルトにかすかな赤みがついたらオーブンからとりだそう。それ以上長くおいておくと、大麦モルトの内側がこげ茶色に変化しローストの風味に変わってしまう。このレシピに使う場合はだいたい10分が目安だろう。クリスタル・モルトとトーストした大麦モルトを挽き潰して1.5ガロンの水に入れ、煮立つまで加熱する。これが煮立ち始めたらキッチン・ストレイナーで殻をできるだけすくい取る。モルトエキスとノーザンブルワー・ホップ、それに石膏を加えて更に45分〜60分煮込む。それからフィニッシングのカスケード・ホップを入れて1分だけ煮たら、水の入った発酵容器に流し込む。充分に温度が下がってからイーストを投入。"パリラリア"にはホップをたくさん使うので、瓶詰めの後3週間〜4週間はねかせて熟成したほうがよいだろう。しかし、もちろん2週間で飲めないわけではない。

Avogadoro's Expeditious Old Ale
アボガドロ・エクスペディシャス・オールドエール　　　　　　　　　　せっかちなアボガドロ

こいつはとってもおいしいオールドエールを台無しにするレシピだと思って欲しい。オールドエールはホームブルーショップで売られているビアキットの名前だ。そこについている説明書きどおりに造れば、ホップの効いた銅色のとても強い伝統的イングリッシュ・エールが出来るはずだ。アボガドロはこれにフィニッシング・ホップを加えて、更に強いホップの香りをつけるのだ。「あら、

1ガロン=3.8ℓ　1oz=28.35g　1lb=454g　1カップ=237cc　3/4カップ=100g

これいいじゃない」と英国美人がのたまったので、私はすかさずもう一杯をお勧めしたわけなのだが、のどの渇きをいやすがごとく、アロマが顔を包むがごとくのビールなのである。

- 「Munton & Fison's」のオールド・エール・キット缶：7 lbs
- カスケード・ホップペレット（フィニッシング）：1/2 oz
- エール・イースト：1-2袋
- コーンシュガー：1/2 カップ、またはドライモルトエキス 3/4 カップ
- OG（初期比重）：1.048-1.052　FG（最終比重）：1.012-1.018

このビールはまったく簡単にできる。ホップ入りのオールドエール・キット缶を 1.5 ガロンの水に入れ 15 分煮込む。フィニッシングのカスケードを入れたら 1 分だけ煮て、水の入った発酵容器に流し込むだけだ。2 週間〜 4 週間で飲めるようになるが、せっかちな方はどうぞすぐお飲みください。

アメリカン＆カナディアン・ビア

Freemont Plopper American Light
フリーモント・プロッパー・アメリカン・ライト　　　　　　　　　かわず飛び込むアメリカン

このレシピで使用するモルトエキスは、特にドライでクリーンなビールを造るものだ。フリーモント・プロッパーはホップを軽く利かせたアメリカン・ピルスナーに近いビールだ。真夏の暑い日にノドの渇きをやさしく癒してくれるだろう。このモルトエキスには非発酵性のデキストリンが含まれているので、フレーバーはアメリカン・ピルスナーより感ずるだろう。

- "Bierhaus Hopped Lager Kit"（モルトエキス・シロップ）：2.5 lbs
- エールまたはラガー・イースト：1-2袋
- コーンシュガー：3/4 カップ、またはドライモルトエキス：1+1/4 カップ
- OG（初期比重）：1.022-1.025　FG（最終比重）：1.003-1.006

モルトエキス・シロップを 1 ガロンの水に解き、15 分から 30 分煮込むだけ。後は発酵容器に移して、イーストを加え瓶詰めを待とう。キンキンに冷やして飲むのが正しいビール。

Canadian Lunar Lager
カナディアン・ルーナー・ラガー　　　　　　　　　　　　　　　　　　カナダの満足月

カナダ産のモルトから造られるカナディアンモルト・エキスを使ったこのルーナー・ラガーは適度にドライでライトなビールだ。アルコール度もそこそこで、カナディアン・ビールの典型的なもの。醸造者の満足げな言葉を聞きながら、ご相伴に預かるのもまた楽しいものだ。

- "Brew-pro" のライトかアンバー・モルト・エキス：4-5 lbs
- ウィラミットまたはファグルス・ホップ（フィニッシング）：1/2 oz
- エールまたはラガー・イースト：1-2 袋
- コーンシュガー：3/4 カップ、またはドライモルトエキス：1+1/4 カップ
- OG（初期比重）：1.032-1.038　FG（最終比重）：1.007-1.011

モルトエキスを 1.5 ガロンの水に解き 45 分間煮込む。ホップは最後の 5 分間だけ煮込んで風味付けをする。発酵容器に移して 3 週間ぐらいで完了。満月の夜に口開けすると楽しいだろう。

"The Sun Left Us on TIme" Steam Beer
スティーム・ビア　　　　　　　　　　　　　　　　　　　　　陽はキッカリと西に沈んだ

トーマス・エジソンはかつて日記にこう記している。「陽は時間どおりにキッカリと西に沈んだ。さあ、ブリタニカの百科事典でも開いて眠りにつくとするか。私は静かに目を閉じる。深い深い海の底に思いをはせれば、そこには大きなテラスが横たわり、きれいな乙女が大勢で私を迎えてくれる。そこに私の心を送れば、彼女たちがそれを手渡しでどんどんと更なる深みへと運んでくれる。そこで私はすべてを忘れて眠りにつくだろう。」この記述から想像するに、エジソン博士が片手にホームブルービアを持っていたことは間違いない。彼はそれをすすりながら瞑想をつづけたのだ。何百人もの乙女に囲まれている自分を想像しながら。

「陽はキッカリと西に沈んだ」スティム・ビアはドライでありながらフル・ボディの苦味を持った不思議なビールだ。これにはラガー・イーストを使いながら上面発酵の温度で発酵させる。ノーザンブルワー・ホップを苦味付けに加えて、カスケードでフィニッシングすれば素晴らしくピリッとした爽快なビールが出

1ガロン=3.8ℓ　1oz=28.35g　1lb=454g　1カップ=237cc　3/4カップ=100g

来上がる。もし苦味の強いビター・ビールがお嫌いならば、他のビールをお勧めしよう。少量のクリスタル・モルトが強い苦味を甘さでうまく包み込んでいる。グラスの底まで飲み干せば、かならずキッカリと沈む太陽があなたにも見えるはずだ。

- "Alexander's" のライト・モルト：8 lbs
- クリスタル・モルト：1/2 lb
- ノーザンブルワー・ホップ（ボイリング）：1.5 oz（14 HBU）
- カスケード・ホップ（フィニッシング）：1/2 oz
- ラガー・イースト：1-2袋
- コーンシュガー：3/4 カップ、またはドライモルトエキス：1+1/4 カップ
- OG（初期比重）：1.044-1.048　FG（最終比重）：1.009-1.013

荒挽きしたクリスタル・モルトを 1.5 ガロンの水に加えて、沸騰するまで過熱。ストレイナーでクリスタル・モルトをすくい取ったら、モルトエキスとノーザンブルワー・ホップを入れて、45 分間煮込む。最後の 2 分でカスケード・ホップを煮たら、後は水の入った発酵容器に移し、冷めたところでイーストを投入。このビールには二段階発酵法がお勧めだ。温度を 10℃くらいに保って二次発酵までさせる。その後 2 ～ 3 週間ねかせて瓶詰めすれば完璧だ。

Jeepers Creepers Light Larger
ジーパーズ・クリーパーズ・ライト・ラガー　　　　　　　　　　　ワッと驚く陰気者のラガー

経済的で風味もしっかりとあるスーパーライト・ビール。5 ガロンなのにモルトエキスを 3.5lbs しか使わないので、アルコール度も低くガンガン飲めてしまう。ホップを入れ過ぎないように注意。1/4 oz のフィニッシング・ホップでかすかな香り付けをし、トーストした大麦モルトから風味を引き出す。軽い中にもバランスのとれたフレーバーがこのビールの魅力だ。たぶん飲んだ人は「やあ、いいねこの味。ライトビールとは思えないよ。」と言ってくれるはずだ。

- "Edme" D.M.S. プレーン・モルトエキス：3.5 lbs
- トーストした大麦モルト：1/4 lb
- カスケード・ホップ（ボイリング）：1/2 oz（3 HBU）

- テットナンガーまたはハラタウ・ホップ（フィニッシング）：1/4 oz
- ラガー・イースト：1-2袋
- コーンシュガー：3/4カップ、またはドライモルトエキス：1+1/4カップ
- OG（初期比重）：1.028-1.032　FG（最終比重）：1.004-1.006

大麦モルトを177℃にしたオーブンで5-10分焦がし、熱いうちに挽くか砕くかして1ガロンの水に入れる。加熱して水が沸騰したらすぐにモルトをストレイナーですくい取り、モルトエキスとボイリングのホップを加えて45分ほど煮込む。最後の2分間だけフィニッシング・ホップを入れて煮たら、それを発酵容器に流し込む。ウォートが冷めたらイーストを添加。発酵してから2週間以内に瓶詰めしよう。このビールの熟成期間は短く取るのがコツ。もっと長く熟成させたければラガーに適した低温で4週間が目安だろう。

コンチネンタル・ライトとアンバー

Hordeaceous Dutch Delight
ホーデシアス・ダッチ・デライト　　　　　　　　　　　　　　　　オランダ大麦の輝き

このビールの特徴は初期比重と最終比重の値が高いということ。このコンチネンタル・スタイルのビールは、フルボディなのに押し付けがましくないデリケートな風味を持っている。ホップの香りとモルトの風味に加えエステル香のあるユニークなオランダ製のモルトエキスで造る。ほんとにデリシャスでフルボディ好きのビア・ドリンカーにはうってつけだろう。

- "Laaglander Dutch Lager"モルトキット：6.6 lbs（2缶）
- ラガー・イースト：1-2袋
- コーンシュガー：3/4カップ、またはドライモルトエキス：1+1/4カップ
- OG（初期比重）：1.034-1.036　FG（最終比重）：1.016-1.018

モルトエキスを1.5ガロンの水に入れて15分煮込む。通常のように発酵容器に流し込んでイーストを入れ、発酵が終了したら瓶詰めする。

1ガロン=3.8ℓ　1oz=28.35g　1lb=454g　1カップ=237cc　3/4カップ=100g

第4章　ホームブルーレシピ集　〜 Worts Illustrated 〜

Winky Dink Marzen
ウィンキー・ディンク・メルツェン　　　　　　　　　　　　　　　　　　憧れのウィンキー・ディンク

"ウィンキー"は私が子供の頃に大好きだったアニメ・ヒーローの名前なのだ。"ウィンキー"はクレヨンのラインで空間を創り出す魔法の力を持っている。いつか彼の名前を私の好みのビールにつけてみたいと考えていたのだ。ウィンキー・ディンク・メルツェンは黄金色に輝くジャーマン・スタイルのラガーだ。これに使うドイツ製のモルトエキスは、アロマの効いたフルボディの正統派ラガーで、室温で醸造することもできる。芳醇なモルトの風味とピリッとしたホップの苦味が見事にマッチした、活力に満ちたビールなのだ。ドイツの正統派ビールが恋しくなったら、こいつを飲むのに限る。温度を10〜13℃くらいにして飲めば一番おいしく香りも高いはずだ。

- "Bierkeller" ライト・プレーン・モルト：7 lbs
- クリスタル・モルト：1/2 lb
- チョコレート・モルト：1/2 カップ
- ハラタウ・ホップ（ボイリング）：2 oz（HBU）
- ハラタウ・ホップ（フィニッシング）：1/2 oz
- ラガー・イースト：1-2 袋
- コーンシュガー：3/4 カップ、またはドライモルトエキス：1+1/4 カップ
- OG（初期比重）：1.042-1.047　FG（最終比重）：1.014-1.018

クリスタル・モルトとチョコレート・モルトを1.5ガロンの水に入れ、沸騰させΑグレインをストレイナーですくい取る。モルトエキスとボイリング・ホップを加えて、45-60分煮込む。最後の2-5分にフィニッシング・ホップを加えて、あとは水の入った発酵容器に流し込みイーストを投入する。発酵が終わったら瓶詰めしよう。

もし、時間に余裕があれば、二次発酵容器に移してさらに2-3週間熟成させるともっとおいしくなる。保存温度は7℃〜10℃が適当。しかし、私のウィンキー・ディンクは常温で醸造しても素晴らしくおいしいビールだ。

Whoop Moffitt Vienna Lager
フープ・モフィット・ヴィエナ・ラガー　　　　　　　　　　　　　　　　　　　　ビー玉翁に捧げるラガー

Whoop Moffitt は 19 世紀のスカンジナビアの建築家。"ビー玉"のゲームを発明したことでも知られている。なんと、ウィーンで開かれたビー玉大会の最中に事故で亡くなってしまった。そんな彼にちなんで、このヴィエナ（ウィーンの）ラガーに名前を付けてみた。

既に商業ビールの業界からは姿を消してしまったヴィエナ・ラガーだから、とにかくどんなものかは造ってみないと分からないのだが、味わいはなめらかで、モルトの風味はオクトーバー・フェストよりも軽いということだ。のどの渇きを癒すタイプのビールで、ほとんどどんな料理にも合うようだ。深いアンバー色で苦すぎずにホップの良い香りがするというのだが、もう半世紀も前に飲まれていたビールだから本当にどんなものなのかは「知る人ぞ知る」だ。ちょっと違っていても、誰ももう指摘できる人はいないかもしれない。

このビールに限って、4 ガロンで仕込んでみたい。

- "B.M.E. Vienna Amber" モルト：6.6 lbs
- アメリカン・テットナンガー・ホップ（ボイリング）：1+3/4 oz（8 HBU）
- カスケード・ホップ（ボイリング）：1/4 oz（1 HBU）
- アメリカン・テットナンガー・ホップ（フレーバー）：1/4 oz
- カスケード・ホップ（フレーバー）：1/4 oz
- アメリカン・テットナンガー・ホップ（アロマ）：1/3 oz
- カスケード・ホップ（アロマ）：1/3 oz
- ラガー・イースト：1-2 袋
- コーンシュガー：1/2 カップ、またはドライモルトエキス：1 カップ
- OG（初期比重）：1.048-1.052　FG（最終比重）：1.010-1.014

ボイリング・ホップとモルトエキスを 1 ガロンの水に入れて 40 分ぐつぐつと沸騰させたら、フレーバー・ホップを加えさらに 20 分煮込む。最後の 2 分にアロマ・ホップを入れて火を止める。冷たい水の入った発酵容器に流し込み、全体の液量が 4 ガロンになるように調節する。イーストを入れて発酵終了したら瓶詰め。

1ガロン=3.8ℓ　1oz=28.35g　1lb=454g　1カップ=237cc　3/4カップ=100g

Propensity Pilsner Lager
プロペンシティ・ピルスナー　　　　　　　　　　　　　　　　　　　　　　　　　性癖のあるピルスナー

一部の変わった材料を使うものの、このチェコ・タイプのビールをピルスナーの異端児として片付けないで欲しい。モルトエキスから造るにもかかわらず、あの甘美な"ピルスナー・ウルケル"やチェコの"ブドワイゼ"（バドワイザーのオリジナル）に肉薄するほどの優秀なビールなのだ。ライトタイプのハニーを使っているために、ピルスナーのライト・ボディの特徴をつかみながら、モルトの丸みとホップの刺激も兼ね備えている。まったく普通に造ってみて欲しい。これはピルスナーの目利きもうならせること請け合いのビール。

- プレーン・ライト・ドライ・モルト：5 lbs
- クリスタル・モルト：1 lb
- ライト・クローバー・ハニー：2.5 lbs
- ザーツ・ホップ（ボイリング）：2.5 oz（10 HBU）
- テットナンガー・ホップ（フレーバー）：1/2 oz
- ザーツ・ホップ（フィニッシング）：1/2 oz
- ラガー・イースト：1-2 袋
- コーンシュガー：3/4 カップ、またはドライモルトエキス：1+1/4 カップ（
- OG（初期比重）：1.048-1.052　FG（最終比重）：1.007-1.010

砕いたクリスタル・モルトを 1.5 ガロンの水に入れ沸騰するまで過熱し、沸騰したらストレイナーですくい取る。モルトエキス、ハニー、ボイリング・ホップを加え 45 分煮込んだら、更にフレーバー・ホップを入れて 10 分煮込む。最後の 1-2 分でフィニッシングのザーツを入れて火を止める。ストレイナーでホップカスなどを濾しながら、冷たい水の入った発酵容器に流し込んで、ウォートが冷めたらイーストを投入。発酵が終了したら瓶詰めしよう。このピルスナーは瓶詰めしてから 3-4 週間で熟成するが、低い温度で保存するならもう少し期間をおこう。おいしいよ。

Crabalocker German Pils
クラバロッカー・ジャーマン・ピルス　　　　　　　　　　　　　　　　　　　　　　セイウチのビール腹

ハーレクリシュナを歌ってたエレメンタリ・ペンギンやクラバロッカーのフィ

ッシュワイフを覚えている？ほんとに不思議でミステリアスだったね。でもこのドイツ風ピルスナーには何も不思議なところはない。いたってまじめなビールなのだ。いたって正統なドイツのピルスナー・ビールだ。少々ドライでボヘミアのピルスナーよりずっとホップが効いている。ヘッドの泡も白くて濃いし、飲んだら天国に行った気分になれるだろう。しっかり冷やしてドイツの風景を思い浮かべながら飲もう。造り方はシンプルだが、味の秘密はその材料にある。かならずドイツ産の新鮮なホップを使うこと。とにかくホップがいたるところにまでいきとどいて、ビールの風味を深いものにするのだ。

- エキストラ・ライト・ドライ・モルト：5.5 lbs
- ハラタウ・ハースブルーッカー・ホップ（ボイリング）：3/4 oz（3 HBU）
- ザーツ・ホップ（ボイリング）：1/2 oz（2 HBU）
- ハラタウ・ハースブルーッカー・ホップ（フレーバー）：1/2 oz
- ザーツ・ホップ（フレーバー）：1/2 oz
- ハラタウ・ハースブルーッカー・ホップ（アロマ）：1 oz
- ラガー・イースト：1-2 袋
- コーンシュガー：3/4 カップ、またはドライモルトエキス：1+1/4 カップ
- OG（初期比重）：1.045-1.050　FG（最終比重）：1.009-1.013

モルトエキスとボイリング・ホップを 1.5 ガロンの水に入れてぐつぐつと 30 分煮込む。それからザーツとハラタウのフレーバー・ホップを半分にわけ、最初の半分を入れて 15 分煮込んだあと、残りの半分を入れて更に 15 分。全部で 1 時間煮込むことになる。最後の 2 分でアロマ・ホップを入れたら火を止め、ホップを濾し取りながらウォートを発酵容器の水に流し込む。ウォートが冷めたらイーストを投入。このラガー・イーストを使うときにはできればウォートの温度が 7℃〜13℃であることが望ましい。あとは発酵終了を待ち瓶詰めするだけ。

1ガロン=3.8㍑　1oz=28.35g　1lb=454g　1カップ=237cc　3/4カップ=100g

第4章　ホームブルーレシピ集　～Worts Illustrated～

ヴァイツェン/ヴァイス・ビア

Lovebite Weizenbier
ラブ・バイト・ヴァイツェン・ビア　　　　　　　　　　　　　　　　　　　　　　バパリアの恋人

大麦と小麦のモルトをブレンドしたあのヴァイツェン・ビールが家でも造れるようになったんですね。おまけにバパリアのヴァイツェン・イーストさえホームブルーショップで手に入るんです。もし近くのショップで取り扱っていなければ、オーダーすればいいでしょう。とにかくこれであなたのビア・セラーにもひとつ楽しいコレクションが加わると言うことです。あなたはバパリアに行って、あの背の高いグラスに注がれた白く濁ったヴァイス・ビールを飲んだことがありますか？レモン汁を落として飲むのもしゃれてますね。バパリアに行けなくても、輸入ビールで飲む手があります。アインガー、ポーラナー、スパッテンなどのヴァイツェンあるいはヴァイスビールがあります。スパイシーで、クローヴやバナナのようなアロマを持ったこのビールが好きですか？それならこれを家で造らない手はなでしょう。

- 小麦と大麦のモルトエキスをそれぞれ50%ずつ：7 lbs
  (あるいは：ライト・ジャーマン・モルト・エキスを4 lbsと100%小麦のモルトエキスを3 lbs)
- ハラタウ・ホップ（ボイリング）：1 oz (5 HBU)
- 液体のヴァイツェン・ビア・エール・イースト：1袋　(代用："Red Star"エール・イースト：2袋)
- コーンシュガー：3/4カップ、またはドライモルトエキス：1+1/4カップ
- OG（初期比重）：1.046-1.050　FG（最終比重）：1.008-1.014

モルトエキスとホップを1.5ガロンの水に入れて1時間ほど煮込む。ホップを濾しとりながらウォートを発酵容器に流し込み、冷めてからイーストを投入する。発酵が済んだら瓶詰めして2週間もすればおいしく飲める。冷やして飲むのが良い。ドイツではこのビールを飲むときには瓶をテーブルーの上でゴロゴロ転がしてから栓を開ける。こうすることで瓶の底に沈んでいるイーストをビールに混ぜ込むのだ。まあ絶対そうしなければならないと言うわけでもないが。正直に言えば、私自身このビールにそれほどこだわりをもっていないので、イーストを混ぜ込まないで飲むほうが好きなのだ。ただし、私はあくまでも少数派だ。あなたの周りの人達に聞いてみればすぐにわかるだろう。

アルト・ビア
Osmosis Amoebas German Alt
オズモシス・アミーバ・ジャーマン・アルト　　　　　　　　　　　　浸透性アミーバ入りアルト

ドイツのデュッセルドルフはアルトビールの天国。機会があったら是非アルトシュタット（Altstdt："古い町"の意味）に行って何種類ものアルトビールを味わってみて欲しい。いくつものパブが軒を連ねて、独自に醸造しているビールをその場で飲ませてくれる。ドイツではしご酒というのもおつなものだ。

オズモシス・アミーバはこのダークブラウンのジャーマン・ビターをそっくりそのまま真似たものだ。ホップの苦味に引き立てられたモルトの特徴がほのかながらも充分に伝わってくる。この伝統的なジャーマン・エールには印象に残るほどのホップの風味はないが、ノドを満足させる透明で良質な味わいがある。

- "Ireks（ドイツ製）" アンバー・モルト：6 lbs
- チョコレート・モルト：1/3 lbs
- ブラック・パテント・モルト：1/8 lbs
- ノーザンブルワー（またはパール）・ホップ（ボイリング）：1+3/4 oz（16 HBU）
- 液体ジャーマン・アルト・イースト：1-2 袋
- コーンシュガー：3/4 カップ、またはドライモルトエキス：1+1/4 カップ
- OG（初期比重）：1.040-1.044　FG（最終比重）：1.007-1.011

砕いたチョコレート・モルトとブラック・モルトを 1.5 ガロンの水に加えて沸騰するまで過熱。沸騰したらすぐに殻をすくい取ってモルトエキスとボイリングホップを加えて 1 時間煮込む。あとは水の入った発酵容器に移して、冷めてからイーストを添加する。発酵終了後に瓶詰めして終わり。

オーストラリアン・ラガー

Australian Spring Snow Golden Lager
オーストラリアン・スプリング・スノー・ゴールデン・ラガー　　　　　　豪州春雪

オーストラリアのビールはアルコールが強いという印象があるが、オーストラリアン・スプリング・スノー・ゴールデン・ラガーはミディアム・ボディのピルスナーだ。とろけるような味わいが舌の上にほのかに残り、おもわず微笑んでし

1ガロン=3.8ℓ　1oz=28.35g　1lb=454g　1カップ=237cc　3/4カップ=100g

まうようなビールだ。ホップの香りとエステルの特徴があなたの脳をやさしくつついて、春分の日に輝くような黄金色の夏が来るのを想像させてくれるのだ。それはまだ寒い初春の部屋で、ストーブから湯気を立てているウォートの匂いをかぎながら、窓の外の残雪を眺めながているような感じだ。ああ、春分の光よ。

- オーストラリアン・プレーン・ライト・モルト：6 lbs
- ウィラミット（またはファグルス）・ホップ（ボイリング）：1 oz（5 HBU）
- パール・ホップ（ボイリング）：1/2 oz（4 HBU）
- カスケード・ホップ（フィニッシング）：1/2 oz
- ラガー・イースト：1-2 袋
- コーンシュガー：3/4 カップ、またはドライモルトエキス：1+1/4 カップ
- OG（初期比重）：1.036-1.040　FG（最終比重）：1.008-1.011

モルトエキスとボイリングホップを1.5ガロンの湯で1時間煮込み、最後の1-2分にフィニッシングホップを投入して火を止める。水の入った発酵容器にホップを濾し取りながら流し込み、冷めたらイーストを投入。発酵が終了したら瓶詰めしよう。

イングリッシュ・マイルドとブラウンエール

Elbro Nerkte Brown Ale
エルブロ・ネルクテ・ブラウンエール　　　　　　　　　　　　　　なんじゃもんじゃブラウン

コンテストでも受賞している世界的に有名なレシピ。とても熟成期間が短くてすぐに飲むことができるので、気の短いホームブルワーにはうってつけのビールだ。10日から2週間もあればおいしく飲むことができる。クリスタルモルトとダークモルトを加えることで、既に甘美なブラウンモルトがさらに風味を増し味わい深いブラウンエールとなっている。Elbro Nerkte氏はおそらく19世紀のマーブル・プレイヤーだったに違いない。もしかしたらあのWhoop Moffitt氏のいとこかもしれない。そんなわけないか？

- "Edme" S.F.X. ダーク・プレーン・モルト：7 lbs
- クリスタル・モルト：1/2 lb

- ブラックパテント・モルト：1/4 lb
- ファグルス・ホップ（ボイリング）：2 oz（10 HBU）
- ファグルス（またはカスケード）・ホップ（フィニッシング）：1/2 oz
- 石膏（オプション）：4 tsp
- エール・イースト：1-2袋
- コーンシュガー：3/4カップ、またはドライモルトエキス：1+1/4カップ
- OG（初期比重）：1.042-1.046　FG（最終比重）：1.010-1.014

粉砕したクリスタル・モルトとブラックパテント・モルトを1.5ガロンの水に入れ沸騰するまで過熱。沸騰したらグレインをストレイナーで取り除き、モルトエキスとボイリングホップを加えて45〜60分煮込む。最後の5分〜10分にフィニッシングホップを投入して火を止め、ウォートをザルで濾しながら水の入った発酵容器に流し込む。ウォートが冷めたらイーストを投入して発酵が終了するのを待ってボトリングしよう。
Elbro Nerkteは一段階発酵で5・6日もあれば瓶詰めできる。

Naked Sunday Brown Ale
ネイキッド・サンデー・ブラウンエール　　　　　　　　　　　　　　　裸の日曜日

このエールの名前については言及したくない。
力強くて芳醇なイングランドのニューキャッスル・ブラウン・エールを真似して造りたければこのレシピがいい。このレシピには専用のモルトエキス缶4lbsがあるのでそれを使い、これに2lbsのライト・ドライ・モルトを加えて造る。これでナッツのような風味を持ったマイルド・ビターなエールが4ガロンできる。このレシピは4ガロン用だ。

- "Ironmaster" ノーザンブラウン・エールキット（ホップ入り）：4 lbs
- ライト・ドライ・モルト・エキス：2 lbs
- エール・イースト：1-2袋
- コーンシュガー：1/2カップ、またはドライモルトエキス：3/4カップ
- OG（初期比重）：1.052-1.056　FG（最終比重）：1.006-1.010

1ガロン=3.8ℓ　1oz=28.35g　1lb=454g　1カップ=237cc　3/4カップ=100g

第4章　ホームブルーレシピ集　～Worts Illustrated～

モルトエキスを1ガロンの水で5分煮たら、ウォートを3ガロンの水の入った発酵容器に流し込むだけ。ウォートが冷めたらイーストを投入して発酵が終了するのを待ってボトリングする。

Dithyrambic Brown Ale
ディサランビック・ブラウンエール　　　　　　　　　　　　　　　　　　　　酒神賛歌

このとても変わったブラウンエールはこれまで私が飲んだことのあるどんなビールにも似ていない。色はそこそこだが、通常はスタウトに使われるはずのロースト大麦が使われているため、ドライな特徴がはっきりと出ていて騒々しいほどにフレーバーがある。フルボディのスタウトの甘さはなくドライで切り込むような風味がある。他のブラウン・エールと比べると甘さは控えめで、のど越しの良いドライな特徴を持っている。むしろクリームと砂糖入りのコーヒーを飲んでいるような感じだろうか。

- "Munton & Fison" プレーン・ダーク・モルトシロップ：3.3 lbs
- "Munton & Fison" プレーン・ライト・モルトシロップ：3.3 lbs
- ロースト大麦：1/2 lbs（できればこの内の半分に、焙煎した日本の麦を使うと良い）
- ブラック・パテント・モルト：1/4 lbs
- ノーザンブルワー・ホップ（ボイリング）：1.5 oz（13 HBU）
- ウィラミット（またはカスケード）・ホップ（フィニッシング）：1/4 oz
- エール・イースト：1-2袋
- コーンシュガー：3/4カップ、またはドライモルトエキス：1+1/4カップ
- OG（初期比重）：1.042-1.046　FG（最終比重）：1.012-1.016

粉砕したロースト大麦とブラックパテント・モルトを1.5ガロンの水に入れ沸騰するまで過熱し、3～5分煮立てる。絶対それ以上は煮ないように。それからグレインをストレイナーで取り除き、モルトエキスとボイリング・ホップを加えて45分煮込む。最後の5～10分にフィニッシング・ホップを投入して火を止め、ウォートをザルで濾しながら水の入った発酵容器に流し込む。ウォートが冷めたらイーストを投入して発酵が終了するのを待ってボトリングしよう。

Cheeks to the Wind Mild
チークス・トゥーザ・ウィンド・マイルド　　　　　　　　　　　　　　　　　イングランドのそよ風

ここに伝統的なイングリッシュ・マイルドが好きな人向けのビールを紹介する。ライト・ボディでデリケートなダークブラウンだから、いくらでも飲めてしまう。

- イングリッシュ・ドライ・ライト・プレーン・モルト：4 lbs
- ブラック・パテント・モルト：1/2 lbs
- ファグルス・ホップ（ボイリングホップ）：1 oz（5 HBU）
- エール・イースト：1-2袋
- コーンシュガー：3/4カップ、またはドライモルトエキス：1+1/4カップ
- OG（初期比重）：1.032-1.035　FG（最終比重）：1.006-1.010

粉砕したブラックパテント・モルトを1.5ガロンの水に入れ沸騰するまで過熱。沸騰したらグレインをストレイナーで取り除き、モルトエキスとボイリング・ホップを加えて60分煮込む。火を止め、ウォートをザルで濾しながら水の入った発酵容器に流し込む。ウォートが冷めたらイーストを投入して発酵が終了するのを待ってボトリングしよう。

ポーター（Porter）

Goat Scrotum Ale
ゴート・スクロータム・エール　　　　　　　　　　　　　　　　　　　　　　山羊の陰嚢エール

それ以前には"騒動を引き起こすポーター"という名前もついていたこのビールは、とにかく造る過程が楽しいホームブルワーにうってつけのビールだ。材料はキッチンにあるもの全て、とは言わないが、いろいろなものをぶち込んで造る割には、バランスが良く取れて、ほんのチョッピリ甘さのあるおもしろい味わいのビールだ。下に挙げた材料は何百年も前からポーターの醸造に使われているものばかりだ。このポーターの醍醐味は、創造力を働かせて創意工夫しながら造ることにあるので、とにかく恐れず楽しみながら造って欲しい。ホームブルー仲間を集めてわいわいやりながら造るのが一番正しいやり方だと言っておこう。

1ガロン=3.8ℓ　1oz=28.35g　1lb=454g　1カップ=237cc　3/4カップ=100g

第4章 ホームブルーレシピ集 ～Worts Illustrated～

- ☐ プレーン・ダーク・モルト：5 lbs
- ☐ クリスタル・モルト：1 lb
- ☐ ブラック・パテント・モルト：1/4 lb
- ☐ ロースト大麦：1/4 lb
- ☐ お好みのホップ（ボイリング）：1.5 oz
- ☐ お好みのホップ（フィニッシング）：1/4 oz
- ☐ ブラウン・シュガー：1 カップ
- ☐ ブラックストラップ・モラシス：1 カップ
- ☐ 石膏：2 tsp
- ☐ コーンシュガー：1 lb
- ☐ エール・イースト：1-2 袋
- ☐ コーンシュガー：3/4 カップ、またはドライモルトエキス：1+1/4 カップ

それに以下の材料を好みに応じて加える：

- ☐ おろしショウガ：2-4 oz
- ☐ リコレス：1-2 インチ
- ☐ スプルース・エッセンス：2 テーブルースプーン
- ☐ 唐辛子：1-10
- ☐ ジュニパー・ベリー（軽く粉砕）：1/4 カップ
- ☐ 無糖のチョコレート（Baker's）：6 oz

それから造っている最中に友達と一緒に飲むビールをたくさん！

- ☐ OG（初期比重）：1.050-1.060　FG（最終比重）：直感でいこう！

とにかくまず一杯やって、不安を取り除くこと！
プレーン・ダーク・モルト、クリスタル・モルト、ブラックパテント・モルト、ロースト大麦を軽く粉砕して、それを1.5ガロンの水に入れ沸騰するまで過熱。沸騰したらグレインをストレーナーで取り除き、イーストとフィニッシングホップ以外の材料を全てぶち込んでしまう。それから約45分煮込む。ここでもう一杯やっておこう。最後の2分になったらフィニッシングホップを投入して火を止め、ウォートをザルで濾しながら水の入った発酵容器に流し込む。ウォートが冷めたらイーストを投入して発酵が終了するのを待ってボトリングしよう。飲み頃になったかなと思ったら、良く冷やしてからコップに注ぎ、18世紀のイングランドに思いを馳せながらグイッと一口で飲み干そう。絶対においしいんだから。

Sparrow Hawk Porter
スパロー・ホーク・ポーター　　　　　　　　　　　　　　　　　　雀と鷹の千鳥足

輝くように苦甘いブラック・ポーター、それがこのスパロー・ホークだ。飲めば胸が鷹のように膨らむだろう。

このレシピはアンカー・ブルーイング・カンパニーの"Anchor Porter"の伝統的な手法にのっとって造られている。味は複雑。ブラックでビターな味わいがノドの乾きを癒してくれながら、それでいて甘味があるミディアム・ボディの芳醇なビール。冷たく冷やして飲めば苦味が強調されるが、10℃くらいの温度で飲めば甘さが引き立つだろう。しかし甘さを苦味がうまく抑えてくれるので、くどくてのみ飽きるということがない。言うならば、深夜の闇に隠れた小鳥が気短そうにさえずり鳴くような感じだろうか。口の中に留まる残り香を楽しむがいい。

- ジャーマン・ライト（またはアンバー）・モルトシロップ：4.5 lbs
- "John Bull" プレーン・ダーク・モルトシロップ：3.3 lbs
- ブラックパテント・モルト：1 lbs
- ノーザンブルワー・ホップ（ボイリング）：1.5 oz（13 HBU）
- テットナンガー・ホップ（フィニッシング）：1 oz
- ラガー・イースト：1-2 袋
- コーンシュガー：3/4 カップ、またはドライモルトエキス：1+1/4 カップ
- OG（初期比重）：1.058-1.062　FG（最終比重）：1.014-1.020

粉砕したブラックパテント・モルトを 1.5 ガロンの水に入れ 5-10 分沸騰させる。それからグレインをストレイナーで取り除き、モルトエキスとボイリングホップを加えて 60 分煮込む。最後の 1-2 分にフィニッシングホップを投入して火を止め、ウォートをザルで濾しながら水の入った発酵容器に流し込む。ウォートが冷めたらイーストを投入して発酵が終了するのを待ってボトリングしよう。

1ガロン=3.8ℓ　1oz=28.35g　1lb=454g　1カップ=237cc　3/4カップ=100g

ボック

Doctor Bock
ドクター・ボック　　　　　　　　　　　　　　　　　　　　　　　　　週末の処方箋

宇宙船の中だろうが家のソファーでくつろいでいようが、ドクター・ボックを一口飲めば必ずや笑みが浮かんできてしまうだろう。ジャーマン・ボックの芳醇さと高いアルコール度数を持たせるために初期比重を高く設定してあるこのレシピは、まさに伝統的なボックビールの名にふさわしい強さを持っている。苦味はあるが強すぎず、いやみの無いモルトの風味がある。ドイツ産のモルトエキスとホップを使用することでさらにオーセンティックな仕上がりになっている。

- ジャーマン・ライト（またはアンバー）・モルトシロップ：8 lbs
- チョコレート・モルト：1/2 lb
- ハラタウ（またはスパルターかテットナンガー）・ホップ（ボイリング）:2oz（10 HBU）
- ハラタウ（またはテットナンガー）・ホップ（フレーバー）：1/2 oz
- ラガー・イースト：1-2袋
- コーンシュガー：3/4 カップ、またはドライモルトエキス：1+1/4 カップ
- OG（初期比重）：1.066-1.070　FG（最終比重）：1.014-1.020

粉砕したチョコレート・モルトを1.5 ガロンの水に入れ沸騰するまで過熱。沸騰したらグレインをストレイナーで取り除き、モルトエキスとボイリング・ホップを加えて60分煮込む。最後の15〜20分にフレーバー・ホップを投入して火を止め、ウォートをザルで濾しながら水の入った発酵容器に流し込む。ウォートが冷めたらイーストを投入して発酵が終了するのを待ってボトリングする。

Purple Mountain Bock
パープル・マウンテン・ボック　　　　　　　　　　　　　　　　　　おらが村さ来ボック

そして見渡す限りにうねる麦の波…。
アメリカにもボックビールがあることを忘れてはならないだろう。このレシピは伝統的なボックの強さを持ちながらも一口ごとに味わいのあるアメリカン・ボックのスタイルを再現したものだ。パープル・マウンテンはその名のとおり、軽めのボディを持ったアメリカン・ビアだ。ホップは軽めで、キレのある爽や

かなビール。ジャーマン・ボックほどのダークな芳醇さは無いがモルトの風味は効いている。

- プレミア・プレーン・ライト・モルトシロップ：4.4 lbs
- ライト・ドライ・モルト：1/2 lb
- トースト・モルト：1/2 lb
- チョコレート・モルト：1/4 lb
- クリスタル・モルト：1/4 lb
- ハラタウ（またはテットナンガー）・ホップ（ボイリング）：1 oz（5 HBU）
- ハラタウ（またはテットナンガー）・ホップ（フィニッシング）：1/4 oz
- ラガー・イースト：1-2袋
- コーンシュガー：3/4カップ、またはドライモルトエキス：1+1/4カップ
- OG（初期比重）：1.038-1.040　FG（最終比重）：1.008-1.012

大麦モルトを177℃のオーブンで10分間トーストしてから、温かいうちにそれを粉砕する。さらにクリスタル・モルトとチョコレート・モルトも粉砕して、それらを1.5ガロンの水に入れ沸騰するまで過熱。沸騰したらグレインをストレイナーで取り除き、モルトエキスとボイリング・ホップを加えて60分煮込む。最後の1～2分にフィニッシング・ホップを投入して火を止め、ウォートをザルで濾しながら水の入った発酵容器に流し込む。ウォートが冷めたらイーストを投入して発酵が終了するのを待ってボトリングしよう。

ドゥンケル

Danger Knows No Favorite Dunkel
デンジャー・ノウズ・ノー・フェイバリッツ　　　　　　　　　　　一寸先は闇ドゥンケル

こんなビールを飲んだら、そりゃ危険は付き物ってやつさ。なんて素晴らしいジャーマン・ドゥンケルの風味だろう。煮込みの終了30分前と15分前に入れるホップがまたすごくいい具合に効いていて、それがこのレシピを正真正銘のコンチネンタル・ビアらしくしている。キャラクターはリッチでダークなまろみとソフトな苦味がまさしくジャーマン・ドゥンケルならではといったところか。ボディはミディアムからフルで、みごとなホップのフレーバーとそのリッ

チでクリーミーな泡立ちは、あのセントポーリ・ガールのダークやベックスやハイネッケンのダークでさえ及ばないかもしれない。

- "Munton & Fison" プレーン・アンバー・モルトシロップ：3.5 lbs
- プレーン・ダーク・ドライ・モルト：3.5 lbs
- クリスタル・モルト：3/4 lb
- チョコレート・モルト：1/4 lb
- ブラックパテント・モルト：1/4 lb
- ハラタウ・ホップ（ボイリング）：2 oz（10 HBU）
- ハラタウ・ホップ（フレーバー）：1/2 oz
- ハラタウ・ホップ（フィニッシング）：1/2 oz
- ラガー・イースト：1-2袋
- コーンシュガー：3/4カップ、またはドライモルトエキス：1+1/4カップ
- OG（初期比重）：1.050-1.055 FG（最終比重）：1.008-1.011

クリスタル・モルト、チョコレート・モルト、ブラックパテント・モルトをそれぞれ粉砕して1.5ガロンの水に入れ沸騰するまで過熱。沸騰したらグレインをストレイナーで取り除き、モルトエキスとボイリング・ホップを加えて30分煮込んだら、その上にフレーバー・ホップを投入。それから15分煮込んでからフィニッシング・ホップを投入して、さらにその15分後に火を止める。ウォートをザルで濾しながら水の入った発酵容器に流し込む。ウォートが冷めたらイーストを投入して発酵が終了するのを待ってボトリングしよう。

Limp Richard's Schvarzbier

リンプ・リチャーズ・シュバルツビア　　　　　　　　ひょうきんリチャードの黒ビール

あのドイツの"黒い森"のように、リンプ・リチャードのシュバルツビアはダークでスムースなジャーマン・ラガーだ。黒ビールには欠かせないダーク・モルトの風味が生きたこのビールはドイツでも限られた地域の人にしか味わえないものだ。だからホームブルワーであることが素晴らしいと言っているのさ。あなたならいつでもこのビールを仕込んで飲むことができるのだから。シュバルツビアは季節を選ばないから、いつでも楽しむことができる。だからダーク・ビールのファンが増えるのかもしれない。

モルトエキス・レシピ

- "Bierkeller" ジャーマン・ダーク・モルト：5 lbs
- ブラックパテント・モルト：1/3 lb
- パール・ホップ（ボイリング）：3/4 oz (6 HBU)
- パール・ホップ（フレーバー）：3/4 oz
- テットナンガー・ホップ（フレーバー）：1/2 oz
- テットナンガー・ホップ（アロマ）：3/4 oz
- カスケード・ホップ（アロマ）：1/4 oz
- 石膏：2 tsp
- ラガー・イースト：1-2袋
- コーンシュガー：3/4カップ、またはドライモルトエキス：1+1/4カップ
- OG（初期比重）：1.036-1.040　FG（最終比重）：1.008-1.012

ブラックパテント・モルトを 1.5 ガロンの水に入れ、66℃くらいまで加熱して約 20 分そのままの温度を保つ。その後グレインをストレーナーで取り除き、モルトエキスとボイリング・ホップを加えて 30 分煮込む。それから 1/2 oz のパール・ホップを投入して更に 15 分煮込む。そのあと残りのパール・ホップ 1/4 oz とテットナンガー・ホップの 1/2 oz を加えてまた 15 分煮込むが、その最後の 2 分にアロマ・ホップを投入する。合計 1 時間煮込んだら火を止めて、ウォートをザルで濾しながら水の入った発酵容器に流し込む。ウォートが冷めたらイーストを投入して発酵が終了するのを待ってボトリングする。飲むときに少々冷やすと、モルトの芳醇さとブラック・モルトとホップのやさしい苦味が引き立つだろう。†

スタウト

Toad Spit Stout
トード・スピット・スタウト　　　　　　　　　　　　　　　　　　　　　ヒキガエルの唾スタウト

ギネスのスタウトなら、私も大のファンです。そしてそのビールなら私でも造れるんです。そう、モルト・エキスから。ただし、あのギネス特有の独特な風味は再現できませんがね。ギネス社はあの風味をつけるために、実はサワーになったビールをパストライズしてほんのちょっとだけ（3%）添加しているのです。しかも世界中の工場で委託生産されている全てのギネスにこれが入っているのです。しかし私の造るトード・スピット・スタウトもギネスに負けないくらいおいしいスタウトなんです。

1ガロン=3.8½　1oz=28.35g　1lb=454g　1カップ=237cc　3/4カップ=100g

187

ドライでフルボディがあって苦甘い、あのロースト大麦の特徴が生きています。ただし、これを造るときには必ず最高のロースト大麦を使うようにしてください。真っクロクロのロースト麦ではダメ。深いダーク・ブラウンのロースト大麦を探してください。またブラックパテントはスタウト造りには向いていません。特にギネスのようなスタウトを造ろうとするならね。

- "John Bull" ホップド・ダーク・モルトシロップ：3.3 lbs
- プレーン・ダーク・ドライ・モルト：4 lbs
- クリスタル・モルト：3/4 lb
- ロースト大麦：1/3 lb
- ブラックパテント・モルト：1/3 lb
- ノーザンブルワー・ホップ（ボイリング）：1.5 oz（14 HBU）
- ファグルス（またはウィラミット）・ホップ（フィニッシング）：1/2 oz
- 石膏：2 tsp
- エール・イースト：1-2袋
- コーンシュガー：3/4 カップ、またはドライモルトエキス：1+1/4 カップ
- OG（初期比重）：1.050-1.054　FG（最終比重）：1.015-1.019

粉砕したロースト大麦、クリスタル・モルト、ブラックパテント・モルトを1.5ガロンの水に入れ沸騰するまで過熱。約5分間、沸騰させたらグレインをストレイナーで取り除き、モルトエキスとボイリング・ホップを加えて60分煮込む。最後の10分にフィニッシング・ホップを投入して火を止め、ウォートをザルで濾しながら水の入った発酵容器に流し込む。ウォートが冷めたらイーストを投入して発酵が終了するのを待ってボトリングしよう。本物のギネス・スタウトにはホップの香りはついてないが、このレシピではほんのりと香らせることにした。発酵を始めてから3～4週間でおいしく飲めると思う。

Cushlomachreee Stout

クッシュロマクリー・スタウト　　　　　　　　　　　アイルランドはポテトでスタウト

すこしマイルドなスタウトが飲みたければ、クッシュロマクリーがいい。ベルベットやシルクのようになめらかで、いやみのない甘さがオーストラリアのツース・シーフやアイルランドのマーフィーズ・ビーミッシュを思わせるスタウトだ。

何度も言うようだが、こんなに素晴らしいビールでさえいとも簡単にできてしまうのだから驚きだ。

- □ "Edme" スタウト・キット・モルト：7 lbs
- □ ロースト大麦：1/4 lb
- □ ファグルス・ホップ（ボイリング）：1 oz（5 HBU）
- □ カスケード・ホップ（フィニッシング）：1/2 oz
- □ エール・イースト：1-2袋
- □ コーンシュガー：3/4 カップ、またはドライモルトエキス：1+1/4 カップ
- □ OG（初期比重）：1.040-1.044　FG（最終比重）：1.010-1.014

粉砕したロースト大麦を 1.5 ガロンの水に入れ沸騰するまで過熱し、沸騰したらグレインをストレイナーで取り除く。モルトエキスとボイリング・ホップを加えて 60 分煮込む。最後の 10 分にフィニッシング・ホップを投入して火を止め、ウォートをザルで濾しながら水の入った発酵容器に流し込む。ウォートが冷めたらイーストを投入して発酵が終了するのを待ってボトリングしよう。仕込んでから 21 日目くらいに飲めるはずだ。

American Imperial Stout

アメリカン・インペリアル・スタウト　　　　　　　　　　　　大米帝国スタウト

ちょっとレシピを見ると、気でも違ったかなと思われるかもしれない。でも、一口このロイヤル・スタウトを口にすれば、そんな誤解は吹き飛ぶだろう。アルコール度数も 8% 近くあるこのスタウトは、苦くて甘くてホップが効いている。フルボディでクリーミーな泡立ちはまさにスタウトの醍醐味だ。このビールは何年も貯蔵熟成できるビールだが、私は瓶詰め後 4 週間から 6 週間が飲みごろだと思っている。ベルベットのような舌触りがたまらない。

使用するモルトエキスには既にホップが添加されているにもかかわらず、何種類ものホップがレシピで指定されている。そこで、ホップがあまりたくさんになるとスパージング（濾す）作業が面倒なので、アルファ酸値の高いホップが選ばれているのだ。

1ガロン=3.8ℓ　1oz=28.35g　1lb=454g　1カップ=237cc　3/4カップ=100g

第4章 ホームブルーレシピ集 ～Worts Illustrated～

- "Munton & Fison" オールド・エール・キット（ホップ入り・モルトシロップ）: 6.6 lbs
- プレーン・ライト・モルトエキス: 3.3 lbs
- ロースト大麦: 1/2 lb
- ブラックパテント・モルト: 1/2 lb
- エロイカ（またはガレナ、ナゲット、オリンピック）・ホップ（ボイリング）: 2 oz (22-25 HBU)
- カスケード・ホップ（アロマ）: 1 oz
- 石膏: 3 tsp
- エール・イースト: 1-2 袋
- コーンシュガー: 3/4 カップ、またはドライモルトエキス: 1+1/4 カップ
- OG（初期比重）: 1.070-1.075　FG（最終比重）: 1.018-1.025

粉砕したロースト大麦、ブラックパテント・モルトを 1.5 ガロンの水に入れ沸騰するまで過熱し、沸騰したらグレインをストレイナーで取り除く。石膏、モルトエキスとボイリング・ホップを加えて 60 分煮込む。最後の 1-2 分にアロマ・ホップを投入して火を止め、ウォートをザルで濾しながら水の入った発酵容器に流し込む。ウォートが冷めたらイーストを投入して発酵が終了するのを待ってボトリングする。熟成するほどにおいしくなるはずだ。

スペシャルティ・ビア

Rocky Raccoon's Crystal Honey Lager

ロッキー・ラクーン・クリスタル・ハニー・ラガー　　　　　　　アライグマはハニーがお好き

世界的に認知されているこのビールはいろいろな人たちによって造られ、アメリカ各地のコンテストでもよく入賞しているものだ。モルトエキスの中でも一番ライトなタイプのものを使い、それに新鮮なホップとライト・ハニーを用いることで、クリーンでキレがよくメローなホップの風味がよく引き立っている。ハチミツを使うことで発酵が良く進み、アルコール度数は高くなっている。ライトなビールだからこそホップのアロマがよく引き出されている。このビールのレシピを土台にしていけば、トースト・モルトやそのほかの変わった材料も上手に使いこなすことができるだろう。

このビールは貯蔵期間とともに変化していく。ロッキーが好きな人ならその変

化を楽しむことだろう。また、ちょっと強いタイプのベルギー・エールと似た
ところもある。

- プレーン・ライト・ドライ・モルトエキス：3.5 lbs
- ライト・クローバー・ハニー：2.5 lbs
- カスケード・ホップ（ボイリング）：1.5 oz（7.5 HBU）
- カスケード・ホップ（フィニッシング）：1/2 oz
- ラガー・イースト：1-2袋
- コーンシュガー：3/4カップ、またはドライモルトエキス：1+1/4カップ
- OG（初期比重）：1.048-1.052　FG（最終比重）：1.004-1.008

モルトエキス、ハニー、ボイリング・ホップを1.5ガロンの水に入れ沸騰させ
てから60分煮込む。最後の2-4分にフィニッシング・ホップを投入して火を
止め、ウォートをザルで濾しながら水の入った発酵容器に流し込む。ウォート
が冷めたらイーストを投入して発酵が終了するのを待ってボトリングしよう。

Linda's Lovely Light Honey Ginger Lager
リンダズ・ラブリー・ライト・ハニー・ジンジャー・ラガー　　　　　　　　　　　　リンダの生姜ビール

リンダズ・ラブリーはロッキー・ラクーンのバリエーションだ。デリケートで洗
練されバランスの良くとれたハニー・ラガーに、ジンジャーの輝きを加えた。
造り方は簡単。ロッキー・ラクーンと同じレシピで、モルトエキスとハニーに
加えてジンジャーを2-4 ozウォートに入れるだけだ。夏の休暇にでもくつろ
いで飲んでみて欲しい。

Bruce and Kay's Black Honey Spruce Lager
ブルース＆ケイズ・ブラック・ハニー・スプルース・ラガー　　　　　　　　　　　　夫婦善哉ラガー

ダークビールの芳醇さとライトビールのキレの良さが好きな人なら、このビー
ルで至福の喜びを味わえるだろう。これがうまく醸造できれば、たとえビール
がそんなに好きでないと公言してはばからない友人でもきっとホーっとため息
をつくに違いない。あなたにホームブルワーの自負があるならば一度造って
みて欲しい。スプルース・ラガーと銘打っているからには、ちゃんとスプルー
スのエッセンスを使っていなければならないだろう。またハニーを使っている

1ガロン=3.8ℓ　1oz=28.35g　1lb=454g　1カップ=237cc　3/4カップ=100g

せいでブラックビールなのにボディはライトだ。見た目はリッチでダークなのに、風味は驚くほど爽やか。5ガロン用のレシピながら、このビールに関しては倍、いや3倍くらい造っておいたほうがいいだろう。必ずすぐに飲み干してしまうに違いないから。

- "John Bull" プレーン・ダーク・モルトシロップ：3.3 lbs
- プレーン・ドライ・アンバー・モルトエキス：2 lbs
- クリスタル・モルト：3/4 lb
- ブラックパテント・モルト：1/3 lb
- ライト・ハニー：2 lbs
- カスケード・ホップ（ボイリング）：1.5 oz（7 HBU）
- ハラタウ・ホップ（フィニッシング）：1/2 oz
- スプルース・エッセンス：1 oz
- ラガー・イースト：1-2 袋
- コーンシュガー：3/4 カップ、またはドライモルトエキス：1+1/4 カップ
- OG（初期比重）：1.050-1.054　FG（最終比重）：1.013-1.017

粉砕したクリスタル・モルト、ブラックパテント・モルトを1.5ガロンの水に入れ沸騰するまで過熱。約5分間、沸騰させたらグレインをストレイナーで取り除き、モルトエキスとボイリング・ホップ、それにライト・ハニーを加えて45分煮込む。最後の2-4分にフィニッシング・ホップとスプルース・エッセンスを投入して火を止め、ウォートをザルで濾しながら水の入った発酵容器に流し込む。ウォートが冷めたらイーストを投入して発酵が終了するのを待ってボトリングしよう。

Kumdis Island Spruce Beer
クムディス・アイランド・スプルース・ビア　　　　　　　　　　　　　北島蝦夷松麦酒

カナダ・ブリティッシュ・コロンビア州のクィーン・シャルロッテ島に育つシトカ・スプルース（アラスカトウヒ）の新芽を使い、まったく正統な手法で造ったスプルース・ビア、それがクムディス・アイランド・スプルースだ。醸造所いっぱいに満ちていたスプルースの香りは、まるでオーブンから出したてのジンジャー・ブレッドのように素晴らしかった。それで味はどうかって？そりゃあ

言っておくがほんとにビックリするもんだ。ボディはとてもライトで、まるでペプシコーラのようなブラウン・エールだった。ビールなのにコーラの味とはおかしいと言われるかもしれないが、正直言って素晴らしい。ちょうど、ペプシコーラの甘味を取り除いて、ビールの風味をつけたようなそんな感じだろうか。分かってもらえると嬉しいが。とにかく"スッキリ爽やか！"と叫びたくなるビールだ。

- "Edme" S.F.X. ダーク・モルトシロップ：3.5 lbs
- プレーン・ドライ・ダーク・モルトエキス：2 lbs
- ハラタウ・ホップ（ボイリング）：2 oz（10 HBU）
- スプルースの新芽：4 oz
- エール・イースト：1-2 袋
- コーンシュガー：3/4 カップ、またはドライモルトエキス：1+1/4 カップ
- OG（初期比重）：1.040-1.044　FG（最終比重）：1.010-1.014

モルトエキス、ホップ、スプルースの芽を1.5ガロンの水に入れ沸騰するまで過熱。沸騰してから45分煮込み、火を止め、ウォートをザルで濾しながら水の入った発酵容器に流し込む。ウォートが冷めたらイーストを投入して発酵が終了するのを待ってボトリングしよう。

Smokey Rauchbier
スモーキー・ラオホ・ビア　　　　　　　　　　　　　　　　　なんじゃこりゃの薫製ビール

しなやかで繊細なボディに程よく効いたホップの香りが、しっかりと存在感のある甘味や芳醇なスモークのフレーバーと見事にマッチしているゴールデン・ブラウンのラガーだ。飲んだ後に"いぶかしげな"笑みがこぼれるだろう。ホーリー・スモーク！
ラオホ・ビアとはドイツ生まれのスモーク・ビアのことだ。もともとはバンベルグ地方にいる限られた人たちだけが飲むことのできたビールだが、1989年には私も現地でご相伴にあずかることができた。何という感激！ホームブルーで造るならばそれこそ限りなく無限のバリエーションができることだろう。要はスモークしたグレインかあるいはホームブルーショップなどに売っている液体スモークエキスを使えばよいのだ。ラオホ・ビアの起源をたどるならば、おそ

1ガロン=3.8ℓ　1oz=28.35g　1lb=454g　1カップ=237cc　3/4カップ=100g

第4章　ホームブルーレシピ集　〜Worts Illustrated〜

らくキルン（焙煎がま）が造られる以前に炎で直接モルトやグレインを焙煎したのが始まりだろう。その煙がグレインについて、そのままビールの風味となった訳だ。このビールはスモークド・フードが好きな御仁にはもってこいのビールだろう。また、ホームブルワーにはおもしろい体験になるに違いない。

- "Munton & Fison" プレーン・ライト・ドライ・モルトエキス：7 lbs
- スモークド（自分でスモークする）・クリスタル・モルト：3/4 lb
- （または液体スモークエキス：2 tsp）
- チョコレート・モルト：1/4 カップ
- ハラタウ・ホップ（ボイリング）：1.5 oz（8 HBU）
- ハラタウ・ホップ（フレーバー）：1/2 oz
- ハラタウ（またはテットナンガー）・ホップ（フィニッシング）：1/2 oz
- ラガー・イースト：1-2 袋
- コーンシュガー：3/4 カップ、またはドライモルトエキス：1+1/4 カップ
- OG（初期比重）：1.047-1.053　FG（最終比重）：1.014-1.018

もしあなたが正統派ならば、自分でモルトをスモークしてください。まずはグレインを水に5分間ほど浸けてバーベキュー用の炉を使ってスモークします。ハードウェアショップなどで売っている真鍮製のふたなどをグリルとして使えばいいでしょう。ヒッコリー、アップル、メスキートなどのウッドチップを炭で焼いて大麦モルトを乾燥しながらスモークし、軽くローストします。それができない場合にはアウトドアショップなどで液体スモークエキスを手に入れます。その場合、スモークエキスをけっして保存料やお酢などに付けないように注意してください。

スモークド・グレインができたなら、それをチョコレート・モルトと一緒に粉砕して1.5 ガロンの水に入れ沸騰するまで過熱。沸騰したらグレインをストレイナーで取り除き、モルトエキスとボイリング・ホップを加えて40分煮込む（液体スモークエキスを使う場合にはモルトエキスと一緒に水に加えて煮込めばよい）。それからフレーバー・ホップを加えてさらに20分煮込みます。最後の2分にフィニッシング・ホップを投入して火を止め、ウォートをザルで濾しながら水の入った発酵容器に流し込む。ウォートが冷めたらイーストを投入して発酵が終了するのを待ってボトリングします。

Vagabond Gingered Ale
バガボンド・ジンジャー・エール　　　　　　　　　　　　　　　　　無宿者のジンジャー・エール

フレッシュなジンジャーがやさしく効いた、とてもおいしいダークでフルボディのエール。すりおろしたショウガがモルトの甘味とみごとにバランスして、嬉しいほどに爽やかな味わいのするビールだ。慎重に選ばれたホップとの愛称も良い。巧みに調合された材料が複雑な風味をかもし出し、旅から旅へと渡り歩く宿無しブルワー？の心を癒してくれるのだ。このうまさは飲んだ人にしか分からない。だから「だまされたと思って」飲んでみて欲しい。皆そうやってこのビールのファンになっていくのだから。

- "Munton & Fison" プレーン・ダーク・モルトシロップ：3.5 lbs
- プレーン・ダーク・ドライ・モルトエキス：2.5 lbs
- クリスタル・モルト：3/4 lb
- チョコレート・モルト：1/2 lb
- カスケード・ホップ（ボイリング）：2 oz（10 HBU）
- ウィラミット・ホップ（フィニッシング）：1 oz
- 新鮮なショウガ：2-4 oz
- エール・イースト：1-2袋
- コーンシュガー：3/4 カップ、またはドライモルトエキス：1+1/4 カップ
- OG（初期比重）：1.040-1.044　FG（最終比重）：1.012-1.016

粉砕したクリスタル・モルトとチョコレート・モルトを1.5ガロンの水に入れ沸騰するまで過熱し、沸騰したらグレインをストレイナーで取り除く。モルトエキスとボイリング・ホップにすりおろしたショウガを加えて60分煮込む。最後の1-2分にフィニッシング・ホップを投入して火を止め、ウォートをザルで濾しながら水の入った発酵容器に流し込む。ウォートが冷めたらイーストを投入して発酵が終了するのを待ってボトリングする。

1ガロン=3.8ℓ　1oz=28.35g　1lb=454g　1カップ=237cc　3/4カップ=100g

第4章　ホームブルーレシピ集　〜Worts Illustrated〜

Roastaroma Deadline Delight
ロースタロマ・デッドライン・デライト　　　　　　　　　　　　　夜明けのローストアロマビア

こいつはとっても変わったビール。ベースにはクリスタル・モルトとロースト大麦を使っているが、ハーブティを加えているところがミソ。Celestial Seasonings 社が販売している Roastaroma Mocha Spice Tea というハーブティを材料に加えて、スターアニスやシナモンといったスパイスを効かせている。このハーブティを飲んだことがあれば、おおよその味は想像できるだろう。なんと私の飲兵衛な友人たちもこのビールが好きだと言う。

リッチでダークでヘビーなのに、爽快な感じを受けるのはシナモンとスターアニスのおかげだろう。清純派の変り種ビールといっておこう。

- "Munton & Fison" プレーン・ダーク・モルトシロップ：6 lbs
- ライト・モルトエキス：1 lbs
- クリスタル・モルト：3/4 lb
- ブラックパテント・モルト：1/3 lb
- ファグルス・ホップ（ボイリング）：2 oz（10 HBU）
- カスケード・ホップ（フィニッシング）：1 oz
- Roastaroma Mocha Spice Tea：2 oz
- エール・イースト：1-2 袋
- コーンシュガー：3/4 カップ、またはドライモルトエキス：1+1/4 カップ
- OG（初期比重）：1.042-1.046　FG（最終比重）：1.008-1.012

粉砕したクリスタル・モルト、ブラックパテント・モルトを 1.5 ガロンの水に入れ沸騰するまで過熱し、沸騰したらグレインをストレーナーで取り除く。それからモルトエキスとボイリング・ホップを加えて 45 分煮込む。煮込みが終わる 15 分前に Roastaroma Mocha Spice Tea を加え、更に最後の 1-2 分にフィニッシング・ホップを投入してから火を止める。ウォートをザルで濾しながら水の入った発酵容器に流し込む。ウォートが冷めたらイーストを投入して発酵が終了するのを待ってボトリングする。

Cherries in the Snow
チェリーズ・イン・ザ・スノー　　　　　　　　　　　　　　　　　　　　雪原のサクランボ

サワー・チェリーとモルトエキス、そしてマイルド・ブレンドしたホップの罪深いほどユニークなコンビネーション。じっと熟成するのを待てば、過ぎ去りし夏の思い出を漂わせながら春が祝い酒を振舞えとばかりにやってくるだろう。サワー・チェリーの酸味がかすかなモルトの甘味に切り込んで、舌に残る冬の日の悔恨を呼び覚ますだろう。チェリーズ・イン・ザ・スノーはベルギーのクリーク・ビアを思わせるかもしれない。クリークにはスウィート・チェリーとモルトに加えて、酸味付けのための乳酸菌が添加されるが、このビールにはクリークやランビックほどの強い酸味は感じられないだろう。むしろ酸味は爽やかで他の風味も充分に生きているビールだ。ホップは軽めで苦くなく、それでいて初春のような風味を漂わせている。

チェリーズ・イン・ザ・スノーはまるで上質のワインのように、年を重ねるに連れてクリアーに熟成していく可能性を秘めている。いつか罪深くも特別な夜に栓を開けて味わってほしい。

- ライト・モルトエキス：6 lbs
- ハラタウ（またはテットナンガー）・ホップ（ボイリング）：2 oz（10 HBU）
- ハラタウ（またはテットナンガー）・ホップ（フィニッシング）：1/2 oz
- サワー・チェリー：10 lbs
- エール・イースト：1-2 袋
- コーンシュガー：3/4 カップ、またはドライモルトエキス：1+1/4 カップ
- OG（初期比重）：1.046-1.050　FG（最終比重）：1.011-1.017

モルトエキスとボイリング・ホップを 1.5 ガロンの水に入れ沸騰させ、45 分煮込む。火を止めてから、潰したサワー・チェリーとフィニッシング・ホップを投入し、15 分ほどそのままにしておく。冷たいチェリーがウォートの温度を 71℃くらいまで下げるだろう。71℃〜 88℃にウォートの温度を保てれば、チェリーについているバクテリアや雑菌は充分に死滅するだろう。しかし、ここでウォートを沸騰させてはいけない。なぜなら煮沸によってフルーツに含まれているペクチンがビールに濁りを生じさせることになるからだ。

1ガロン=3.8ℓ　1oz=28.35g　1lb=454g　1カップ=237cc　3/4カップ=100g

第 4 章　ホームブルーレシピ集　〜 Worts Illustrated 〜

チェリーの入ったウォートを 15 分ねかせたら、それをザルで濾さずにそのまま水の入った発酵容器に流し込む。ウォートが冷めたらイーストを投入して発酵がするのを待つ。発酵が始まってから 5 日ほどしたら、ウォート中を漂うホップやチェリーのカスを注意深く取り除く。このとき、使用するストレイナーや手を消毒しておくことを忘れずに。

カスを大体取り除いたら、今度はウォートをサイフォンして第 2 の発行容器に移そう。このとき残留しているホップやチェリーのカスがサイフォンのホースに入ると面倒なことになるので気をつけよう。(でもそう神経質になることは無い。Don't worry) サイフォンが終わったら、発酵容器にエアロックをつけて、さらに熟成させるとビールがクリアーになってくる。発酵が終了したらボトリングしよう。貯蔵するときも飲むときも良く冷やしたほうが良いだろう。それどころか、チェリー・イン・ザ・スノーには氷を入れて飲むこともできるくらいだ。うまくできたら、彼女にキスしてもらえるビールだ。

Cherry Fever Stout

チェリー・フィーバー・スタウト　　　　　　　　　　　　　　　乙女を酔わせる罪なやつ

チェリーとスタウトのコンビネーション。ホームブルワーなら決して見逃せないレシピであるはずだ。特にスタウトが好きな人なら魂すら揺さぶられる一品になるだろう。ベルベットのように滑らかなローストモルトと突き刺すようなノーザンブルワー・ホップの苦味が見事に調和している中に、熟成したチェリーがそれを祝福するかのようにやさしくキッスした。甘さと苦さに加えて、チェリーの舌触りが微妙に絡み合い、ホップの香りとあいまって至福に満ちた興奮を覚えさせるだろう。私個人としても大変好きなビールのひとつだ。夏には良く冷やして、冬には室温ぐらいで飲むといいだろう。

まったくこのビールに関してはどう説明していいのか困窮したが、あなた自身に味わってもらうまでは、とってもうれしいビールだとしかいいようが無いという結論に達した。また、チェリーのかわりによく熟した赤いラズベリーを使っても、同様に素晴らしいビールができるということをお伝えしておこう。

- "John Bull" プレーン・ダーク・モルトシロップ：3.3 lbs
- "Premier Malt" ホップフレーバー・ライト・モルトエキス：2.5 lbs
- プレーン・ダーク・ドライ・モルトエキス：1.5 lbs

モルトエキス・レシピ

- クリスタル・モルト：1 lb
- ロースト大麦：1/2 lb
- ブラックパテント・モルト：1/2 lb
- ノーザンブルワー・ホップ（ボイリング）：1.5 oz（13 HBU）
- ウィラミット・ホップ（フィニッシング）：1/2 oz
- サワー・チェリー：3 lbs
- チョーク・チェリー（なければサワー・チェリーでOK）：2 lbs
- 石膏：8 tsp
- エール・イースト：1-2袋
- コーンシュガー：3/4カップ、またはドライモルトエキス：1+1/4カップ
- OG（初期比重）：1.064-1.068　FG（最終比重）：1.018-1.026

（ただし、このとおりにするのはかなり難しいかもしれない）

粉砕したロースト大麦、クリスタル・モルト、ブラックパテント・モルトを1.5ガロンの水に入れ沸騰するまで過熱し、沸騰したらグレインをストレイナーで取り除く。これにモルトエキスとボイリング・ホップ、石膏を加えて60分煮込む。潰した5lbsのチェリーをそのままウォートに投入したら、火を止めてから13分ほどそのまま置く。（71〜88℃で雑菌を殺す。煮立ててはいけない。）最後にフィニッシング・ホップを投入して2分ほどおき、ウォートをザルで濾しながら水の入った発酵容器に流し込む。ウォートが冷めたらイーストを投入して、4-5日したら容器を移そう。二次発酵には10〜14日かけると良いだろう。発酵が終了するのを待ってボトリングしよう。

Who's in the Garden Grand Cru
フーズ・イン・ザ・ガーデン・グランクリュ　　　　　　　　　へえーガルデン、そこにいるのは誰？

私が愛して止まない最も個性的なビール、それがこのフーズ・イン・ザ・ガーデンだ。コリアンダーやオレンジの皮それにドイツのスパイシーなホップが加わった、ベルギーのホワイトビールの代表格ヒューガルデン（Hoegaarden Grand Cru Ale）をコピーしたものだ。しかもこちらのほうはホームメイドだから、いっそうフレッシュな風味が満喫できる。ハニーを材料に加えることで、ドライで甘さを抑えたリフレッシングなビールができる。

1ガロン=3.8ℓ　1oz=28.35g　1lb=454g　1カップ=237cc　3/4カップ=100g

第4章　ホームブルーレシピ集　〜Worts Illustrated〜

挽きたてのコリアンダーの種はフローラルなスパイスだ。いちど使ってみればその魅力的な芳香にたちまち魅せられること間違いなし．スーパーに行くと思わずコリアンダー・シードを手にとっていることだろう。値段も決して高くないのが嬉しい。ビール造りがますます楽しくなること請け合いだから、是非試して欲しい。

- エキストラ・ライト・ドライ・モルトエキス：5 lbs
- ライト・ハニー：2+3/4 lbs
- ハラタウ・ホップ（ボイリング）：1 oz（5-6 HBU）
- ハラタウ・ホップ（フレーバー）：1/3 oz
- ハラタウ・ホップ（アロマ）：1/2 oz
- コリアンダーの種（使う前に自分で挽くこと）：1.5 oz
- オレンジ・ピール（干皮）：1/2 oz
- エール・イースト：1-2袋
- コーンシュガー：3/4 カップ、またはドライモルトエキス：1+1/4 カップ
- OG（初期比重）：1.055-1.059　FG（最終比重）：1.004-1.008

モルトエキス、ボイリング・ホップ、ハニーを1.5ガロンの水に入れ沸騰させたら45分煮込む。それからフレーバー・ホップと挽きたてのコリアンダーの種を半分投入し10分煮込んだら、残りのコリアンダーとオレンジ・ピールを加えて更に5分煮込む。最後の1-2分にアロマ・ホップを投入して火を止め、ウォートをザルで濾しながら水の入った発酵容器に流し込む。ウォートが冷めたらイーストを投入して発酵が終了するのを待ってボトリングしよう。
コリアンダーがお好きなら、ボトリングのときにコリアンダーの種を一粒づつ瓶に入れてみては？バクテリアが心配なら電子レンジでチンしておけばよい。

Holiday Cheer
ホリデー・チアー　　　　　　　　　　　　　　　　　　　　　　至福のサンデーキッチン

クリスマスのホリデー・シーズンにはフルーツ・ケーキなんかを作るけれど、我々にはこっちのほうがずっといいと思いませんか？　このレシピも変わっているけれど、もし良かったら造ってみて下さい。好きな人はたくさんいて、いろいろな賞もとっているレシピですから。

- プレーン・ライト・モルトエキス：7 lbs
- ライト・ハニー（クローバーやアルファルファがいい）：1 lbs
- クリスタル・モルト：1/2 lb
- ブラックパテント・モルト：1/8 lb
- カスケード・ホップ（ボイリング）：2 oz（10 HBU）
- ザーツ・ホップ（フィニッシング）：1/2 oz
- おろしたてのショウガ：1 oz
- シナモン：枝15cmか粉なら3 tsp
- オレンジ・ピール（干皮）：4個分
- エール・イースト：1-2袋
- コーンシュガー：3/4カップ、またはドライモルトエキス：1+1/4カップ
- OG（初期比重）：1.054-1.060
- FG（最終比重）：1.018-1.026

粉砕したクリスタル・モルト、ブラックパテント・モルトを1.5ガロンの水に入れ沸騰するまで過熱し、沸騰したらグレインをストレイナーで取り除く。モルトエキスとボイリング・ホップ、ハニーを加えて45分煮込んだら、オレンジ・ピールとおろしショウガ、シナモンを入れて更に10分煮込む。最後の2分にフィニッシング・ホップを投入して火を止め、ウォートをザルで濾しながら水の入った発酵容器に流し込む。ウォートが冷めたらイーストを投入して発酵が終了するのを待ってボトリングしよう。

1ガロン=3.8ℓ　1oz=28.35g　1lb=454g　1カップ=237cc　3/4カップ=100g

グレイン・ブルーイング入門編

　モルトエキスからビールを造るメリットは、簡単でありながら、上手に造れば上質のビールができるということです。実際、多くのホームブルワーがモルトエキスのビールで充分満足しています。しかし、それに飽き足らず更に上を目指そうとするのが人情でしょう。大手ビールメーカーのようにグレインからビールを仕込むことに誰もがみな憧れているのも確かです。グレイン（穀物）に含まれているデンプンを生物のような酵素が糖に変え、それを更に酵母がアルコールと炭酸に変えていくという摩訶不思議な自然連鎖は、まさに自然界のミステリーです。誰もがそれを自分で経験したくなるのは無理もない話でしょう。「そりゃあ、オールグレインで造ったビールはだんぜんうまいさ！」と、オールグレイン派のホームブルワー達は自慢げにあなたを説得するでしょう。いろいろな人の話を聞き本を読むにしたがって、オールグレインへの興味はますます掻き立てられます。器具も自分で工夫したりして、次第にあなたもオールグレインの道へと歩み出していくのでしょう。でもちょっと待ってください。いきなりオールグレインにしなくても酵素の魔術は体験できます。そうすればその先も次第に見えてくるでしょう。少しずつ先に進めばいいじゃないですか。まあ、とにかくリラックスして、ビールでも飲みながらやりましょう。

パーシャルマッシング（マッシュ+エキストラクト）

　グレインからのビール造りといってもそれほど難しいものではありません。いたってシンプル。これからご紹介していくレシピは、マッシュ（糖化）したグレインとモルトエキスの両方を混ぜ合わせて造る方法です。言ってみればモルトエキス製法とオールグレイン製法の中間的なものです。このやり方ならこれまでのモルトエキス製法と同じくらい簡単で、しかもオールグレインのやり方もほとんど理解できることでしょう。

　基本的には、これまでのモルトエキスに少量のグレインをマッシュして加えるだけです。グレインが少量であればマッシングも簡単に行え、時間もオールグレインをマッシングするほどはかかりません。まず少量のグレインをマッシングして抽出した"麦汁"をモルトエキスのウォートに加えます。後はこれまでと同じやり方でウォートを煮込んで仕込むだけです。

　この製法には大きな利点がいくつかあります：

1. 基本的にはモルトエキス製法だが、オールグレイン製法を理解することができる。
2. モルトの風味が引き出せるので、オールグレインで造るときの感が養える。
3. 新たな用具を購入せずにマッシングが体験習得できる。しかも量が少ないので簡単。

マッシングと一口に言ってもいろいろなやり方がありますが、詳しい説明は上級編に譲ることにしてここでは一番簡単で、特別な用具を必要としない方法をご紹介します。

簡単な理論

マッシングとはグレイン（穀物）に含まれている水溶性のデンプン質を発酵可能な糖分と、発酵しない"デキストリン"とに変化させる工程のことです。この工程はほとんどのビール造りに共通しているものです。大麦モルトにはデンプンを糖に変換する"ジアスターゼ"と呼ばれる酵素が含まれています。大麦モルトを湯に解いて"麦汁"を造り、ある温度にまで温めるとこの酵素が活動を始めデンプン分子を糖の分子へと分解します。大麦モルトにはこの酵素が充分に含まれているので、ここに米やコーンスターチなどの副原料となるデンプンを加えれば、それらも一緒に分解されて発酵可能な糖分になるのです。この糖分を含んだ甘い麦汁をこれまでのモルトエキスのレシピに加えることでビールを造ります。

パーシャルマッシング製法で使う用具と工程（5ガロン仕込み）

　＜用具＞
- 5ガロンの発酵容器
- グレインを挽く道具

　　ホームブルーショップで挽いてあるグレインが手に入るが、そうでなければグレイン・ミルかフラワー・ミルでグレインを挽く。ミルもホームブルーショップで手に入る。挽きたてが風味も良い。グレインを挽くときには荒めにして、粒が残るぐらいがいい。あまり細かく挽いてパウダー状にしないように。グレインの殻は挽いているときに自然に

1ガロン=3.8ℓ　1oz=28.35g　1lb=454g　1カップ=237cc　3/4カップ=100g

取れるだろう。
- ロータータン（Lauter-tun：ろ過容器）
つまり大きなストレイナー（濾し器）だ。マッシュするグレインが全て入る大きさがあればよい。ホームブルーショップでも売っているだろうが、自分で作ることもできる。簡単なのは発酵容器と同じプラスチックのバケツ（食品用の5ガロン容器）に穴を開ければいい。バケツの底に直径3mmぐらいの穴をドリルで何百か開ける。これでロータータンとしてだけでなく、スパージング（すすぎ）もできる。
- ヨードチンキ
これはデンプン質が糖質に変化したかどうかを検査するために使う。

＜工程＞
1) まずグレインを挽いて鍋に入れる。
2) それに湯とミネラルを加え加熱する。
3) **温度を45～50℃くらいまで上げ、30分おく。** これはイーストの栄養分を作り出すための"プロテイン・レスト"と呼ばれる工程。
4) **さらに温度を66℃まで上げ、10分おく。** デンプンが糖に変化し始める。
5) **温度を70℃まで上げ、10～15分おく。** これでほぼすべてのデンプンが発酵可能な糖に変化し、同時に発酵しないデキストリンも造られる。デキストリンはビールのボディとなる。これでマッシュの出来上がり。
6) デンプンから糖への変化が無事に済んだかどうかを見るために、ヨードチンキを使う。マッシュをスプーンで少量、白いお皿に採る。その上から一滴ヨードチンキを垂らす。ヨードチンキの色が黒くならなければOK。ヨードチンキはデンプン質に反応して黒紫に変色する。変色が起こらなければ、デンプンの糖化がほぼ完了しているということだ。
7) ロータータンと同じ大きさのバケツをもう一つ用意して、その中にロータータンをはめ込む。発酵容器と同じバケツでロータータンを作ったのならば、それを発酵容器に重ねればよい。そこにマッシュを流し込み、上から静かに77℃くらいのお湯を注ぐと、ロータータンの底に開けた穴から甘い麦汁が流れ出す。これを"スパージング"と呼んでいる。

8) 麦汁が抽出できたら、それにモルトエキスとホップなどの材料を加えて仕込みを始めることになる。

まあその前に、リラックスしてビールでも飲みましょう。

パーシャルマッシング製法によるレシピ

Is It the Truth or Is It a Lie, Dutch Pilsener

イズイット・ザ・トゥルース？　　　　　　　　　　　　　　ウソかホントか、ダッチ・ピルスナー

ホップの苦味が甘味とうまくバランスした、ハイネッケン・ライト・ピルスナーにそっくりのビール。使用しているホップが強い個性を主張しながら、ミディアム・ボディのとても飲みやすいビールになっている。ヘッドの持ちもとてもよい。マッシュのおかげだろう。

- "Edme" ドライ・プレーン・モルトエキス：3 lbs
- 大麦モルト・ペール（できれば二条大麦）：3 lbs
- ザーツ・ホップ（ボイリング）：1 oz
- カスケード・ホップ（ボイリング）：1/2 oz
- ザーツ・ホップ（フィニッシング）：1/2 oz
- 石膏：1 tsp
- アイリッシュ・モス 1/4 tsp
- ラガー・イースト：1-2 袋
- コーンシュガー：3/4 カップ
- OG（初期比重）：1.035-1.039　FG（最終比重）：1.007-1.011

2.5 リットルの水を 58℃まで温めたら、それに 1 tsp の石膏を溶かし、粉砕した大麦モルトを入れて良くかき混ぜる。このとき液温はおよそ 46℃〜 49℃になっているだろう。少々加熱して温度を 50℃くらいに上げたら、その状態を 30 分ほど保つようにして、その間だいたい 5 分ごとにマッシュをかき混ぜるようにする。更に加熱して液温を 58℃まで上げ、1.5 リットルの沸騰した湯を加える。すると液温はおよそ 66℃くらいになるだろう。時々加熱しかき混ぜながら約 10 分間液温を 66 〜 67℃に保つ。それから温度を 70℃にまで上げ、15-20 分保つ。これでだいたいデンプンの糖化は終了するはずだ。ヨードチンキで検査して、不充分だと思ったらあと 20 分くらいマッシング（その状態を保つ）を続けてみよう。糖化が済んだら、マッシュをロータータンに移し、上から 1 ガロン 77℃のお湯を静かに注いでスパージングを行う。出来上がったウォートにモルトエキスとボイリング・ホップを加えて 60 分煮込む。最後の 5 分

にフィニッシング・ホップとアイリッシュ・モスを投入して火を止め、ウォートをザルで濾しながら水（だいたい 2.5 ガロンくらい必要だろう）の入った発酵容器に流し込む。ウォートが冷めたらイーストを投入して発酵が終了するのを待ってボトリングしよう。

Daisy Mae Dortmund Lager
デイジー・メイ・ドルトムンド・ラガー　　　　　　　　　　　　　　魅惑のダイナマイトボディ

デイジーは"ひなぎく"。デイジー・メイは魅惑のグラマー女優。ドルトムンドはまさに正統派のドイツラガーだ。トーストされた大麦モルトがビールに黄金色の輝きを与え、苦味と甘味がクリーミーな泡とともに深みのあるボディに溶け込んでいる。季節を問わず、いつ仕込んで飲んでもおいしいビールだろう。ドルトムンド・スタイルのビールはその強さのせいか、ジャーマン・ビールであるにもかかわらず"エキスポート（輸入物）"と呼ばれることがある。あなたのビールもおいしくできたらエキスポートしてみますか？

- 大麦モルト（アメリカン六条大麦）: 2.5 lbs
- デキストリン・モルト: 1/2 lbs
- トーストした大麦モルト: 1/2 lbs
- "Bierhaus" ホップ入りラガー・キット・モルトシロップ: 5 lbs
- ライト・ドライ・モルトエキス: 1 lbs
- ハラタウ・ホップ（ボイリング）: 1.5 oz（8-9 HBU）
- ザーツ・ホップ（フィニッシング）: 1/2 oz
- 石膏: 2 tsp
- アイリッシュ・モス 1/4 tsp
- ラガー・イースト: 1-2 袋
- コーンシュガー: 3/4 カップ、またはドライモルトエキス: 1+1/4 カップ
- OG（初期比重）: 1.046-1.050　FG（最終比重）: 1.008-1.012

1/2 lb の大麦モルトを 177℃ に熱したオーブンで 10 分ほどローストする。2.5 リットルの水を 58℃ まで温めたらそれに石膏を溶かし、粉砕した大麦モルトとデキストリン・モルトを入れて良くかき混ぜる。このとき液温はおよそ 46℃ ～ 49℃ になっているだろう。少々加熱して温度を 50℃ くらいに上げたら、そ

1ガロン=3.8ℓ　1oz=28.35g　1lb=454g　1カップ=237cc　3/4カップ=100g

の状態を30分ほど保つようにして、その間だいたい5分ごとにマッシュをかき混ぜるようにする。

更に加熱して液温を58℃まで上げ、1.5リットルの沸騰した湯を加える。すると液温はおよそ66℃くらいになるだろう。時々加熱しかき混ぜながら約10分間液温を66〜67℃に保つ。それから温度を70℃にまで上げ、15-20分保つ。これでだいたいデンプンの糖化は終了するはずだ。ヨードチンキで検査して、不充分だと思ったらあと20分くらいマッシングを続けてみよう。糖化が済んだら、マッシュをロータータンに移し、上から1ガロン77℃のお湯を静かに注いでスパージングを行う。

出来上がったウォートにモルトエキスとボイリング・ホップを加えて60分煮込む。最後の5分にアイリッシュ・モス、2分にフィニッシング・ホップを投入して火を止め、ウォートをザルで濾しながら水（だいたい2.5ガロンくらい必要だろう）の入った発酵容器に流し込む。ウォートが冷めたらイーストを投入して発酵が終了するのを待ってボトリングしよう。

What the Helles Munchner

ファッツ・ザ・ヘレス・ミュンヒナー　　　　　　　　　　　　　　　　　あっと驚くミュンヘン野郎

ミュンヘンに行ったことのある人も無い人も、またこれから行ってみたいと考えている人も、ファッツ・ザ・ヘレスを飲んでミュンヘンの夢を見よう。夏祭の大テントの下で、あるいはあのホップブラウハウスの大ホールで、何リットルもの黄金色に輝くこの麦のネクターをひたすら飲みつづける、そんな夢を。

ホップはマイルドでとてつもなく飲みやすいこのラガー・ビールは、少々冷えた室温で注ぎたてを飲むのが最高だ。モルトの風味がしなやかな炭酸に運ばれてくるだろう。その秘訣はドイツ産の新鮮なホップをふんだんに使い、それを何段階にも分けて投入することにある。これに良質のラガー・イーストを加えれば、それこそ真のジャーマン・ラガーが堪能できると言うことだ。

- ペール・モルト（アメリカンまたはジャーマン二条大麦）：3 lbs
- ライト・ドライ・モルトエキス：4 lbs
- ハラタウ・ハースブルーッカー・ホップ（ボイリング）：1/2 oz（3 HBU）
- チェコ・ザーツ・ホップ（ボイリング）：1/4 oz（1-2 HBU）
- ハラタウ・ハースブルーッカー・ホップ（フレーバー）：1/2 oz

モルトエキス・レシピ

- チェコ・ザーツ・ホップ（フレーバー）：1/2 oz
- アメリカン・テットナンガー・ホップ（アロマ）：1/2 oz
- ハラタウ・ハースブルーッカー・ホップ（アロマ）：1/2 oz
- アイリッシュ・モス 1/4 tsp
- ラガー・イースト：1-2袋
- コーンシュガー：3/4カップ、またはドライモルトエキス：1+1/4カップ
- OG（初期比重）：1.046-1.050　FG（最終比重）：1.009-1.013

3リットルの水を79℃まで温め、それにペール・モルトを粉砕して入れる。時々加熱しかき混ぜながら約30分間液温を68℃〜69℃に保つ。それから温度を71℃にまで上げ、更に15分くらい置く。これでだいたいデンプンの糖化は終了するはずだ。

糖化が済んだら、マッシュをロータータンに移し、上から1.5ガロン77℃のお湯を静かに注いでスパージングを行う。出来上がったウォートにモルトエキスを加えて沸騰させる。それにボイリング・ホップを加えて30分煮込む。それからハラタウとザーツのフレーバー・ホップをそれぞれ1/4 ozだけ入れ15分煮込み、更に残りの1/4 ozづつを入れ、アイリッシュ・モスを加えて15分煮込む。最後の1-2分にアロマ・ホップを投入して火を止め、ウォートをザルで濾しながら水の入った発酵容器に流し込む。ウォートが冷めたらイーストを投入して発酵が終了するのを待ってボトリングしよう。

Sayandra Wheat Beer

サヤンドラ・ウィート　　　　　　　　　　　　　　　　　　　　　フィジーの黄昏

サヤンドラ・ウィートはローアルコール、ライト・ボディで炭酸の良く効いたウィート・ビアだ。このレシピではマッシングに必要な酵素はすべてEdme社製のD.M.S.（Diastatic Malt Syrup：ジアスターゼの入ったモルトシロップ）缶に含まれている。ウィート（小麦）モルトにも酵素はあるのだが、これには大麦モルトの酵素の助けがないとマッシングにはいたらない。Edme社製のD.M.S.は、活性酵素を含んでいる唯一のモルトエキス缶だ。これはどんなレシピのマッシングにも使うことができる。

1ガロン=3.8ℓ　1oz=28.35g　1lb=454g　1カップ=237cc　3/4カップ=100g

- □ "Edme" D.M.S. ライト・モルトシロップ：3.5 lbs
- □ 小麦モルト（またはウィート・ベリー）：1 lbs
- □ ハラタウ・ホップ（ボイリング）：1.5 oz（7 HBU）
- □ ハラタウまたはテットナンガー（アロマ）：1/4 oz
- □ 石膏：2 tsp
- □ アイリッシュ・モス 1/4 tsp
- □ エール・イースト：1-2袋
- □ コーンシュガー：3/4カップ、またはドライモルトエキス：1+1/4カップ
- □ OG（初期比重）：1.033-1.037　FG（最終比重）：1.005-1.010

ウィート・ベリーを使う場合にはグラインダーかミルで荒めに挽いて、それを3リットルぐらいの湯で30分ほど煮込んでおこう。それが63℃になるまで冷めたら、モルトエキスと石膏を加えて50℃の温度を30分保つ。

小麦モルト（フレークでも良い）を使う場合には、58℃にした3リットルの湯に石膏を溶かし、それに粉砕した小麦モルトとモルトエキスを加え、良くかき混ぜながら温度を50℃に保ち30分置く。

マッシュの温度を58℃まで上げ、それに沸騰した1リットルの湯を加える。すると液温はおよそ66℃くらいになるだろうから、時々加熱しかき混ぜながら約10分間液温を66〜67℃に保つ。それから温度を70℃にまで上げ、15-20分保つ。これでだいたいデンプンの糖化は終了するはずだ。ヨードチンキで検査して、不充分だと思ったらあと20分くらいマッシングを続けてみよう。

糖化が済んだら、マッシュをロータータンに移し、上から2リットル77℃のお湯を静かに注いでスパージングを行う。出来上がったウォートを加熱して60分煮込む。最後の5分にアイリッシュ・モスとフィニッシング・ホップを投入して火を止め、ウォートをザルで濾しながら水（だいたい2.5ガロンくらい必要だろう）の入った発酵容器に流し込む。ウォートが冷めたらイーストを投入して発酵が終了するのを待ってボトリングしよう。

Lips India Pale Lager
リップス・インディア・ペール・ラガー　　　　　　　　　　　　　　　　　印度洋交響曲

このラガーはホップが良く効いてバランスの良く取れたビールだ。その白くリッチでクリーミーなヘッドは、深く透明感のある黄銅色のビールの色とはとて

も対照的だ。ふんだんに仕込まれたホップとそれに負けないくらいのクリスタル・モルトが、苦味と甘味をうまく調和させながら、徐々に高まりゆく交響曲を奏でているようだ。ビールを楽しみながら飲むドリンカーにとっては、ずっしりと飲み応えのあるビールだろう。

- 大麦モルト（六条大麦）：1 lbs
- クリスタル・モルト：1 lbs
- デキストリン・モルト：1/2 lbs
- トーストした大麦モルト：1/2 lbs
- プレーン・ライト・ドライ・モルトエキス：3.5 lbs
- プレーン・アンバー・ドライ・モルトエキス：2.5 lbs
- ノーザンブルワー・ホップ（ボイリング）：1.5 oz（12 HBU）
- カスケード・ホップ（フィニッシング）：1 oz
- 石膏：2 tsp
- アイリッシュ・モス 1/4 tsp
- ラガー・イースト：1-2 袋
- コーンシュガー：3/4 カップ、またはドライモルトエキス：1+1/4 カップ
- OG（初期比重）：1.058-1.066 FG（最終比重）：1.015-1.023

1/2 lbの大麦モルトを177℃に熱したオーブンで10分ほどローストする。2.5リットルの水を58℃まで温めたらそれに石膏を溶かし、粉砕した大麦モルト、クリスタル・モルト、デキストリン・モルトを入れて良くかき混ぜる。このとき液温はおよそ46～49℃になっているだろう。少々加熱して温度を50℃くらいに上げたら、その状態を30分ほど保つようにして、その間だいたい5分ごとにマッシュをかき混ぜるようにする。

更に加熱して液温を58℃まで上げ、1.5リットルの沸騰した湯を加える。すると液温はおよそ66℃くらいになるだろう。時々加熱しかき混ぜながら約10分間液温を66～67℃に保つ。それから温度を70℃にまで上げ、15-20分保つ。これでだいたいデンプンの糖化は終了するはずだ。ヨードチンキで検査して、不充分だと思ったらあと20分くらいマッシングを続けてみよう。

糖化が済んだら、マッシュをロータータンに移し、上から1ガロン77℃のお湯を静かに注いでスパージングを行う。

1ガロン=3.8½ℓ 1oz=28.35g 1lb=454g 1カップ=237cc 3/4カップ=100g

第4章　ホームブルーレシピ集　〜Worts Illustrated〜

出来上がったウォートにモルトエキスとボイリング・ホップを加えて60分煮込む。最後の5分にアイリッシュ・モスとフィニッシング・ホップを投入して火を止め、ウォートをザルで濾しながら水（だいたい2.5ガロンくらい必要だろう）の入った発酵容器に流し込む。ウォートが冷めたらイーストを投入して発酵が終了するのを待ってボトリングしよう。

Uckleduckfay Oatmeal Stout
アックルダックファイ・オートミール・スタウト　　　　　　　　　　　　　伝説の健康スタウト

とうの昔に忘れ去られた伝説のスタウトが、アメリカの小さなブルワリーや家庭でよみがえりつつある。アックルダックファイはそこそこの苦味とチョコレートの風味を持ったなめらかスタウトだ。ロースト大麦の気配もするこのオートミール・スタウトは、がぶがぶ飲んでも体にいい感じがする。ほんと。少なくとも魂の栄養にはなるだろう。

- クイック・オーツ（Quick Oats cut and rolled）: 1.5 lbs
- デキストリン・モルト: 1/4 lbs
- ペール大麦モルト（六条大麦）: 2 lbs
- クリスタル・モルト: 1/2 lbs
- チョコレート・モルト: 1/2 lbs
- ロースト大麦: 1/4 lbs
- "Edme" D.M.S. モルトエキス: 3.3 lbs
- ウィラミット・ホップ（ボイリング）: 2 oz (10-12 HBU)
- 石膏: 4 tsp
- アイリッシュ・モス 1/4 tsp
- エール・イースト: 1-2 袋
- コーンシュガー: 3/4 カップ、またはドライモルトエキス: 1+1/4 カップ
- OG（初期比重）: 1.042-1.046　FG（最終比重）: 1.011-1.015

5.5リットルの水を54℃まで温めたらそれに2 tspの石膏とモルトグレイン、それにオーツを溶かし、それを50℃くらいに保って約30分間おく。更に3リットルの熱湯を加えて温度を66〜67℃に保ちながら15分間おく。このとき必要があれば加熱しよう。それから温度を70℃にまで上げ、15分保つ。

もう一つの鍋にD.M.S.モルトエキスと2 tspの石膏を2リットルの水で解き、温度が68℃になるまで加熱しておく。それを上記のマッシュに加えて、温度を68〜70℃に保ちながら15分間おく。複雑そうに思えるが、やってみると意外と簡単だ。これでデンプンの糖化は必ずできる。

糖化が済んだら、マッシュをロータータンに移し、上から1.5ガロン77℃のお湯を静かに注いでスパージングを行う。出来上がったウォートにボイリング・ホップを加えて60分煮込む。最後の10分にアイリッシュ・モスを投入して火を止め、ウォートをザルで濾しながら水の入った発酵容器に流し込む。ウォートが冷めたらイーストを投入して発酵が終了するのを待ってボトリングしよう。

Deliberation Dunkel
デリベレイション・ドゥンケル　　　　　　　　　　　　　　　　　　　　熟考のドゥンケル

デリベレイション・ドゥンケルはダーク・ビアにありがちな甘さを抑えながら、それでいてダーク・ビアのフレーバーをうまく残したブラウン・ビールだ。苦味は強すぎもせず、軽すぎもせず、渇いたのどに心地よい、まさに適度な度合いになっている。

- 大麦モルト（アメリカン六条大麦）：3 lbs
- ブラックパテント・モルト：1/2 lbs
- プレミア・ライト・ホップ・モルトシロップ：5 lbs
- テットナンガー・ホップ（フィニッシング）：1/2 oz
- 石膏：2 tsp
- アイリッシュ・モス 1/4 tsp
- エール・イースト：1-2 袋
- コーンシュガー：3/4 カップ、またはドライモルトエキス：1+1/4 カップ
- OG（初期比重）：1.042-1.046　FG（最終比重）：1.012-1.018

2.5リットルの水を58℃まで温めたらそれに石膏を溶かし、粉砕した大麦モルトとブラックパテント・モルトを入れて良くかき混ぜる。このとき液温はおよそ46〜49℃になっているだろう。少々加熱して温度を50℃くらいに上げたら、その状態を30分ほど保つようにして、その間だいたい5分ごとにマッシュをかき混ぜるようにする。

1ガロン=3.8ℓ　1oz=28.35g　1lb=454g　1カップ=237cc　3/4カップ=100g

更に加熱して液温を58℃まで上げ、1.5リットルの沸騰した湯を加える。すると液温はおよそ66℃くらいになるだろう。時々加熱しかき混ぜながら約10分間液温を66〜67℃に保つ。それから温度を70℃にまで上げ、15-20分保つ。これでだいたいデンプンの糖化は終了するはずだ。ヨードチンキで検査して、不充分だと思ったらあと20分くらいマッシングを続けてみよう。糖化が済んだら、マッシュをロータータンに移し、上から1ガロン77℃のお湯を静かに注いでスパージングを行う。

出来上がったウォートにモルトエキスを加えて60分煮込む。最後の5分にアイリッシュ・モスとフィニッシング・ホップを投入して火を止め、ウォートをザルで濾しながら水（だいたい2.5ガロンくらい必要だろう）の入った発酵容器に流し込む。ウォートが冷めたらイーストを投入して発酵が終了するのを待ってボトリングしよう。

Potlatch Doppelbock

ポトラッチ・ドッペルボック　　　　　　　　　　　　　　　　　　　　　　　ポトラッチの祝宴

ドッペルボックはボックより更に強いドイツの正統派ビール。まるでモルトの博覧会のようなこのレシピでは、それぞれのモルトがその風味を競い合い、甘味とコクと苦味に加えて高いアルコール含有量が期待できる。これができればホームブルワーと言えども、まるでドイツのボックマスターになった気分になれる。目を閉じてグイッと飲んでみよう。ベルベットのように滑らかなダークビールがノドを滑り落ちていく感触を味わいながら。高濃度のアルコールが胃の府を温めるにつれて、思わず笑みがこぼれ落ちるだろう。それは自分でビールを造ったものにしか味わえない至福の瞬間なのだ。

- ☐ 大麦モルト（アメリカン六条大麦）：2 lbs
- ☐ トーストした大麦モルト：6 oz
- ☐ ミュニック・モルト（モルトの甘さを出すため）：6 oz
- ☐ クリスタル・モルト（カラメルの甘さ）：4 oz
- ☐ チョコレート・モルト（滑らかなフレーバー）：4 oz
- ☐ ブラックパテント・モルト（ピリッとしたアクセント）：4 oz
- ☐ デキストリン・モルト（ボディとヘッド）：6 oz
- ☐ ドライ・プレーン・アンバー・モルトエキス：7 lbs

- ノーザンブルワー・ホップ（ボイリング）：1 oz（9-10 HBU）
- ハラタウ・ホップ（フィニッシング）：1/2 oz
- 石膏：2 tsp
- アイリッシュ・モス 1/4 tsp
- ラガー・イースト：1-2袋
- コーンシュガー：3/4カップ、またはドライモルトエキス：1+1/4カップ
- OG（初期比重）：1.072-1.078　FG（最終比重）：1.018-1.026

6 ozの大麦モルトを177℃に熱したオーブンで10分ほどローストする。3リットルの水を58℃まで温めたらそれに石膏を溶かし、様々なモルトを粉砕して入れ良くかき混ぜる。このとき液温はおよそ46℃〜49℃になっているだろう。少々加熱して温度を50℃くらいに上げたら、その状態を30分ほど保つようにして、その間だいたい5分ごとにマッシュをかき混ぜるようにする。

更に加熱して液温を58℃まで上げ、2リットルの沸騰した湯を加える。すると液温はおよそ66℃くらいになるだろう。時々加熱しかき混ぜながら約10分間液温を66℃〜67℃に保つ。それから温度を70℃にまで上げ、15-20分保つ。これでだいたいデンプンの糖化は終了するはずだ。ヨードチンキで検査して、不充分だと思ったらあと20分くらいマッシングを続けてみよう。糖化が済んだら、マッシュをロータータンに移し、上から5リットル77℃のお湯を静かに注いでスパージングを行う。

出来上がったウォートにモルトエキスとボイリング・ホップを加えて60分煮込む。最後の5分にアイリッシュ・モス、2分にフィニッシング・ホップを投入して火を止め、ウォートをザルで濾しながら水（だいたい2.5ガロンくらい必要だろう）の入った発酵容器に流し込む。ウォートが冷めたらイーストを投入して発酵が終了するのを待ってボトリングしよう。

Limnian Wheat Doppelbock
リムニアン・ウィート・ドッペルボック　　　　　　　　　　　　妖精のドッペルボック

アルコール度数が高く、しかもバランスの良く取れたドッペルボックを造るには、結構なスキルを要求されるだろう。モルトの香りが高く苦味も充分に効いていて、ほんのわずかに口に残る甘味もある。それがドッペルボックだ。このリムニアン・ウィートもアルコール度数が10％近くあるけれど、決して苦いビールではない。

1ガロン=3.8½ℓ　1oz=28.35g　1lb=454g　1カップ=237cc　3/4カップ=100g

第4章　ホームブルーレシピ集　～Worts Illustrated～

実はウィート（小麦）のドッペルボックなるものはドイツには存在しない。私の知る限り。だからこのリムニアン・ウィートは正統派のジャーマン・ドッペルボックではない。変種といっていいだろう。しかし、厳選されたモルトだけを使用した確かな変種だ。小麦のモルトが素晴らしい香ばしさを出している。

醸造に当たって気をつけることは、質の良いラガー・イーストを使うということと、そのラガー・イーストに適した温度をしっかりと保つということだ。アルコール度数が10％近くにもなるビールを造るには、かなり元気で力強いイーストが必要なのだ。また、ラガーらしい低い温度で発酵させないと、エールのようにフルーティなエステル臭が出てしまってはこのビールの特徴は死んでしまう。ご心配？は、無用。自分の持っている知識と経験をうまく生かして、しっかりと造れば必ず良いビールができますよ。

リムニアン・ドッペルボックは高アルコールのスペシャルビールだ。できれば特別な日に口開けして欲しい。例えば休日に湖畔で静かな午後を過ごすとき。ゆったりとした気持ちで空を見上げて、自分の造ったこのビールがどんな味になっているのかを想像しながら。そして、家にはさらに6.5ガロンもの貯蔵があるという満足感を味わおう。なぜ6.5ガロンかって？それは5ガロンじゃあ物足りないだろうからさ。

＜マッシュ用の材料＞
- 小麦モルト：2.5 lbs
- ペール・大麦モルト：3.5 lbs
- ミュニック・モルト：1 lbs
- クリスタル・モルト：5 oz
- チョコレート・モルト：5 oz
- デキストリン・モルト：6 oz

（これらのモルトに代えて、ウィート・モルトエキスを3 lbsにドライ・アンバー・モルトエキスを2 lbsあわせて使うことも可能）

＜仕込み用の材料＞
- ライト・ドライ・モルトエキス：12 lbs
- エロイカ・ホップ（ボイリング）：2.5 oz（25 HBU）
- テットナンガー・ホップ（フレーバー）：1 oz

- ハラタウ・ホップ（アロマ）：1 oz
- ラガー・イースト：2袋（できればリキッド・イースト）
- コーンシュガー：3/4カップ、またはドライモルトエキス：1+1/4カップ
- OG（初期比重）：1.100
- FG（最終比重）：1.022-1.030t

2ガロンの水（軟水）を54℃まで温め、それに粉砕したモルト類を入れて良くかき混ぜる。加熱して温度を50℃くらいに調整し30分間ねかせる。更に1ガロンの沸騰した湯を加え、液温を66℃くらいに保ちながら15分。それから温度を70℃にまで上げ15分。この間熱がマッシュに均一に行き渡るように、ずっとかき混ぜつづけよう。これでだいたいデンプンの糖化は終了するはずだ。糖化が済んだらマッシュをロータータンに移し、上から3ガロン77℃のお湯を静かに注いでスパージングを行う。濾しだされたウォートにドライ・モルトエキスとボイリング・ホップを加えて60分煮込む。（このとき、ウォート全体の量は4ガロン近くになっているだろう。大きな鍋が必要だ。）

ウォートを60分煮込んだら、フレーバー・ホップを投入してあと15分ほど煮込む。火を止めたらフィニッシング・ホップを投入して1-2分浸した後、ウォートをザルで濾しながら冷たい2ガロンの水が入った発酵容器に流し込む。ウォートが冷めたらイーストを投入するが、できればここで発酵容器をシェイクしてエアレーションをしておきたい。そこに元気の良いイーストを投入して発酵をさせる。発酵が終了してボトリングがすんだら、あとはじっと待つしかない。栓を抜いてビールを飲むのは春の儀式になるだろう。「Prosit!（ラテン語の乾杯）」

Colonel Coffin Barley Wine
コロネル・コフィン・バーレイ・ワイン　　　　　　　　　　大佐の棺にバーレイワインを

「バーレイ・ワインの熟成期限は、頂上の無い山のようだ。」
もし醸造することで輝くような誇りを感ずる事ができるビールがあるとするならば、それはバーレイ・ワインだろう。もし他と際立って違う風味を持っていて、そのブーケをゆったりと味わうことができるエールがあるとするなら、それはバーレイ・ワインだ。そしてもし、あなたが本当に忘れることができないようなビールを造りたくなったら、このコロネル・コフィンを試して欲しい。アル

1ガロン=3.8ℓ　1oz=28.35g　1lb=454g　1カップ=237cc　3/4カップ=100g

コール度数も11%にまでなる、完璧なバーレイ・ワインだ。

コロネル・コフィンはパワフルなアルコールだけでなく、呆然とするほどのホップの量を誇る。そのフレーバーはストロベリーかラズベリー、あるいはナシやその他のフルーツまでも連想させる。ふんだんに使われたホップが豊かな芳香をかもし出し、強烈に立ちのぼるアルコールが鼻腔を暖め、肺をくすぐるだろう。最初に感じた甘さはすぐに驚くほど複雑なホップの苦味に取って代わる。材料費は少々高くつくだろうし、熟成にも時間がかかるけれど、それに値するビールなのは確かだ。造ればあなたの人生も豊かになるかもしれない。

＜マッシュ用の材料＞

- ペール・大麦モルト：3 lbs
- クリスタル・モルト：1/2 lbs
- デキストリン・モルト：1/2 lbs

＜仕込み用の材料＞

- ライト・ドライ・モルトエキス：12 lbs
- エロイカ（または、ガレナ、ナゲット、チヌック、オリンピックのうちどれか）・ホップ（ボイリング）：6-7 oz（70 HBU）
- ウィラミット（またはカスケード）・ホップ（フレーバー）：1.5 oz
- カスケード・ホップ（アロマ）：1.5 oz
- ラガー（またはエール、シャンペン）・イースト：2袋
- コーンシュガー：3/4 カップ、またはドライモルトエキス：1+1/4 カップ
- OG（初期比重）：1.100　FG（最終比重）：1.022-1.035

1ガロンの水（軟水）を54℃まで温め、それに粉砕したモルト類を入れて良くかき混ぜる。加熱して温度を50℃くらいに調整し30分間ねかせる。更に2.5リットルの沸騰した湯を加え、液温を66℃くらいに保ちながら15分。それから温度を70℃にまで上げ15分。この間熱がマッシュに均一に行き渡るように、ずっとかき混ぜつづけよう。これでだいたいデンプンの糖化は終了するはずだ。

糖化が済んだらマッシュをロータータンに移し、上から3ガロン77℃のお湯を静かに注いでスパージングを行う。濾しだされたウォートにドライ・モルト

エキスとボイリング・ホップを加えて90分煮込む。(このとき、ウォート全体の量は4ガロン近くになっているだろう。大きな鍋が必要だ。)

ウォートを90分煮込んだら、フレーバー・ホップを投入してあと15分ほど煮込む。火を止めたらフィニッシング・ホップを投入して1-2分浸した後、ウォートをザルで濾しながら冷たい1ガロンの水が入った発酵容器に流し込む。発酵容器にふたをしてウォートが冷めるのを待つ。ウォートを早く冷まさせるために容器を水に浸ける手もあるが、ガラス容器を使っている場合にはやめたほうがいい。温度差でガラスが割れる恐れがあるからだ。あるいは、ウォートを鍋から発酵容器に移す前に、鍋ごと水に浸けて冷やすという手もある。ただしこのときには鍋にしっかりとしたにふたをしよう。ウォートが冷めたらイーストを投入。

発酵が終了したらボトリング。このエールの場合には貯蔵・熟成期間によって味がドラマチックに変化する。最初の頃にはシャープな苦味があるが、時間とともにこれはマイルドになる。「バーレイ・ワインの熟成期限は、頂上の無い山のようだ。」と、これは私の言葉。

Orval's brewery

1ガロン=3.8ℓ　1oz=28.35g　1lb=454g　1カップ=237cc　3/4カップ=100g

トラディショナル・ビア

スタイル	モルトエキス			モルト			
	Light ポンド(lbs)	Amber (lbs)	Dark (lbs)	クリスタル (lbs)	ブラックパテント (lbs)	チョコレート (lbs)	トースト (lbs)
English Bitter(a)		5					
English Bitter(b)	5				5		
Strong Special Red Bitter		6					
India Pale Ale		6 〜 7		1			1/2
Old Ale	9 〜 10			1	9 〜 10	1/4	
Scottish Ale/Heavy	5			1	5		1/4
Strong /Scotish Ale	10 〜 11			1	10 〜 11	1/4	1/4
Austlian Light Lager	6 〜 7				6 〜 7		
Bohemian Pilsener	6 〜 7			0-1/4	6 〜 7		1/2
German Pilsener	6 〜 7				6 〜 7		
California Common(a)	6 〜 7			1/2	6 〜 7		1/4
California Common(b)		6 〜 7		1/4			
American Standard	4 〜 5				4 〜 5		

ブルーイング・ガイドライン（5ガロン）

ロースト大麦 (lbs)	ボイリング・ホップ (oz)	HBU	フィニッシングホップ (oz)	イースト	初期比重	Balling Scale	アルコール 容積(%)
	F,C,G,W (1.5〜2)	7.5〜10	F,C,G,W (1/2)	Ale	1.035〜39	9〜10	3〜3.5
	F,C,G,W (1.5〜2)	7.5〜10	F,C,G,W (1/2)	Ale	1.035〜39	9〜10	3〜3.5
	F,G,C,W (2)	10	F,C,G,W (1/2)	Ale	1.040〜44	10〜11	3.5〜4.5
1/8	N (1〜2.5), F,C,G (3〜4)	10〜20	C (1)	Ale	1.055〜65	14〜16	5.5〜6.5
	N (1.5), F,C,G (3)	15〜18	C,W (1/2)	Ale	1.060〜70	15〜17.5	6.5〜7
	F,G,C,W (1.5)	6〜8		Ale	1.035〜39	9〜10	3.5〜4
	F,G,C,W (2)	8〜12		Ale	1.075〜80	19〜20	6〜7.5
	N,P (1〜1.5)	8〜11		Lager	1.045〜52	11〜13	4〜6
	S (2.5)	10〜13	S (3/4)	Lager	1.044〜50	11〜12.5	4〜5
	H,S,T,S (3〜3.5)	13〜15	H, S, S,T (1/2)	Lager	1.044〜50	11〜12.5	4〜5
	N (1.5), C (2.5)	12	C (1/2)	Lager	1.044〜50	11〜12.5	4〜5
	N (1.5), C (2.5)	12	C (1/2)	Lager	1.044〜50	11〜12.5	4〜5
	C,W (1)	4〜6	C (0〜1/2)	Lager	1.032〜38	8〜9.5	3〜3.5

註）ホップの名称略
　C : Cascade　 E : Eroica　 F : Fuggles　 G : Goldings　 H : Hallertauer　 N : Northern Brewer
　P : Pride of Ringwood　 S : Saaz　 T : Tettnanger　 W : Willamette　 Ch : Chinook　 Ga : Galena
　※ 4 BM + 3 WM : 4 Barley Malt + 3 Wheat Malt

トラディショナル・ビア

スタイル	モルトエキス			モルト			
	Light ボンド(lbs)	Amber (lbs)	Dark (lbs)	クリスタル (lbs)	ブラックパテント (lbs)	チョコレート (lbs)	トースト (lbs)
Cream Ale	5 ～ 6						
American Diet/Low-cal	3.5 ～ 4						
Canadiaa Ales/Lagers	5 ～ 7 OR	5 ～ 7		0 ～ 1/2			
German Weizen Wheat	※ 4 BM + 3 WM			1/2			
German Dunkelweizen	※ 4 BM + 3 WM					1/4	
Vienna		6 ～ 7		1/2		1/4	
Oktoberfest/Marzen		6 ～ 7		1/2	1/4 ～ 1/2	1/8	1/2
English Mild	4 ～ 5			1/4			
Brown Ale(a)	5 ～ 6			1/2	1/4	1/4	
Brown Ale(b)		5 ～ 6			1/4 OR	1/4	
American Brown Ale		5 ～ 6				1/4	
German(dark) Bock			7 ～ 8	1/2		1/2	1/2
German Helles Bock	7 ～ 8			1/4		1/8	1/2
German Doppelbock		7	3 ～ 6	1/2	1/4	1/2	1/2

ブルーイング・ガイドライン（5ガロン）

ロースト大麦 (lbs)	ボイリング・ホップ (oz)	HBU	フィニッシングホップ (oz)	イースト	初期比重	Balling Scale	アルコール容積(%)
	C,W (5-1.5)	3～7	C (1/4～1/2)	Lager	1.042～46	10.5～11.5	4～4.5
	C,W (1/2-1/4)	3～4		Lager	1.028～32	7～8	2～2.5
	C,W (1.5～2)	7～10	C,H (0～1/2)	Lager/Ale	1.038～50	9.5～12.5	3～5
	H,S,T (1)	4～6	S,T,H (0～1/4)	Special Yeast	1.044～50	11～12.5	4～5
	H,S,T (1)	4～6	S,T,H (0～1/4)	Special Yeast	1.044～50	11～12.5	4～5
1/4	H,S,T (1.5～2)	5～9	S,T,H (1/2)	Lager	1.042～50	10.5～12.5	4～5
	H,S,T (1.5～2)	5～9	S,T,H (1/2)	Lager	1.044～50	11～12.5	4.5～5
	F,G,C,W (1～1.5)	5～8		Ale	1.032～38	8～9.5	2.5～3.5
	F,G,C,W (2)	8～12	W,C,F (1/2)	Ale	1.040～43	10～11	4～4.5
	F,G,C,W (2)	8～12	W,C,F (1/2)	Ale	1.040～43	10～11	4～4.5
	F,G,C,W (2～3.5)	7～17	C,W,F (1/2～1)	Ale	1.040～43	10～11	4～4.5
	H,S,T (1.5～2.5)	6～10		Lager	1.066～72	16.5～18	6～7
	H,S,T (1.5～2.5)	12～15		Lager	1.066～72	16.5～18	6～7
	H,S,T (1.5～3)	12～20		Lager	1.074～1.100	18.5～25	7.5～11

註）ホップの名称略
C：Cascade　E：Eroica　F：Fuggles　G：Goldings　H：Hallertauer　N：Northern Brewer
P：Pride of Ringwood　S：Saaz　T：Tettnanger　W：Willamette　Ch：Chinook　Ga：Galena
※ 4 BM + 3 WM : 4 Barley Malt + 3 Wheat Malt

トラディショナル・ビア

スタイル	モルトエキス			モルト			
	Light ポンド(lbs)	Amber (lbs)	Dark (lbs)	クリスタル (lbs)	ブラックパテント (lbs)	チョコレート (lbs)	トースト (lbs)
American Bock		5 〜 6		1/2			1/4
Munich Helles	6 〜 7						
Munich Dunkel	7 〜 8 OR	7 〜 8		1/2	1/8	1/2	
Schwarzbier			5 〜 6	1/2		1/4	
Dortmunder/Export	7 〜 8						
Porter(a) sweeter		7 〜 8			1	1/2	
Porter(b) sharper		7 〜 8			1/3		
Dry Stout			6 〜 6.5	1/4	1/4		
Sweet Stout			6 〜 6.5	1			
Imperial Stout		10 〜 11			1/4	1/2	
Russian Imperial Stout		10 〜 11		1			
Barley Wine	10 〜 12						
Alt		5 〜 6		3/4		1/3	

ブルーイング・ガイドライン（5ガロン）

ロースト大麦 (lbs)	ボイリング・ホップ (oz)	HBU	フィニッシングホップ (oz)	イースト	初期比重	Balling Scale	アルコール容積(%)
	H,S,T (1〜1.5)	4〜6	T,H (1/2)	Lager	1.038〜44	9.5〜11	3.5〜4
	H,S,T (1〜1.5)	5〜8	T,H (1/4)	Lager	1.042〜48	10.5〜12	4.5〜5
	H,S,T (1〜1.5)	5〜8	T,H (1/4)	Lager	1.050〜55	12.5〜14	4.5〜6
	H,S,T (1.5〜2)	7〜10	T,H (1/4)	Lager	1.038〜42	9.5〜10.5	3.5〜4
	H,S,T (1.5〜2)	7〜12	T,H (1/4)	Lager	1.050〜55	12.5〜14	4.5〜6
	C,F (2.5)	12〜16	T (1/2)	Ale	1.050〜55	12.5〜14	4.5〜6
	C (3.5), N (1.5)	12〜16	T (1/2)	Ale	1.050〜55	12.5〜14	4.5〜6
	N (1), G,F,W (2〜2.5)	8〜12		Ale	1.047〜52	12〜13	4〜5.5
1/3	N (1/2), G,F,W (1.5)	4〜6		Ale	1.047〜52	12〜13	4〜5.5
1/4	N (4〜6), Ch,E,Ga (3.5〜4)	40〜45	C,W (1.5)	Ale	1.072〜77	18〜19	7〜8
1/2	F (4〜5), Ch,E,Ga (2〜2.5)	20〜30	F,C (1/2)	Ale	1.072〜77	18〜19	7〜8
1/4	Ga,E,Ch (4〜4.5)	50〜60		Ale	1.072〜85	18〜21	7〜9
	H (2〜3), N (1〜1.5)	8〜12			1.040〜45	10〜11	4〜4.5

註）ホップの名称略
　C：Cascade　E：Eroica　F：Fuggles　G：Goldings　H：Hallertauer　N：Northern Brewer
　P：Pride of Ringwood　S：Saaz　T：Tettnanger　W：Willamette　Ch：Chinook　Ga：Galena
　※ 4 BM + 3 WM：4 Barley Malt + 3 Wheat Malt

第5章

上級編
〜Advanced homebrewing〜

第5章 上級編 ～Advanced Homebrewing～

オールグレイン・ホームブルワー

　ビール工場で使っているのと同じ、何の加工もされていない原材料からビールを造る。ホームブルワーでも上級になればそれができるようになります。イーストを培養したり、ホップを栽培したり、ミネラルを調合して水質をコントロールしたりと、ホームブルワーの地平は果てなく続きます。しかしそういったことが上級ブルワーの条件なのでしょうか？いったい"上　級^{アドバンスト}"の基準はどこにあるのでしょう？その基準はビールを造るひとつひとつの過程をどれだけ理解し自分のものとしているか。またその過程が及ぼす全体への影響をどう理解しているか。そういうことではないでしょうか？オールグレインの原材料を使っているというだけで"アドバンスト"だというわけにはいきません。常により良いレシピを考え、様々な材料を試しながら造り方に創意工夫をこらし続ける。そんなビール造りへの飽くなき探究心を持ったブルワーこそが"アドバンスト・ホームブルワー"なのです。

　ホームブルーイングでは、手間をかけ経験を積み重ねるほどに得られる満足も大きくなっていきます。その苦労に対する一番の褒美は、グラスに注がれた自分のビールです。自分が手をかけて育てたビールを気のおけない仲間たちと一緒に飲み味わう。これ以上の喜びがあるでしょうか。この本の目的はそんなブルワーを目指す人たちに基礎的な知識を提供することです。そこから先は自分たちで工夫していってください。醸造の全てを完璧に理解している人などど

こにもいません。我々ブルワーは自分で仕込んだビールをよく観察し、ノートを取り、その経験をもとに次の仕込みをする。そうやってより良いビールを造っていくのです。そこからまた新たな疑問が生まれ、創意工夫が生まれる。プロのブルワーに手取り足取りの指導を受けておいしいビールができ上がったとしても、そこになんの意味があるでしょう？自分のビールは自分で造る。それがホームブルワーの真骨頂です。経験は人に聞いて身につくものではないのですから。

いったい何を始めようというのか？

「モルトエキスを使わず"オールグレイン"でビールを造りたい。」ホームブルワーなら誰しもがそう思うことでしょう。オールグレインでビールを造るときに最も大事な役割を果たすのが"酵素"です。だから酵素の働きを理解しなくては、旨いオールグレイン・ビールは造れません。もともと大麦などのグレインに住み着いている酵素は、そのままでは発酵しない生材料を発酵可能なビールの原料に変換してくれるのです。酵素の働きは温度やミネラル成分などの環境によって左右され、時間にも影響を受けます。その種類や働きは住み着いているグレインによって異なります。ここでホームブルワーにとって最も重要な酵素は2つあります。一つはタンパク質をイーストの栄養源に分解する酵素。もう一つは水溶性のデンプン質を発酵可能な糖と、そうでない炭水化物（デキストリン）に分解する酵素です。また、オールグレインでビールを造るときには、ビールにとって望ましい成分と望ましくない成分を分離する作業が必要になってきます。モルトエキスから造るのと違って、ウォート全量を煮込んだり、急激に冷やしたりする必要もあり、作業量や衛生面での気配りもずっと多くなるのです。

特別な用具は必要か？

5ガロンのオールグレイン・ビールを仕込むとなると、それなりの容器が必要になります。まずマッシングに使う容器（マッシュタン）が。マッシングではグレインを湯に溶いてかき混ぜながら温度を一定に保つ必要があります。またマッシュされたグレインから甘い麦汁を濾し採るための容器（ロータータン）も必要です。5ガロン仕込みのウォートを煮込むには最低でも8ガロンの容量の鍋が必要です。さらには煮立ったウォートを急速に冷やすためのシステムも

要るでしょう。いやいや、心配は要らない。リラックスしていきましょう。

　そう、オールグレインで仕込むのは結構大変なことかもしれない。でも、一度でもやってしまえば、あとは回を重ねるごとに楽な作業になっていくでしょう。私が初めてオールグレインに挑戦した時のキッチンはまるで戦場のようでした。ストレイナーやポットや鍋、スプーンやお玉、計量器具やその他の道具が、それこそそこらじゅうに散乱して、そりゃひどいものでした。私は何の計画もなしにそれらの器具を場当たり的に使っていたのです。おかげで私なりに"やってはならないこと"をいろいろと学ぶことができました。しかしその最初の"仕込み（バッチ）"で、私はなんと1980年度"インターナショナル・ホームブルー・コンペティション"の優勝をさらってしまったのです。だから、あなたにもチャンスはあるんです。

　ホームブルーイングにはいろいろなアクシデントがつきもの。それを否定的に考えてはだめです。むしろそれは"経験を豊かにする貴重な発見"として生かすようにしたいもの。衛生管理とデンプンの糖化作業さえうまくいけば、必ずおいしいビールができ上がります。たとえ造るたびに違った味になっても、それはそれで楽しい発見だと考えるべきでしょう。おいしいビールという定義には、さまざまなビールが含まれているのです。むしろ"素晴らしいビール"はそういう試行錯誤の末に生まれてくるものでしょう。継続は力なりです。

マッシング（The Mash!）

　マッシングとは粉砕したモルトを湯に溶いて温度を一定値に保つことでモルトに含まれている酵素を活性化し、その酵素の働きによってデンプン質とタンパク質を分解する作業です。そもそもモルトとは発芽した大麦（あるいは小麦）のことですが、大麦をある程度まで自然に発芽させ、それを乾燥するとできあがります。この過程で大麦の成分から少量の発酵可能な糖分（マルトースが大部分）と非発酵性の糖分（デキストリン）が生成されます。すると硬かった麦粒はもろく水に溶けやすいデンプン質に変化し、同時にこれを糖化する酵素も生成されます。モルトの成分の約80％は水溶性のデンプン質で、これが糖化されてビールの元のウォートができるのです。酵素はこのとき、モルトに含まれているタンパク質（アミノ酸）や水溶性のデンプン質を分解します。

酵素の神秘

　ビールが造られる過程でいちばん神秘的なのは酵素の働きだと思います。酵素は生物（有機体）ではありません。にもかかわらずまるで生きもののように振る舞い、ある条件下で活動を始めたかと思えば、その条件が解消したとたんに"変質"して活動しなくなったりするのです。この目に見えない小さな"物質"が水に溶けたデンプン質を甘いスープに変えていくのです。酵素の活動はさまざまな要素によって影響を受け、それがそのままビールの味を左右することになります。

　酵素には１）タンパク質分解酵素（プロテアーゼなど）と、２）デンプン質分解酵素（ジアスターゼ）の二種類があり、いずれもその活動をブルーイングにおいてコントロールすることができます。

タンパク質分解酵素（Proteolytic Enzymes）

　タンパク質分解酵素は長く複雑な構造をもったタンパク質分子の連鎖を断ち切って、短い連鎖のタンパク質に分解します。この短い連鎖のタンパク質がビールの発酵特性を向上させるのです。ある種のタンパク質分解酵素は45〜50℃のとき最も活発に活動し、窒素原子ベースのタンパク質をアミノ酸に変質させていきます。このアミノ酸がイーストの栄養源となるのです。イーストの栄養源が豊富にあれば、より活発な発酵が行われ、残留糖分が少なくしっかりと発酵したビールができあがります。さらに温度が50〜60℃に達すると、今度は別のタンパク質分解酵素が働きだします。この酵素が造りだす成分によってビールの透明度と泡の持ちが左右されます。**これらのタンパク質分解酵素を活性化させる作業を、ブルワー用語で"プロテイン・レスト"と呼んでいます。**

デンプン質分解酵素（Diastatic Enzymes）

　もう一つ、デンプン質を発酵可能な糖と非発酵性の糖（デキストリン）に分解する酵素があります。これはジアスターゼと呼ばれるデンプン質分解酵素で、やはりマッシングの過程で活性化します。ジアスターゼにはαアミラーゼとβアミラーゼの2種類の酵素があり、これらが協力し合ってゼラチン化したデンプンの長い分子の連鎖を切り離し、デンプンを糖とデキストリンとに分

第5章 上級編 ～Advanced Homebrewing～

解していくのです。ブルワーとしてはできるだけ多くのデンプンを分解し"歩留まり"を上げたいところです。ジアスターゼ酵素の働きはデンプンと糖それにデキストリンの分子構造を知ることで理解できます。

- デンプンの分子はグルコース(ブドウ糖)と呼ばれる一番単純な糖質分子が長く連なったものです。グルコースは発酵されますが、それが連鎖したものは発酵されません。したがって、デンプンはそのままでは発酵されないのです。
- マルトースは2つのグルコースの分子が連なったもので、これは非常に発酵されやいものです。
- デキストリンは4つ以上のグルコース分子からなっていて、やはり発酵されない性質を持っています。従ってこれはそのままビールのボディとなって残ります。

これらの分子構造とその相関関係を知れば、酵素がそれを分解する仕組みが良く理解できます。

αアミラーゼ (Alpha-amylase)

グルコース分子が1つ、2つ、あるいは3つまでの連鎖ならイーストによって発酵分解されますが、4つ以上になるとイーストはこれを分解できません。したがってそれらは非発酵性糖分(デキストリン)となってビール中に残ります。デンプンは中でも一番長いグルコース分子の連鎖で、**αアミラーゼはこのグルコース分子の連鎖を真中からどんどん"断ち切って"**行きます。こうして分解されたデンプンはグルコースやマルトース、あるいはデキストリンになっていくのです。この作用を"デキストリニゼーション"(Dextrinization)と呼んでいます。

βアミラーゼ (Beta-amylase)

一方、βアミラーゼはグルコース分子の連鎖を、真中からではなく、**端から少しずつ"食いちぎって"**行きます。こうしてグルコース分子の1つのもの(グルコース)、2つのもの(マルトース)、3つのもの(マルトトリオース)ができ、デンプンは発酵可能な糖の集合へと変化するのです。この作用を"サッカリフィケーション"(Saccharification)と呼んでいます。

切断したり、ちぎったり

　以上のことを知れば、αアミラーゼとβアミラーゼの"共同作業"が理解できます。βアミラーゼは分子連鎖の"端から食いちぎって行く"のですから、当然その"端の数"が多いほうが分解作業は早く進みます。これを助けているのがαアミラーゼです。αアミラーゼは連鎖を"真中からどんどん切断して行く"ので、デンプンが分解されるにしたがって"端の数"がどんどん増えていきます。もしαアミラーゼが存在しなかったら、βアミラーゼは大きな分子連鎖をもつデンプンを端から少しずつ少しずつ食いちぎっていくしかないのです。つまりαアミラーゼとβアミラーゼは共同して働くことで分解作業の効率を高めているのです。ジアスターゼはだいたい25％のαアミラーゼと75％のβアミラーゼからなっています。

　こうして酵素がその働きを完璧にこなせば、さぞ旨いビールができることでしょう。しかし酵素の働きはさまざまな要因に影響を受けています。そこでそれらの要因について少し説明しておきましょう。

温度

　αアミラーゼは65～67℃のときに最もよく活動します。ただし67℃の状態が続くと2時間以内に不活性化してしまいます。一方βアミラーゼは52～62℃のときに最もよく活動します。そして65℃の状態が続くと40～60分で不活性化します。そして、**両方のアミラーゼがちょうど良い状態で共同に活動できる温度が63～70℃という事になっています**。一般的に言うと、高めの温度でマッシングをするとウォートは短時間にできあがりますが、デキストリンの濃度が高くなり、従ってボディの強いビールができます。反対に、低めの温度でマッシングをするとデキストリンの少ない、ボディが軽めでアルコール濃度の高いビールができますが、その代わりウォートができるのに比較的時間がかかります。ホームブルワーにとっては、用具や条件が限られていることを考えれば、完璧なマッシングを望まずにある程度現実的なところで妥協すべきでしょう。

時間（$E=mc^2$：時間は相対的？）

　従って、デンプンを糖に分解するのにかかる時間は、酵素やデンプンの量とその温度によって異なります。一般的には、高い温度でマッシングすれば早く

第5章 上級編 〜Advanced Homebrewing〜

済む代わりにデキストリン濃度が高くなります。実際にやってみると70℃なら15〜25分、65℃なら45〜90分でマッシングできることが分かるでしょう。ただし、これは使用する副原料が25%以内の場合に限ります。

pH（ペーハー）

pH（"ペーハー"と読む）は酸性、中性、アルカリ性を数値であらわすものです。中性のpHは7.0で、それより数値が低ければ酸性で高ければアルカリ性です。**ジアスターゼ酵素の活動に最適なpHは5.2-5.8で、タンパク質分解酵素のそれは4.2-5.3です**。したがって両方の酵素に最適なpHは通常5.2ということになっています。つまり弱酸性。うまいことに水とグレインを混合するとpHの値がちょうどこの辺になるのです。これはグレインと水を混ぜた直後に酵素やその他の物質が化学反応を起こすためだそうです。また、ごく少量の石膏（$CaSO_4$：硫酸カルシウム）を水に溶いた場合には、この働きが助けられることが分かっています。だからたとえ使用する水が中性だったとしても、グレインが自然にそれを弱酸性にしてくれるということです。ホームブルーイングにおいては、蒸留した水や極度な軟水を使用しない限りpHを気にする必要は無いと思いますが、この辺については後ほどまた説明します。

マッシュの濃度

前述の内容から分かるように、グレインを溶く湯の量によってはマッシュのpHに差ができます。これによって酵素の活動に若干の影響が及ぼされます。つまりマッシュ濃度が高ければタンパク質分解酵素の好む環境になり、低ければジアスターゼ酵素の好む環境ができるというわけです。

醸造用の水に含まれるミネラル

ホームブルワーにとって最も重要なミネラルはカルシウム・イオンです。ビール造りではこのために石膏（硫酸カルシウム）を加えることが多いのです。硫酸カルシウムはマッシュを酸性化させαアミラーゼの活動を助けます。αアミラーゼはマッシュがある温度に達すると不活性化しますが、硫酸カルシウムにはその反応を和らげる効果があるのです。またそれと反対に多量の炭酸水素イオンが水に含まれていると、マッシュの糖化反応が妨げられることがあります。

大麦の種類とモルトの生成

　ビールの材料の中で一番重要な役割を持っているのが麦芽(モルト)だということは、いまさら言うまでもないでしょう。ブルワーとしてモルトを選ぶ場合には、次の3点に気をつけます。

　1) 大麦の種類: 二条大麦か、六条大麦か
　2) モルト度: どれくらいモルト化されているか(完全・不完全)
　3) 酵素力: 強いか、弱いか

大麦の種類

　1970年ごろまでアメリカのブルワーはたいてい六条大麦を使用していました。それは六条大麦のほうが二条大麦より作付面積あたりの収穫量が多いからでした。ちなみに1エーカー(1,224坪)あたり二条大麦で80ブッシェル(2160kg)収穫するところ、六条大麦ならその倍の160ブッシェル(4320kg)収穫できたということです。しかし品種改良によって、六条大麦と同じくらいの収穫ができる二条大麦が開発されてきたのです。二条大麦は六条大麦より実が大きく、見た目にもふっくらとしています。つまり、それだけ実の占める割合が多いということです。ということは、**同じ重量なら二条大麦のほうが六条大麦よりデンプン量も多く歩留まりもいい**ということになります。また実に対して穀皮(こくひ)(husk)の量が少なければ、それだけ殻に含まれているタンニンや"フェノール"のもたらすフレーバーも少なくなるので、ビールの味も必然的に柔らかくなるという考え方もあります。しかしだからといって穀皮が少ないほうがいいということではありません。大麦の穀皮(こくひ)にはビール造りに都合の良い部分もあるからです。それは麦汁を濾し集めるスパージングの際に、この穀皮が"自然濾過装置"の役割をするからなのです。実際、ブルワーがスパージングをするときには、この自然濾過装置の扱いにかなりの神経を使います。

　品種によっても違いますが、二条大麦の"酵素力"は一般的に六条大麦のそれより低くなっています。またアメリカ産の二条大麦にはイギリス産のものより強い酵素力があります。そして最近では六条大麦に匹敵する酵素力を持った二条大麦も開発されているのです。総じて二条大麦を使ったほうが高い"歩留まり"が得られることになります。大事なことは、二条大麦だろうと六条大麦

だろうと、マッシングのやり方さえ同じなら糖やデキストリンの質に違いは無いということです。

六条大麦で一番大きな比重を占めている部分は殻皮と胚子です。一般的に六条大麦には二条大麦より強い酵素力があり、米やスターチといった副原料を全体の30～40％まで添加してもこれを糖化する能力があります。そして殻皮の分量が多いためスパージングやローターリングが比較的簡単に行えるという利点もあります。しかしブルワーにとってみれば、スパージングの際に殻皮から抽出されるタンニンの量が気になることも確かです。

まとめれば、六条大麦は二条大麦に比べて麦汁の歩留まりが悪いけれど、副原料をたくさん使う場合にはその強い酵素力がブルワーにとってありがたい要素になるということでしょう。

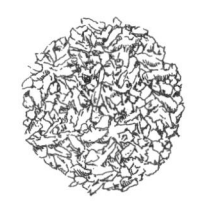

モルトのモディフィケーション

麦芽製造者の定義による"モディフィケーション"とは、麦の内胚乳（Endosperm）が水に溶けやすいデンプンやアミノ酸に変質していくことです。つまりどれくらいモルト化されたかという"モルト度"です。モディフィケーションは胚子の部分から始まり、穀粒全体に広がっていきます。この度合いによってモルトの質が違ってくるのです。

またモディフィケーションは長い分子連鎖を持つタンパク質を、イーストが食べやすいアミノ酸に転換していきます。従ってモディフィケーションを完全に行うフル・モディフィケーションでは、イーストの養分であるアミノ酸が充分に生成されるので、これを使えばマッシングの最初にアミノ酸を生成させる"プロテイン・レスト"の工程が必要なくなるのです。ただしこれには欠点もあります。発芽を完了させると麦粒に蓄えられている栄養分が新芽の成長に費やされてしまうのです。そうなるとデンプン量が減って、麦汁の歩留まりが悪く

なります。

　反対に発芽を途中の段階で止めるアンダー・モディフィケーションでは、麦汁の歩留まりは増すのですが、イーストの養分となるアミノ酸が充分に造られていないのでプロテインレストの工程が必要になってきます。したがって麦芽を製造するに当たっては、この発芽の進行を調整したいというブルワーの要望が出てきます。その要望に沿ってうまくモディフィケーションを調整するのが"モルトスター"と呼ばれる麦芽製造者です。

　モディフィケーションが進んだモルトを"ハイ・モディファイド・モルト"と呼びます。これにはイーストの養分となるアミノ酸の量が多く、プロテイン・レストにかける時間が少なくて済みます。またビールの濁りの元となる複雑構造のタンパク質が少ないので、済んだビールを造ることができます。ただし、発酵度に関してはマッシングをするときの温度調整に大きく左右されます。一方、モディフィケーションがあまり進んでいない"アンダー・モディファイド・モルト"の場合には複雑構造のタンパク質がより多く、アミノ酸の量がより少ないので、プロテイン・レストを充分にする必要があります。イーストの養分が不足すると発酵の速度が送れたり、発酵が不完全に終了するということが起こります。またビールの濁りもおきやすくなりまいす。この場合はマッシングの温度調整とイーストの養分が発酵度に関係してきます。

　平均的なモルトの成分はだいたい以下のとおりです。

水溶性のデンプン質	82-88％
発酵可能な糖分	12-18％
・グルコース	1-2％
・マルトース	8-11％
・モルトトリオース	3-5％
・シュクロース	1％以下

酵素力

　モディフィケーションと麦芽に含まれる酵素の量に相対関係はありません。麦芽製造の過程で生成される酵素の量は、六条大麦や二条大麦のいくつかある品種によって違います。一般的に六条大麦には二条大麦より多くの酵素が含ま

れていると考えられています。中には30〜40％もの副原料を糖化する能力のある六条大麦も存在します。二条大麦の場合この割合はせいぜい10〜20％に留まるでしょう。したがって、入手できる材料や技術力に限界があるホームブルワーとしては、副原料の使用はできるだけ少なくしておくのが賢いやり方だと思います。酵素力の強い大麦モルトを使用するなら添加する副原料の量は20％以内、弱い大麦モルトなら5-10％以内に抑えておきたいところです。これくらいなら多分心配はありません。

副原料（デンプン）の使用

　ビールの原料は基本的に大麦モルト、ホップ、水それにイーストです。ドイツにはそれ以外の材料をビール造りに使ってはならないという"ビール純粋令（Reinheitsgebot）"なる法律が存在し、1980年代まではこれが厳格に守られていました。ドイツ人にとってビールはまさしく"国民的飲み物"なのです。しかし現在ではドイツもEC（ヨーロッパ共同体）のメンバーとなったので、この規則もオプションとなっています。

　しかしドイツを唯一の例外とすれば、穀類やデンプンのとれる野菜などがたくさん生育する地域では、これらが大麦モルトに代わる安価な原材料としてビール造りに使われてきました。実際どんなデンプンでも発酵可能な糖分に変換することが可能なのです。代表的なものとしては、大麦（モルトでない）、小麦、トウモロコシ、オート麦、じゃがいも、米、ライ麦、ライ小麦、粟、タピオカなどがあります。これらの副原料はビールに特別な風味や色あいをつけたり、泡立ちを安定させる為などにも使われたりしています。副原料を使ったビールはたいていの場合ライトなボディになりますが、使われ方しだいでビールの味は良くも悪くもなるのです。

　高度な技術を持っているブルワリーであれば、副原料を最大40％まで使うことも可能でしょう。しかしホームブルワーの場合は、せいぜい10-20％までが限界だと思います。しかも質の良い素材を選び、それに適切な前処理を施し、マッシングを注意深く行うといった条件を満たしての話です。細心の注意を払って醸造を行えばたいていの問題は回避できます。もちろんホームブルワーにはどうにもならない問題もありますが、だからといって副原料をあきらめてはいけないと思います。いろいろな材料を試すことでこれまでに無いビールがで

きたり、偶然にもクラシックなビールに近いものができたりするかもしれないのです。ホームブルワーのそういった情熱こそが、ビールの新境地を開いていくのですから。

　一番良くある問題は、ロータリングやスパージングのときに麦汁がうまく流れ出ないということです。これはスパージングのとき自然にできるグレイン・フィルターの目を、副原料に使用した野菜などの粘性物質が詰まらせてしまうからです。もう一つの問題はビールの濁りです。これはマッシングのとき分解しきれなかった不溶性のタンパク質がビール中に残留しているためです。またビールの泡立ちが悪くなるのは、野菜油のせいです。これは副原料がしっかりと前処理されていないことで起こります。したがって、これらの問題は副原料の前処理をしっかりと行えば回避できるのです。

副原料の前処理

　副原料として使用するデンプン質は酵素が分解できる状態に加工する必要があります。その為の処理工程を"ゼラチナイゼーション（Gelatinization）"と呼んでいます。つまりゼラチン化することによって、副原料に含まれているデンプンを水に溶けやすく酵素に分解されやすい状態に変化させるのです。"ゼラチナイゼーション"と言うと難しそうですが副原料を加熱処理するだけのことなのです。それもホームブルーイングの場合はたいていは煮込むだけで済みます。売られている副原料（穀物）にはゼラチン化されたものもあればそうでないものもあり、加工状態はさまざまです。以下にそれらの状態を分類して説明しましょう。

① **ホール・グレイン（丸ごと）**

　何も加工してないそのままの状態。当然ながら最も安く手に入りやすいが、ハスク（殻皮）やブラン（糠）、それに胚種もグレイン（穀物）についたままだ。この丸ごとグレインをそのまま挽いて使うと、ビールに好ましくない特徴や不快な風味がついてしまう。ハスクにはタンニンが含まれているので、それがフェノール・フレーバーや渋みの原因となるのだ。またブランや胚種には脂肪や油が存在している。これはビールの泡持ちを悪くさせるだけでなく発酵の妨げにもなる。特に古く保存状態の悪いグレインには酸化された油特有の不快な匂いがあり、ビールの風味を著しく損なう。

第5章　上級編　～ Advanced Homebrewing ～

② デ・ハスクト（皮むきされたグレイン）

　大麦、玄米、ライ麦、オート麦、粟、ライ小麦や小麦などで皮むきされたものが売られている。これらは、刺激的なフレーバーを引き起こす皮が取り除かれているが、油や脂肪はそのままだ。特に油分の多いグレインを使用する場合は、ビールの風味にかなりの影響があることを覚悟すること。デ・ハスクトのグレインはゼラチン化されていない。

③ デ・ブランド（糠を取り除いたグレイン）

　精製され糠が取り除かれたグレインのことで"パール"と呼ばれたりもする。"パール・ライス（白米）"などがその一例。これはこのままミルなどで挽いて使うことができるが、やはりゼラチン化はされていないことに注意。

④ グリッツ（顆粒状にされたグレイン）

　殻皮も糠、胚種が取り除かれ、顆粒状になるまで挽かれたもの。ただしゼラチン化はされていない。

⑤ フレーク（片状に固めたグレイン）

　前出のグリッツを蒸気で湿らせてローラーでフレーク状に固めたもの。湿ったグレインを高温高圧のローラーでつぶすとかなりの温度になるが、その熱のせいでグレインは一瞬にしてゼラチン化される。これはそのまま副原料として使用が可能。見た目はオートミールやコーンフレークのような感じだ。

⑥ トレファイド（加熱処理したグレイン）

　加熱処理して膨らんだグレインで"ライス・パフ"のようなもの。これもゼラチン化が完了しているのでそのまま使える。

⑦ リファインド・スターチ

　コーン・スターチに代表されるもので、熱処理加工が済んでいるのでそのまま使える。ホームブルワーにとっては一番使いやすい状態の副原料だ。

入手しやすい一般的な副原料
バーレイ（大麦）

　モルト化されていない大麦は一番古くからビールの副原料として使われていたと思われます。あのギネス・スタウトにも使われています。これを使うとビールの"ヘッド"（上面にできる泡の冠）が長持ちするという利点がありますが、反面"チル・ヘイズ（低温濁り）"の元ともなります。これはモルト化されていない窒素成分を含んだタンパク質が複雑な構造のまま大麦に残されているからです。バーレイを使うときにはフレークが最適です。パールやデ・ハスクトを使用する場合にはミルなどで粒状に挽いておく必要があるでしょう。ホームブルーイングの場合には使う前にちゃんと調理してゼラチナイゼーションを行い、マッシングでしっかりと糖化させたほうが良いでしょう。バーレイは低温でも容易にゼラチン化されますが、野菜の粘性物質がたくさん含まれているのでロータリングやスパージングのときに麦汁の流れが悪くなるかもしれません。

コーン（トウモロコシ）

　コーン・スターチから生成される中性の風味を持った糖分はビールのボディやフレーバーを軽くします。これを 10-20% 使えばビールの風味が安定すると考えているブルワーもいます。普通のコーン・スターチが一番使いやすいけれど値段も高い。フレークのもの（朝食用のコーン・フレークではない。朝食用のものには添加物が含まれている。）もマッシングしやすい。コーン・グリッツを使うなら 30 分以上煮込むこと。いずれにしてもスターチを使うときには、マッシングの前にゼラチナイゼーションをしておく必要があります。

オート麦

　オート麦にはタンパク質のほかに脂肪や油が多く含まれているため、ビールの材料としてあまり適切ではないように思われますが、私は何度もこれを使ったおいしいビールを味わっています。特にオートミール・スタウトには欠かせない材料でしょう。オートミール・スタウトは非常に印象に残るビールで、ホームブルワーから人気が高まったものです。市販のものもいくつかあります。使うならば 500g-1kg をマッシュに入れるといいでしょう。

第5章　上級編　～Advanced Homebrewing～

ポテト

　ポテトは安く手に入るし容易にゼラチン化できるので使いやすい材料だと思います。しかし"ポテト・ビール"というイメージに対する偏見があるのか、あまり人気のある材料ではありません。ポテト・スターチはビールの風味や性格にはあまり影響を及ぼさず、単に発酵材料としてアルコールを造りだします。使うときにはスライスしたり潰したりしたものをそのままマッシュに加えればよいでしょう。マッシングの温度で容易にゼラチン化されますが、もし心配なら加熱調理しておいても良いでしょう。

米

　ビール会社が好んで使うこの副原料はビールの風味とボディを軽くするものです。パール・ライス（白米）やライス・グリッツが使いやすく一般的ですが、使うときは必ずマッシングの前に30分ほど煮込んでゼラチン化しましょう。ホールで入手した場合は顆粒状に挽いてからゼラチナイゼーションをします。

ライ麦

　ライ・ウイスキーの原料として良く知られているライ麦がビールに使われることはまれですが、ライ麦モルトは小麦モルトに近い性質を持っています。またモルト化してないライ麦はドライでキレの良い風味をビールにつけます。ライ麦もマッシング温度で充分にゼラチン化されますが、その過程で同時に生成される粘性物質はスパージングのときの妨げになる可能性があります。しかしホームブルワーなら一度は使ってみたい材料ですね。

粟（Millet）

　粟にはたくさんの油脂が含まれていて古くなるといやな臭いをはなちます。古くなった粟は使うべきではないでしょう。ある実験で粟から油脂を取り除き、ビールの材料に適したものにすることに成功しています。ホームブルーイングならたいていはフレッシュなうちに飲まれてしまうので問題ないかもしれません。私も興味を抑えきれずに使ってみたことがあります。粟を使ったビールはヒマラヤやネパールなどに見られます。これらの地方では粟がたくさん栽培されているのです。

タピオカ（カッサバ）

　タピオカはカッサバという熱帯植物の根から採れるデンプンで、ポテトに良く似た性質を持っています。私はこのタピオカ・ビールをフィジーで飲んだことがあります。カッサバの根を 24 時間も煮て、それに砂糖と水とイーストを加えて造ったもので、とてもイーストの香りが強い濁ったビールでしたが、そんなにまずいものではなかったと記憶しています。とにかく驚いた（と言うより、うれしかったのだが）のは、その前日に島の人たちにこう聞かれたことです。「あなた、ホームブルーイングしたくない？明日一緒に造りましょう。」もし万一あなたがそんな場面に出くわしたら、迷わずにカッサバを潰してマッシングして欲しいと思います。

ライ小麦（Triticale）

　ライ小麦というのはライ麦と小麦を掛け合わせてできた品種で、"Triticale"という登録商標にもなっているものです。非常に低い温度でゼラチン化できますが、まだこれを使ってビールを造った人を知らないのです。誰か試してくれませんか？

小麦（Wheat）

　小麦や小麦モルトは良くビールに使われています。小麦モルトは大麦モルトと同じ様に挽いてからマッシュにします。ただし小麦モルトには酵素があまり含まれていないので、マッシュするときには酵素力の強い大麦モルトと混ぜるのが望ましいのですが、そうしなければいけないということではありません。

　一方モルトにされていない小麦の場合は、フレークや小麦粉の形で使われることが多く、どちらも直接マッシュに加えることができます。特にフレークはゼラチン化されているので、そのままマッシュしても良いのですが、私は安全策としてどんなものでも前処理（加熱）しておくことをホームブルワーには薦めています。小麦を材料に使うのは経済的な理由のほかに、ヘッドを良くし風味やボディを軽くするねらいがあります。ですからタンパク質の少ない薄力粉(ソフトタイプ)に人気があります。小麦にもやはり"チルヘイズ（低温濁り）"を引き起こしたり、ロータリングの際のろ過を妨げるという問題があります。

第5章　上級編　〜 Advanced Homebrewing 〜

蕎麦（その他）

　キノア（Quinoa）、テフ（Tef）、ディンケル（Dinkel）、アマランス（Amaranth）、蕎麦。全く聞いたことも無いような材料が、次から次へと私の興味を掻き立てます。ホームブルワーなら誰しもがそうでしょう。でも調べてみれば必ず誰かがどこかでやっているに違いありません。もし周りにそんな人が居なかったら、是非あなたが一番乗りとして名乗りをあげるべきでしょう。キノアはペルー、テフはエチオピア、蕎麦はアジア、ディンケルは古代の小麦、そしてアマランスは南アメリカに住むインディオたちが食す栄養価の高い植物です。どれを使ってもユニークなビールができるに違いありません。まだまだ珍しい材料がいくらでも登場してきそうです。ついこの前も野生の米を使ったビールが紹介されたばかり。それもウィスコンシンとミネソタにある2つのブルワリーから同時に。次は誰か"蒲"を使ったビールでも発表してみませんか？ただし使う前に必ず煮込んで、デンプンをゼラチン化しておくことを忘れずに。

上級者のホップ使用

　上級者（アドバンスト・ホームブルワー）ともなれば、複雑な方程式を用いて苦味度の計算をする場合があるかもしれません。もちろんなによりも"経験"こそがホームブルワーにとって一番大事なことであるのは言うまでもありません。積み重ねた経験があって初めて苦味や風味、あるいはアロマやボディといったビールの構成要素が調整できるようになるのです。そして理論は質の良い新鮮な材料に取って代われるものでもないのです。

　ビールの苦味度数を数値で表し、それに基づいてホップの種類と使用量を算出する方程式があります。この数値は IBU（International Bitterness Unit）と呼ばれ、世界中のビールの苦さがこの数値で表されることになっています。その方程式を学ぶ前に、醸造過程で苦味成分が失われる条件について説明しておかなければなりません。た

とえレシピの指定どおりにホップを使ったとしても、そのホップに含まれているアルファ酸の苦味が、そのまま100%ビールに生かされるとは限らないからです。

例えばここに5ガロン（19リットル）のビールを仕込むとします。100%麦汁の理想的な条件で5ガロンのウォートを造り、それにホップを投入して煮込んだとしても、アルファ酸が苦味を出す"イソ・アルファ酸"に変換される率は50%以下でしょう。もしこれが100%麦汁の5ガロン・ウォートではなく、モルトエキスを煮込んだ2ガロンくらいのウォートを後から冷たい水で割った場合には、アルファ酸がイソ・アルファ酸に変換される率は更に少なくなるでしょう。つまりウォートの濃度が濃いほど、この"アルファ酸利用率"は低くなるのです。

更にイーストやタンパク質にはこの苦味成分であるイソ・アルファ酸の分子を引き付けてしまう性格があり、発酵途中にこれが沈殿して失われます。またビールの泡も苦味成分を外に運び出してしまうので、発酵段階や容器の移し替えのときなどにもかなりの苦味成分が失われていることになります。これらをのこと考えれば、ホップの持っている苦味の要素がビールに生かされる率はせいぜい30%といったところでしょう。

実際の"アルファ酸利用率"は、"最後に残ったイソアルファ酸の量"を"使用しアルファ酸の量"で割ったものになります。

%U（α酸利用率）＝（最後に残ったイソα酸の量÷使用したα酸の量）×100

では、レシピに示されたIBUを導き出すホップの量はどうやって算出したらよいのでしょうか？その時には、以下の数式を用います。

<メートル法>
　重さ（g）＝｛容積（リットル）×IBU×10｝÷｛ホップのα酸%×%U｝
　IBU＝｛重さ（g）×ホップのα酸%×%U｝÷｛容積（リットル）×10｝
<米国式>
　重さ（oz）＝｛容積（ガロン）×IBU×1.34｝÷｛ホップのα酸%×%U｝
　IBU＝｛重さ（oz）×%ホップのα酸×%U｝÷｛容積（ガロン）×1.34｝

第5章　上級編　～ Advanced Homebrewing ～

例えば、α酸5%のハラタウ・ホップを使ったとします。これをモルトエキス6ポンドを2ガロンの湯で割ったウォートに、煮込み終了の15分前に投入したとします。すると下の表から割り出したこの場合のα酸利用率は6%になるので、最終的なこのビール（5ガロン）の苦味度数（IBU）は以下の計算式から導かれます。

IBU ＝ {1×5×6} ÷ {5×1.34} ＝ 4.5 IBU

実は本書で使用しているHBU（Homebrewers Bitterness Unit）からもIBUが簡単に算出できるようになっています。

IBU ＝ {HBU×％U} ÷ {容積（ガロン）×1.34}

本書の場合なら全て5ガロンの仕込みが前提なので、これは以下の式に簡略化できます。

IBU ＝ {HBU×％U} ÷ 6.7

ウォートの比重と煮込み時間に基づくホップの使用チャート

煮立てるウォートの比重		1.040	1.070	1.110	1.130	1.150
水1ガロンに対するモルトエキスの量		1 lbs/gal	2 lbs/gal	3 lbs/gal	4 lbs/gal	5 lbs/gal
煮込み時間	15分	8%	7%	6%	6%	5%
	30分	15%	14%	12%	11%	10%
	45分	27%	24%	21%	19%	18%
	60分	30%	27%	23%	21%	20%

上級者の醸造用水

　ビールの質を追及していくと水の質が気になりだします。水にはビールの味を左右する重要な要素がたくさん含まれているのです。水と一口に言っても実は複雑で、その中ではミネラル、pH（酸性度・アルカリ度）、硬度、それに温度などの要素が互いに影響し合っているのです。オールグレインでビールを仕込むようになると、水の重要性はますます大きくなります。市販のモルトエキスであれば、工場でマッシングされたときにミネラル等のバランスが調整されています。モルトエキスは適切に造られたウォートから水分だけを蒸発させたものなのです。しかしホームブルワーがオールグレインでビールを造る場合には、酵素が効率よく働けるようなミネラルの状態を自分で調整する必要が出てきます。だからビール醸造に適した水質というものを知っておくことが非常に重要で有意義なことになってくるのです。特にワールド・クラシックなビールを模倣しようとするならば、水質に関する化学知識は欠かせないものになってきます。

　とは言いいながら、ホームブルーイングの場合には水質にこだわる必要性は少ないと思われます。"よほどの硬水"でない限り飲料水で大丈夫。むしろ消毒や温度管理といったことのほうがホームブルーには影響が大でしょう。その他いろいろ気を使うべきことはたくさんあるので、それに比べれば水質に関するこだわりは重要度が低いと言えます。

　ここで言う"よほどの硬水"とはミネラル含有量が111〜200ppmのものです。こういう水を使うと酵素が働きにくいためマッシングがうまくいかない場合があるのです。"硬質な水"とはpH8以上で、一時硬度と永久硬度のいずれもが高いものを指します。この場合はアルカリ度が強いため酵素が働きにくく、デンプンを糖に変えることが難しいと考えられています。こういった水でマッシングを行うと麦汁の歩留まりが悪くなるので、その対策として自然の酸や食用の酸をマッシュに加えアルカリ度を下げたりするのです。

　たいていのホームブルワーは水道水を使っていると思います。この場合には活性炭フィルターを使うとビールの質がドラマチックに向上します。しかも簡単に。つまり浄水器を使って水道水に含まれている消毒用のクロリン（塩素）を取り除くのです。クロリンは有機物と結合しやすいのでウォートの成分とも結合し、クロロフェノールという物質を造ります。この物質は1/1000ppm

第5章　上級編　～ Advanced Homebrewing ～

という微量でビールの風味やアロマを台無しにします。だから、おいしいビールを造るには水とビールの関係を知っておかなければならないのです。

硬い水と軟らかい水

　水が"硬い"とか"軟らかい"とかいった表現はどこから来たのでしょう？実はこれは石鹸との関係から出てきた言葉なのです。ミネラル含有量の高い水は一般的に泡が立ちにくく、英語ではこれを"Hard to lather!（泡が立ちにくい）"と表現するので"Hard Water（硬水）"と言うようになりました。そこから反対にミネラル含有量が低く泡が立ちやすい水を"Soft Water（軟水）"ということになったのです。この場合のミネラルとは、重炭酸塩 $\{2(HCO_3)\}$、マグネシウム（Mg）、カルシウム（Ca）のイオンのことです。

　水の硬度には"一時硬度"と"永久硬度"があり、この二つを統合して"総硬度"と呼んでいます。アメリカではこれを ppm（百万分の1/parts per million）の単位で計って定めています。

　　0-50ppm：軟水
　　51-100ppm：中硬水
　　111-200ppm：硬水
　　201以上：高硬水

一時硬度とは？

一時硬度はアメリカの場合重炭酸塩の含有量で決まります。重炭酸塩に含まれる炭酸水素イオン（HCO_3^-）は簡単に析出沈殿しやすく、水を煮たりある種の酸を加えたりすることで容易に取り除くことができ、その影響が"一時的"なのです。しかし重炭酸塩の含有量が100ppmを越す水は好ましくありません。なぜなら100ppmを越すと水がアルカリ性になるだけでなく、ビールにとげとげし苦味がつくのです。アルカリ性の水はマッシングのとき酵素の活動を妨げます。ただしグレインをスパージングするときにアルカリ性の水を使うと、穀物の持つ好ましくない渋みを抽出してしまいます。

永久硬度とは？

アメリカの場合この判定は主にカルシウム・イオンとマグネシウム・イオンの含有量によって定まります。特にカルシウム・イオンの役割が大きいでしょう。これは水を煮立てたあとに残った部分の総硬度です。一般的に永久硬度やカルシウム・イオンは水の酸度を増します（pHを低くする）。オールグレインでビールを仕込む場合にはマッシュがある程度の酸性であることが望ましい（酵素の活動はマッシュのpHが5.2のとき最も良くなる）ので、むしろこの硬度はある程度好ましいと言えるでしょう。

pHと醸造の関係は？

pHとはアルカリ度や酸度を示す数値で、0～14のレンジで表されます。その中間の7.0を中性とし、それより大きければアルカリ性、小さければ酸性ということになっています。pHは温度によって若干異なり、液体の温度が66℃のときのpH値は、18℃のときのpH値より0.35低くなります。したがって、ウォートの温度が66℃のときpH値が5.2だったとしたら、そのウォートが18℃になったときにはpH値は5.55ということになります。ただし水のpH値がそのままマッシュのpH値になるわけではないので注意。むしろカルシウムなどのミネラル含有量による影響のほうが、見せかけ上のpHより大きいのです。

酸性かアルカリ性かを判定するためには"リトマス試験紙"を使うと良いでしょう。薬局などで手に入ります。

ミネラルと醸造の関係は？

　ビール醸造に最も影響のあるミネラルはカルシウム・イオンです。水に含まれているカルシウムが大麦モルトに含まれているリン酸と共同してマッシュを酸性にするのです。この現象を"Buffering"と呼んでいます。だいたい50ppmのカルシウムが含まれていれば、マッシュのpH値は5.2くらいになります。たとえ蒸留水（pH7.0）を使ったとしても、ほんの少量カルシウムが含まれているだけでマッシュはpH5.8にまでなってしまうのです。カルシウム・イオンにはこの他にも、αアミラーゼが温度上昇によって活動停止するのを防いだり、ウォートから糠やタンニンの風味を取り除いたりする働きがあります。ただし、カルシウムが多すぎるとギスギスして貧弱な風味がでてしまったり、ウォートを煮込んでいるときにホップからレゾンが溶け出す"イソ化"を妨げ必要な苦味が抽出できなかったりすることもあります。

　これに対して一時硬度を構成する重炭酸塩イオンはカルシウム・イオンの働きを妨げ、100ppmを越すとマッシュをアルカリ性にします。

マッシュのpHはどうやって調整するのか？

　マッシュのpHを調整する最も安全な方法は石膏（硫酸カルシウム：$CaSO_4$）を添加することです。もし石膏を使うのがいやなら（特にピルスナーには軟水が適しているので）、乳酸を添加する方法もあります。これなら簡単にマッシュを酸性にできます。もっと洗練されたテクニックとして"アシッド・レスト"と呼ばれる方法がありますが、これについては更に勉強する必要があるでしょう。

　自分の家に引かれている水道水の水質については、管轄の水道局に問い合わせるとよいでしょう。世界の主だったビールに使われている水の成分表を、次ページに載せたので参考にしてください。

世界各地の水質とミネラル含有量

ミネラル（イオン）	ピルゼン	ミュンヘン	ダブリン	ドルトムント	バートン・オン・トレント	ミルウォーキー
カルシウム（Ca^{2+}）	7	70〜80	115〜120	260	260〜352	35
硫黄（SO_4^{2-}）	5〜6	5〜10	54	283	630〜820	18
マグネシウム（Mg^{2+}）	2〜8	18〜19	4	23	24〜60	11
ナトリウム（Na^+）	32	10	12	69	54	?
塩素（Cl^-）	5	1〜2	19	106	16〜36	5

数値は ppm（perts per mi;;ion）

日本の醸造用水

　このところ水に関する関心は高まるばかりだ。パイウオーターやらイオン交換浄水器やら、水にまつわる商品には事欠かない。そういった"健康によい"水を使うとおいしいビールができそうだ。でも、ちょっと注意しよう。せっかくいい水を使ったつもりが、思いがけない結果を生んでしまうかもしれない。

　水の中にある微量のミネラルはビール造りに影響を与えている。だから、ミネラル分を全て取り去ったり、不用意に他のミネラルに交換すると上手にビールが造れない。ミネラルのない"純水"を使ったから、"純粋"なビールができるというのは誤解というものだ。同様に"硬度を変えられる"浄水器や"逆浸透圧フィルター"なども要注意だ。一般な日本の水道水であれば、あまり手を加えなくてもおおむね適正なミネラルが含まれている。この成分を生半可な知識でいじくりまわすと、ミネラルバランスが崩れてしまう。その結果、適正なpHが得られなくなったり、イーストが健康な状態で活動できなくなったりする。要注意である。また、あまり特殊な種類のミネラルウオーターの使用にも同じような意味での注意が必要だろう。

　もうひとつ注意しなくてはならないのは、浄水器のメンテナンスだ。たとえビール造りに適した浄水器を用いても、衛生面に対する注意を怠れば浄水器自身が微生物汚染の温床になってしまう。それでは元も子もない。（大森治樹）

第5章　上級編　〜 Advanced Homebrewing 〜

自分で水の成分を調整できるか？

　水の成分を調整する場合、ミネラルの少ない水にミネラルを添加するほうが、多い水からミネラルを取り除くよりずっと簡単です。使っている水が軟水でミネラルも手に入れやすければ、ホームブルーイングにはうってつけの環境でしょう。反対に硬水しか手に入らない人はミネラルを減量するより、蒸留水を買ってきてそれにミネラルを足していったほうが楽でしょう。あるいは浄水器などを使って水を浄水する方法もあるでしょう。特にクロリン（塩素）などは比較的簡単に取り除けます。ビール醸造に使えるミネラルは様々ありますが、使うに当たってはその化学的な特質をよく理解してからにしましょう。ビールに添加できるミネラルについてだいたいの目安を示したので参考にしてください。

それぞれ5ガロンの水に添加した場合のミネラル含有量

石膏($CaSO_4$)：小さじ1杯で
カルシウム・イオン(Ca^{++})　　　　55ppm
硫酸イオン(SO_4^{--})　　　　135ppm

食塩($NaCl$)：小さじ1杯で
ナトリウム・イオン(Na^+)　　　　135ppm
塩素イオン(Cl^-)　　　　135ppm

硫化マグネシウム($MgSO4$)：小さじ1杯で
マグネシウム・イオン(Mg^{++})　　　　52ppm
硫酸イオン(SO_4^{--})　　　　207ppm

塩化カルシウム($CaCl_2$)：小さじ1杯で
カルシウム・イオン(Ca^{++})　　　　95ppm
塩素イオン($2Cl^-$)　　　　84ppm

上級者のイースト管理

　衛生管理（サニテーション）をしっかりと行えばドライ・イーストでも充分に満足のいくビールはできます。しかし培養した液体イーストを使ってみると、そのでき上がりの素晴らしさに驚かされることは間違いありません。液体イーストにはそれだけのパワーがあるのです。イーストの培養にはそれなりの手間と時間がかかります。またそれによってビールがどう変化するのかということをしっかりと認識することも大事です（これに関しては第2章にある"発酵の秘密"に書いてあります）。純粋培養されたビア・イーストの入手については、近くのホームブルーショップやブルワリーで聞いてみてください。

　生の培養イーストを手に入れたら、以下のことをします。

　　1）培養するための媒体（ウォート）を用意する
　　2）保存するためのイーストを培養する
　　3）ビールを発酵させるためのイーストを培養する

　イーストの培養と言っても、あなたが思っているほど難しいものではありません。もちろん面倒ならばそこまでしなくてもかまわないのですが、手間を惜しまずにやってみれば必ず報われたことが分かるでしょう。結果を目の当たりにしてきっとニンマリするはずです。

イーストの培養
　イースト培養の仕方にはいろいろありますが、共通しているのは殺菌・衛生を最大のポイントとしていることです。これからご紹介するのは私自身が長年やってきた方法で、非常に簡単な上に特別な器具を必要としないので、ホームブルワーには最適だと思います。

用意するものは
　　きれいなビール瓶：12本
　　王冠：12個
　　ビール瓶の口にあったエアーロック：2-3個

第 5 章　上級編　〜 Advanced Homebrewing 〜

ドライ・ライト・モルトエキス：6 oz（170g）
ホップ（苦いもの）：1/4 oz（7g）
水：2.5リットル
キッチン・ブリーチ
消毒用エチル・アルコールか、高アルコールウォッカ
ストレイナー（小）
注ぎ口のあるメジャーカップ（ガラス製）
ガスライター
綿棒

これらを使って殺菌されたウォートを何本かのビール瓶に詰め、その中でイーストを培養してみましょう。

培養するための媒体

1) 6 oz（170g）のモルトエキスと1/4 oz（7g）のホップを2.5リットルの水に溶き30分煮込む。このウォートにはホップが濃厚に効いているので、バクテリアの増殖を抑えることができる（モルトエキスの代わりに他の糖分を使わないこと）。

2) ウォートを煮ている間にビール瓶の殺菌を済ませておく。きれいに洗浄したビール瓶一本一本に1ccのキッチン・ブリーチを入れ、水をいっぱいまで注ぐ。約15分置いたら熱い湯でリンスする。最後にお湯を瓶いっぱいに入れて置いておく…。

3) 王冠とガラス製のメジャーカップを最低15分煮沸して消毒する。

4) ウォートを30分煮込み終わったらストレイナーでホップをきれいに濾し採り、更にウォートを10分以上煮沸する。

5) ビール瓶の湯を捨てる。

6) 消毒したメジャーカップでそれぞれの瓶に170gのウォートを流し込む。このとき部屋には埃一つ立たないよう清潔にして、すきま風が入らないように締め切る。瓶詰めする時には息も止めよう。

7) ウォートを流し込んだらただちに消毒した王冠をする。

8) ラベルに「殺菌済みウォート」とでも書いておこう。それから瓶を室温でゆっくりと冷ます。

培養の仕方

　イーストの培養に当たって最も大事なことは、雑菌やバクテリアを寄せ付けないようにすることです。作業の全工程においてこれを徹底してください。まず埃が立たず、すきま風の入らない部屋を選ぶ。どうしてもキッチンでやらざるを得ないときには、イーストを外気にさらさないように気をつけてください。キッチンにはたくさんの雑菌やバクテリアが油や汚れなどの粒子に"乗って"漂っているので、イーストは簡単に汚染されてしまいます。こうした環境を整えたなら：

1) 「殺菌済みウォート」の入ったビール瓶を勢いよく振ってして"エアレーション(ウォートに酸素を取り込む)"してやる。
2) 水で薄めたキッチンブリーチにエアーロックとゴム栓を浸して消毒する。このときのブリーチ量は1リットルの水に対して5ccくらい。
3) ビール瓶の栓を注意深く抜く。
4) 純粋培養したイーストの容器を注意深く開け、イーストをウォートに注ぎ込む。注意：このときイーストを入れていた容器の口が空気に触れていたら、そこから雑菌が混入する恐れがある。もし容器が瓶やガラス製のものであれば、この注ぎ口をアルコールに浸した綿棒でよくふき取り、その口をガスライターの火で焼いておこう。こうすれば容器の口に付着していたかもしれないバクテリアや雑菌は死滅するはずだ。ただし、アルコールは揮発性があり引火性が強いのでアルコールの容器を遠ざけてから火をつけるように。もちろん容器のふたもしておこう。もし容器がガラス製でなければ、アルコールに浸した綿棒でよく注ぎ口をふき取っておくだけにする。
5) イーストをウォートに添加したなら、消毒液に浸しておいたエアーロックとゴム栓をビール瓶の口に差し込む。その後エアーロックに極薄の消毒液を半分くらい入れる。
6) イーストを添加したウォートは室温で発酵を始めるまでに6~18時間か

第 5 章　上級編　〜 Advanced Homebrewing 〜

かるだろう。

7) 発酵がしっかりと始まったことを確認したら、今度はその瓶をそのまま冷蔵庫にしまう。発酵していない瓶を冷蔵庫に入れると、温度の低下により内部の気圧が下がってエアーロックの水を吸引してしまうことになるので気をつけよう。発酵が始まっていれば、瓶内には炭酸ガスが発生しているので、これが圧力となって決して外部から空気の入ることは無い。冷蔵庫に入れると発酵は遅くなるが止まることは無い。少なくとも 2 〜 4 週間は活動しつづけるだろう。

8) 活動が収まったら、今度はそのイーストをウォートの入った他のビール瓶に注いでいく。こうして次々とイーストを移して、12本の培養イーストができあがる。

　専門家はこのやり方に首をかしげるかもしれませんが、私の経験ではこうして 1 年以上も保存しておいたイーストで素晴らしいビールが造れました。ただし、発酵している期間中は瓶に栓をしてしまわないように。また冷蔵庫の中というのは、おそらく家中でもっともバクテリアの繁殖している場所なので、保存しておいたイーストを使うときには必ず注ぎ口に火をつけて消毒することを忘れないように。

ステップ・カルチャリング

　ウォートをできるだけ早く、しかも活発に発酵させるためには充分な量のイーストを添加する必要があります。5 ガロン仕込みに対して 100 〜 200g のイーストのオリを投入できれば理想的ですが、これはかなりの量のイーストになります。イーストのオリは、一段階目の発酵容器の底に溜まったものから採取するのが良いでしょう。ちょっと質が落ちますが二段階目の発酵のオリでも可能です。あるいは培養しておいたイーストをどんどんと新しいウォートに移して増やしていく方法もあります。200cc くらいから初めて、500cc、1 リットル、4 リットル、10 リットル、5 ガロンと増やしていきながら、底に溜まったオリを採集すれば良いのです。このやり方を "ステップ・カルチャリング" と呼んでいます。発酵容器の底にたまったイーストを次の仕込みに使うのは簡単でいて効果的ですが、イーストが雑菌に汚染されていないことが絶対条件です。疑わしいものは使わないようにしましょう。

ステップ・カルチャリングは手間も時間もかかる方法ですが、非常に効果的です。どれくらいの段階まで培養するかは自由ですが、私の経験ではたった500gのウォート瓶で培養したイーストでも素晴らしいビールが造れました。理論的にはこの量では少なすぎ、実際そのときも発酵が始まるまでに12〜18時間かかったのですが、それでもしっかり発酵したのです。だからイーストの量がもっと多ければ、もっと早く発酵が始まるでしょう。

イーストの長期保存

発酵のサイクルを一巡し栄養源となる物質を食い尽くしたイーストは休眠状態に入っていきます。休眠状態の期間はイーストの種類によっても異り、それを過ぎるとイーストは死んでしまうのです。冷凍すればもっと長期の保存が可能になりますが、冷凍することによってイーストの細胞膜が破壊されないようにする必要があります。これにはイーストに全体量の10％くらいのグリセリンを添加します。こういった処置が適切になされれば、イーストは冷凍状態で1年くらい保存することができます。

イーストの汚染

イーストは保存されている間にもバクテリアや野生酵母によって汚染されることがあります。したがって疑わしい場合には必ず最初のステップに立ち返って、新鮮に培養されたイーストを使用するようにしましょう。イーストは他のバクテリアより酸に強いので、この性質を利用して汚染されたイーストを弱酸性の液体で洗う方法もあります。ただこのやり方だとイーストの力も弱まるかもしれません。一方、バクテリアではなく野生酵母に汚染された場合には手の施しようはありません。

もっと詳しくは…

1989年の＊『Zymurgy』特別版にはこのイーストの特集が組まれています。80ページ全てがホームブルーイングのためのイースト研究に費やされているので、興味のある人は是非読んでみてください。

＊『Zymurgy』はチャーリー・パパジアン氏が会長を勤めるAmerican Homebrewers Association（AHA）が発行しているホームブルーイング専門誌です。巻末に案内があるので参考にしてください。

第5章 上級編 〜 Advanced Homebrewing 〜

上級者の道具

　これだけ細かい注意ごとがあるのにまだオールグレインでビールを造りたいと言うのなら、あなたの信念は本物でしょう。それだけの覚悟があれば必ず成功するというものです。

　それでは必要な用具について説明しましょう。だいたいはどこでも買えるか、自分で簡単に作れるものばかりです。自分で作る自信が無いときには、先輩ブルワーに助っ人を頼むという手もあります。とにかく、オールグレイン・マッシングをする時に必要な道具は次の4つ：

- グレインミル：モルトを挽く器具のこと(コーヒーミルでも可)
- マッシュタン：マッシュを一定温度に保つ容器
- ロータータン：マッシュからウォートを湯で濾し採るための容器
- ウォートチラー：熱いウォートを迅速に冷やす器具(たいていは銅製のコイルが使われる)

　用具の使い方を説明する前に、まずその作り方を説明しておきましょう。

グレインミル：グレインを挽くための器具

　グレインやモルトをミルで挽くのは、穀粒を適当な大きさに砕いて中に含まれているデンプンや糖質を水に溶けやすくさせるためです。その時にはがされるグレインの穀皮(こくひ)はロータリング(濾す)の時に自然な濾過層を形成するので、取り除かずにそのままにしておきます（ただ皮肉なことに成分的には無いほうが望ましいことも確かです）。グレインミルはその名の通りグレイン（穀物）を挽くものですから、モルトだけでなく米や小麦、なんでも挽くことができます。ただ絶対にしてはいけないのは"挽きすぎ"です。グレインを挽き過ぎて粉末状にしてしまわないように気をつけましょう。クリスタル・モルトやブラックパテント・モルト、チョコレート・モルトはうどんの生地などを引き伸ばす"麺棒"で挽くことができますが、大麦モルトはうまく挽けません。プロのブルワーは"ローラーミル"と呼ばれるものを使っています。これは溝がきざまれた2つのローラーでグレインを挟み込んで挽くものです。これを使うと皮をこなごなにすることがなく、穀粒を適度な顆粒状に砕くことができます。また埃っぽい粉末もあまり出ないので非常に便利です。

しかし普通の人がローラーミルを入手するのは困難なので、家庭用のフラワーミル（挽き肉用ではない！）を使うのがベストでしょう。フラワーミルはキッチン用品売り場などで手に入ります。フラワーミルの原理は簡単です。二つのプレートの間に穀粒を挟み込んで、片方のプレートを回転させながら砕くというもので、このプレートの間隔を調整することで穀粒をどれくらいの大きさに挽くかを選択できます。フラワーミルはグレインをフラワー状（粉末）に挽くことができますが、ブルーイングに使うグレインは顆粒状（グラニューラ）にして使うのがベストです。メカニカルなものがお好きな人は電動ドリルをミルに連結して自動で挽くこともできますが、決して挽き過ぎないように。いずれにしてもグレインを顆粒状に挽くということですが、ひとつだけ注意することはグレインを挽く場所です。グレインにはビールをだめにする乳酸菌などのバクテリアがたくさん住み着いているのです。だからグレインを挽いたカスが発酵容器やその他の器具に触れないようにしなくてはなりません。そのためには必ず仕込みとは別の場所でグレインを挽くようにしましょう。そういう手間を嫌うなら、ホームブルーショップには既に挽いてあるグレインが売られているし、また中には店内にミルがあり、それで購入したグレインを挽くことができる店もあります。

マッシュタン：マッシュを造る容器
　グレインミルで挽いたモルトに湯を混ぜマッシュを造ったら、それを一定温度に保つ必要があります。そのための容器がマッシュタンです。マッシュを造る方法にはいくつかあって、それぞれの目的に合った器具がホームブルーショップで売られています。雑誌やインターネットなどでも入手は可能です。大別すると**インフュージョン・マッシング・システム**と**ステップ・マッシング・システム**の二種類に分けられます。（＊ステップ・マッシングについては後述します）

第5章　上級編　〜 Advanced Homebrewing 〜

"インフュージョン糖化法"とはマッシュを一定温度に保って糖化を行う方法のことです。この場合に使用するモルトは"プロテイン・レスト"を必要としない"フル・モディファイド"のものを使うようにします。グレインとそれに加える湯の量や温度はあらかじめよく計算しておき、混ぜ合わせたときにちょうど良い温度になるようにします。そして、その温度をなるべく長く（30〜60分いったところか）保ちつづけられるような仕組みが必要になります。そのための容器がマッシュタンというわけです。インフュージョン・マッシング に適した簡単で経済的な用具を3つご紹介しましょう。

1) 一番手っ取り早いのがピクニック用のクーラー・ボックスです。マッシュが全部入るだけの容量があって、保温できる二重構造になっており、内側のプラスチックが食品用として保証されているものであればOKです。これを使えば1時間程度の保温は問題なくでき、酵素の糖化活動も充分できるはずです。
2) もっと経済的なのはマッシュ入れた鍋を火にかけながら温度を調節する方法です。これならば家にある鍋で済みますから、新たに用具を買う必要はありません。ただし温度管理には充分気を配り、5〜10分ごとに温度を計りながら火の加減をしなくてはならないでしょう。でもマッシュの温度はそれほど簡単には下がらないし加熱するのも簡単なことです。サーモスタットと電熱器を使って設定温度を保つ製品もあります。英国Bruheat社のものがその第一号でしょうか。
3) さらにシンプルな方法があります。マッシュを入れた鍋をそのままダンボール箱に収めて保温するのです。ダンボール箱の中にはウレタンフォームや発泡スチロールで内壁を作っておけば保温効果も抜群です。これならマッシュをいつでも温めることができるし、なにより特別にお金をかける必要がありません。ダンボール箱や発泡スチロールは近くのスーパーや家電ショップで分けてもらえるでしょう。鍋を収容できるサイズのものを選んで、自作するのも楽しいものです。

ロータータン：マッシュからウォートを濾しだす容器

マッシングの後に糖化された麦汁を濾しだしながら、ウォートに不必要なグレインのカスや穀皮などを取り除く作業を"ロータリング"と言い、この作業

に使われる容器を"ロータータン"と呼んでいます。ロータータンの仕組みは単純です。要するにマッシュを網状のもので濾して麦汁がそこから流れ出るようにすればいいのです。一番手軽なのは、グレイン・バッグ（布製の大きな袋）を使う方法です。このグレイン・バッグにマッシュを入れてそれを大きな容器に入れれば、ウォートは袋の目からしみだして来ます。容器にはマッシングに使ったのと同じクーラー・ボックスを使うこともできるでしょう。クーラー・ボックスにはちゃんと栓のついたものがあります。その栓から濾された麦汁を流出させ別の容器に受ければよいでしょう。あるいは二重底の容器を使う方法もあります。内側の底部に開けた穴から麦汁を濾しだし、それを外側の底部に溜めるのです。この方法で一番手軽に作れるロータータンをご紹介しましょう。

万能ロータータン

　まず発酵容器に使うのと同じ食品用のプラスチック・バケツ（5ガロン）を2つ用意します。一つのバケツの底に電動ドリルなどで直径3mmくらいの穴を数百開けます。これがザルの役割をします。これをもう一つのバケツに重ねあわせて、二つのバケツ底の間隔が5cmくらいになるように調整します。外側のバケツには底に近いところに開口部を設け、これにビニール・ホースや栓をつけ麦汁をそこから流し出しようにします。開口部に栓がついている場合にはその栓で流出量を調整できますが、ホースを使う場合にはホースに洗濯バサミの

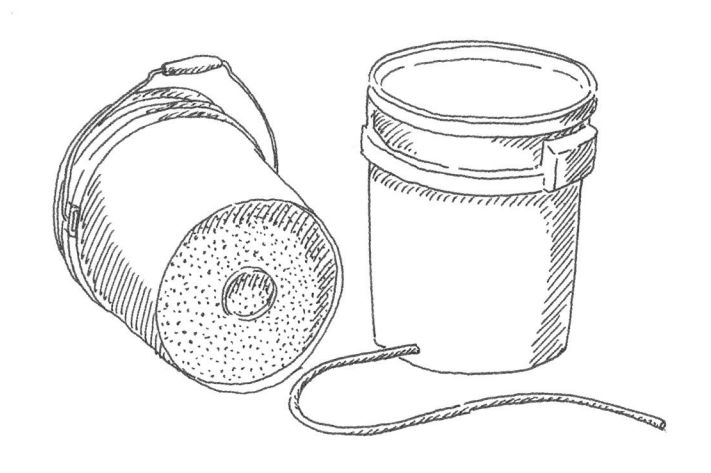

第5章 上級編 〜 Advanced Homebrewing 〜

ような器具をつけて麦汁の流出量を調整すれば良いでしょう。

　ロータリングはこんなに単純な仕組みでできます。これは実際に大手ビールメーカー（Anheuser-Busch）のブルーマスターから聞いた話ですが、彼らは実験用のロータータンをコーヒー缶で作ったことがあるそうです。底と上部を取り外した10個の缶を、防水加工したビニールテープでつなぎ合わせ、底にいくつもの小穴を空けておいた缶を最後につけたそうです。これでしっかりとロータリングができたそうですから、難しいことなんか無いということです。

ウォートチラー（Wort chiller）

　ビール醸造工程の一つの重要課題は、煮立てた熱いウォートをイーストの好む温度まで素早く冷やし、かつその間の雑菌混入を防ぐということです。この課題に対応できる装置であればどんなものでもいいのですが、オールグレイン仕込みの場合にはウォートの全量を煮沸させるので、これを冷やすのがホームブルワーには大変なことなのです。

　ウォートを冷やす為に使われる器具を"ウォートチラー"と呼んでいます。これにも様々なタイプのものがありますが、共通している原理はウォートに水を加えることなく素早く冷やすということです。一番単純なのはウォートを鍋ごと冷たい水に浸けて冷やす方法でしょう。ただし大きな鍋だとそれを浸すためのシンクも大きなものが必要になるし、持ち上げた時の重さを考えると少々難

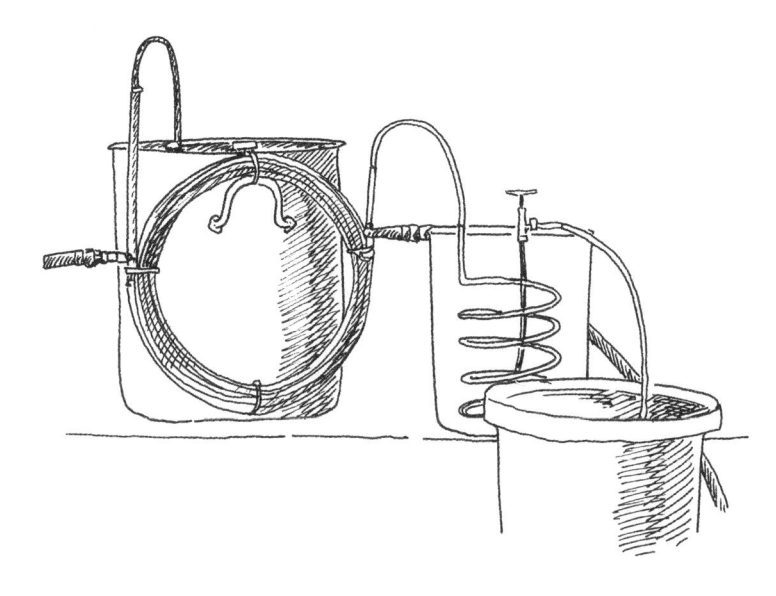

があるかもしれません。一般的なのはウォートを銅製の管に通して、その管を冷水で冷やすという方法です。これには多くのブルワーがそれぞれの工夫をこらした器具を考案しています。この場合は管を通過したウォートの温度が10～20℃になるように設計されていれば合格でしょう。

　製品としてのウォートチラーもいろいろと売られているので、ホームブルーショップで見てみると良いでしょう。私はこの売られているものを一番お勧めします。自作しようとすれば、まず口径が6～12mmの銅管を少なくとも5m用意して、それをぐるぐる巻きに丸めなければなりません。銅管を丸めるには特殊な道具が必要になるので素人にはとても難しい作業なのです。配管工にでも依頼しないとうまくできないと思います。

　よもやこれらの道具が手に入らなくても心配は要りません。何も無いときには鍋ごと水に浸けてできるだけ早く冷やすか、発酵容器に移して自然に冷めるのを待てば良いのです。ただし、どちらの場合にもしっかりとフタをして密閉しなくてはなりません。**煮込んだウォートの温度が70℃くらいまでならそのまま放置しておけますが、それ以下の温度に下がるとバクテリア等が繁殖しだすの**です。冷やすときにはウォートが熱いうちにフタをしておくことです。発酵容器に移して自然に温度が下がるのを待つ場合には、発酵容器がガラス製でないことが条件になります。ガラス製の容器に熱いウォートを流し込むと割れる危険があります。また発酵容器にはしっかりとしたフタがついていて外気が入り込まないようになっていることも条件です。とにかく一番大事なことは、ウォートに雑菌が混入しないよう気をつけること。特にウォートの温度が70℃以下になったら警戒を要します。

マッシングの原理

　レッツ・マッシュ！

　おっとっと、そう急がないで。マッシングの前にひとつだけ確認しておきたいことがあります。私たちはホームブルワーです。ビール好きが嵩じてとうとうビールを造りだした連中です。そして今ではビール造りのプロセスを楽しんでいるはずです。中には真剣に「もうプロと同じだ」なんて思っている人もいるかもしれませんね。結構でしょう。でも、ちょっと待って。もう少し肩の力を抜いて行きませんか。私たちはあくまでもホームブルワー、つまり"趣味の人"じ

第5章　上級編　～ Advanced Homebrewing ～

ゃありませんか。何かに"こだわり"を持ち、そのことに興味を持ちつづけるというのは大切なことでしょう。その"こだわり"があるからこそ技術も磨かれ創意工夫も生まれてくるのだと思います。しかし"こだわり"を通り越して"神経質"になってしまったのでは、趣味としての楽しさが置き去りにされてしまうと思いませんか？"神経質"になればなるほど楽しさは消え去り、ビール造りが困難で苦渋に満ちたものになっていくような気がします。それでは本末転倒です。だから、もっと楽しくやりましょうよ。私たちはホームブルワーなんだから。…ということで、前置きは済んだのでマッシングの説明に入りましょう。

マッシングの方法は3つ

　マッシングの方法は大まかに3つあります。**インフュージョン・マッシング**はマッシュをある温度で一定時間保つことによってデンプンの糖化を完了させる方法で、"定温マッシング"と呼ばれることもあります。この方法をとる場合にはフル・モディファイドのモルトを使う必要があります。アンダー・モディファイドのモルトはプロテイン・レストが済んでいないため、デンプンの糖化はできてもイーストの栄養源となるタンパク質が不足した状態になるからです。

　ステップ・マッシングはマッシュの温度を何段階かに分けて上げていくやり方で、"ステップ・インフュージョン法"とも呼ばれています。この方法ならばマッシュを糖化する前にプロテイン・レストも終了させることができるので、アンダー・モディファイドのモルトを使用することも可能になります。

　デコクション・マッシングもステップ・マッシングと同じように温度を何段階かに分けてあげていくやり方ですが、異なる点はその温度の上げ方にあります。デコクション法ではマッシュの一部を取り出してそれを沸騰するまで熱してから再び元のマッシュに戻すというやり方をします。こうして徐々にマッシュ全体の温度を上げていくわけですが、これはおそらく温度計が無かった時代に編み出された方法だと思われます。ブルーマスターが経験を積み重ねる中で、望ましい温度を達成するためにはどれくらいのマッシュを熱すればよいのかということを、試行錯誤によって学んで行ったのではないでしょうか。ドイツでは今でもこの伝統的な方法が広く行われていますが、他の世界ではあまり見られません。もし興味があるならば『Brewing Lager Beer』(Gregory Noonan 著 Brewers Publication 刊)にデコクション・マッシングのことが詳しく記述されていますので、それをお読みになると良いでしょう。

以上、3つの方法をご紹介しましたが、このうちホームブルーイングに適しているのはインフュージョン・マッシングとステップ・マッシングです。マッシングから煮込み、スパージング、そして用具の片付けまで、トータルの必要時間はどちらもだいたい5時間くらいです。その中でも一番手間と時間がかかるのは用具の洗浄と消毒です。これはビール造りにおいては避けられない、しかも一番大事な作業です。

インフュージョン・マッシング
　フル・モディファイドのモルトがあれば、いちばん簡単なインフュージョン・マッシングができます。一言で説明するならば、グレインと湯を混ぜ合わせてできたマッシュを30〜60分間66〜70℃の温度に保つということです。これより少し高い温度にすればもっと早くデンプンを糖化できますが、その代わりデキストリンの割合が増えるのでビールのボディが重めになってしまいます。反対に温度を低めにすると糖化の速度は落ちますが、代わりにデキストリンが減ってボディが軽くなります。マッシュの温度をちょうどうまい具合に66〜70℃にするには、グレインに加える湯の量と温度を事前に計算する必要があります。その為に参考になるデータを以下に挙げておきますので、これを元に使用するグレインと湯の量を算出してみてください。これが理解できればインフュージョン・マッシングはもうあなたのものです。

- 500gのグレインに1リットルの湯を加えると温度がだいたい10℃下がる。例えば2kgのグレインに76℃の湯4リットルを混ぜ合わせれば、マッシュの温度は66℃くらいになる。もちろん室温や外気温などによって違いがあるので、温度がそれ以上なら少し水を加え、それ以下なら加熱して温度を上げれば良い。
- スパージングのときにマッシュの上から注ぐ湯の量は、グレイン500gに対して2リットルが理想的。この時点では湯の量が若干多いように思えるが、これは煮込んだり濾したりするうちに目減りしていくので、ビールができ上がる時にはちょうど良い量となるだろう。
- 500gのグレインが吸収する水量はだいたい400g。

第5章 上級編 〜 Advanced Homebrewing 〜

- 60分の煮沸で蒸発して失われる水量は2〜4リットル。もちろん煮沸の状態にもよる。
- 沈殿物となって失われる重さの総量は1〜2リットルくらい。

これらの数字は全て5ガロン (19リットル) の仕込みを基準に計算されています。オールグレイン・レシピではグレイン(副原料を含めた)をだいたい2700〜4500g使います。*オールグレイン・インフュージョン・マッシングにおける使用水量については次の表を参照してください。

インフュージョン・マッシングの水使用ガイドライン

グレイン (副原料含む) (lbs)	マッシュ 用水 (gal)	グレインに吸収 される水 (gal)	77℃のスパー ジング水 (gal)	煮込むときに 加える水 (gal)	煮込んでいる 最中に蒸発す る水 (gal)
6	1.5	0.6	3.0	2.0	0.5
7	1.75	0.7	3.5	1.5	0.5
8	2.0	0.8	4.0	0.75	0.5
9	2.25	0.9	4.5	0.25	0.5
10	2.5	1.0	5.0	0	

註):上の表では全体で6ガロンのウォートを造り、そこから蒸発して失われる水分(0.5ガロン)を引いた後、一次発酵容器に入れるウォートが5.5ガロンになるように水分量を調整している。これが二次発酵容器に移す時に更に0.5ガロンが失われ、最終的に5ガロンのビールが得られるということになる。

ステップ・マッシング

アンダー・モディファイド・モルトを使うならステップ・マッシングにしましょう。ステップ・マッシングならマッシュの温度を何段階かに分けてコントロールしながら上げていくので、イーストの栄養源となる"遊離アミノ態チッソ"が生成されるのです。この方法だとビールの濁りを減らすこともできるし、またデキストリンと発酵糖分のバランスを調整できるので、より安定したビールが造れるという利点があります。

第一段階はプロテイン・レストを行います (プロテイン・レストについては"タンパク質分解酵素"の項参照)。この時にはタンパク質分解酵素が活動しや

すいように、マッシュの濃度は高めに設定します。50℃にしたマッシュの温度を約30分間保ちながら5分に一度くらいの間隔でマッシュを良くかき混ぜます。それから第二段階はマッシュの温度を66〜70℃にまで上げ、そのまま20〜30分温度を一定に保ち糖化を行います。この時にはジアスターゼ酵素が活動しやすいようにマッシュの濃度を低くしたいので、ある量の湯をマッシュに加えてやります。これで温度を上げなら同時に濃度を下げることができます。非常に実践的な方法だと言えるでしょう。

　このときの温度加減によってウォートに含まれるデキストリンと発酵糖分のバランスが決定されます。温度が高めならデキストリンの割合が増してややボディのあるビールになるし、低めだと今度は発酵糖分が増して軽めのボディになります。ミディアム・ボディのビールにしたければ、まず温度を66℃にしてその状態を10分間保ち、それから温度を70℃まで上げて15分くらい保つとよいでしょう。加える湯の温度と量は前項のデータをもとに算出してみてください。だいたい副原料も含めたグレイン500gに対して54℃の湯1リットルを加えれば、マッシュ温度は49〜51℃になるようです。もし副原料を事前に煮込んだりして調理するならば、その時に使う水の量も全体の水量に加算しておく必要があるでしょう。そしてその副原料と水の温度も54℃にしてからマッシュに加えるようにしましょう。

　マッシングの各工程においてはマッシュをよくかき混ぜることが必要になります。また糖化を始めるにはマッシュの温度を66℃にまで上げなければなりません。マッシュの温度を10℃上げるためには、グレイン500gに対して93℃の湯が500cc必要になります。なぜ93℃なのかって？　実は私の住んでいるコロラドの町は海抜1,600mの高地にあるのです。ここでは水が93℃で沸騰してしまうので、これ以上水の温度を上げることができないのです。もし皆さんの住んでいる土地が海抜0mならば水の沸点は100℃です。その場合は100℃の湯を500cc加えることになり、マッシュの温度は14℃くらい上がることになるでしょう。皆さんの住んでいる環境はそれぞれ違うと思いますので、一度自分で試してデータを取ってみるといいかもしれません。

　従ってプロテイン・レストが済んだ時のマッシュ温度が50℃だとしたら、これに100℃の湯を加えることで64℃まで温度を上げることができることになります。あと2℃あげれば66℃になって、第二段階の糖化に入ることができます。この場合はレンジで加熱してもいいでしょう。その状態で10分置き、

第5章 上級編 ～ Advanced Homebrewing ～

更にマッシュを熱して温度を70℃に上げます。こんな風にして自分の好みで温度の微調整をしながら、ボディ・バランスを変えることができるのです。以上、難しいようですが理解してしまえば簡単な計算です。後は次の表を参考にして、自分なりに計算してみてください。ただし表の数字は全て5ガロン仕込みの場合を基準に計算されています。

ヨウ素（ヨードチンキ）によるデンプンの糖化テスト

マッシングを終了しても、果たしてデンプンの糖化がうまくいったかどうか不安ですね。それを調べるのにはヨードチンキを使った簡単なテストがあります。ヨードチンキはデンプンに反応して紫や黒に変色します。マッシュが完全に糖化していればデンプンは残っていないはずなので、ヨードチンキの変色は起こりません。そこで糖化したマッシュをスプーン一杯くらい白い皿に採り、これにヨードチンキを一滴たらしてみます。変色が起きなければ合格。変色が起きれば糖化が不充分だということですから、もう少しマッシングを続けてみてください。ヨードチンキは薬局で手に入ります。

ステップ・マッシングの水使用ガイドライン

グレイン (副原料含) (lbs)	マッシュ 用水 (gal)	マッシュ温度を 66℃に上げるため に加える93℃の水 (gal)	グレインに吸収 される水 (gal)	77℃のスパー ジング水 (gal)	煮込むときに 加える水 (gal)	煮込んでいる 最中に蒸発す る水 (gal)
6	1.5	0.75	0.6	3.0	1.35	0.5
7	1.75	0.875	0.7	3.5	0.575	0.5
8	2.0	1.0	0.8	4.0	0.25	0.5
9	2.25	1.125	0.9	4.5	-	1.0
10	2.5	1.25	1.0	5.0	-	1.75

註）上の表では全体で6ガロンのウォートを造り、そこから蒸発して失われる水分（0.5ガロン）を引いた後、一次発酵容器に入れるウォートが5.5ガロンになるように水分量を調整している。これが二次発酵容器に移す時に更に0.5ガロンが失われ、最終的に5ガロンのビールが得られるということになる。

ロータリング

　マッシングを無事に終えグレインの糖化が済んだら、今度はそこから甘い麦汁を抽出します。この作業を"ロータリング"と言いますが、それを始める前に酵素の活動を止めます。酵素の活動はマッシュ温度を77℃に上げるだけで止まります。それからマッシュを大きな"濾し器"(つまりバケツを二重にして作ったロータータン)に移し変え、上からマッシュをリンスするお湯を注ぎかけます。この作業を"スパージング"と言います。あとはその湯が麦汁と一緒にマッシュの糖分を濾しだすのを待つのです。

ウォートを抽出する

　一番の問題は"スタック・ランオフ"と呼ばれる現象です。これはグレインの穀皮でできたマッシュの層が詰まり過ぎたり、濾し器の役割を果たしているロータータンの底の穴が目詰まりしたりすることで、麦汁が流れ出す("ランオフ")のが妨げられる現象です。そこでこれを防ぐために、ロータータンの底に"ファンデーション・ウォーター"と呼ばれる溜め水をあらかじめ入れておきます。そうするとグレインの層が"水に浮いた状態"になり、マッシュの自重によって起こる目詰まりを防ぐことができるのです。

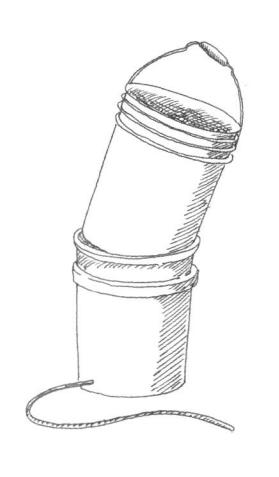

　具体的に手順を追って説明していきます。まずロータータンに湯を注ぎます。2つのバケツを重ね合わせたロータータンは二重底になっていて、その内側のバケツの底にはたくさんの穴が空けられています(*"万能ロータータン"の項を参照)。その内側の底から10cmくらいの高さまで77℃の湯を注ぎ入れます。その上から今度はマッシュを注ぎ込みますが、このときマッシュが水面から顔を出さないように、適当に湯を足しながら注いでいきます。このときの湯の温度は77～82℃に保つこと。全部入れ終わると麦汁がロータータンの底から流れ出してくるでしょう。もしこの"ファンデーション・ウォーター"を入れずにマッシュを直接ロータータンに流し込めば、マッシュは自重によってグレインの層を押さえつけ目詰まりを起こしてしまうでしょう。

第 5 章　上級編　〜 Advanced Homebrewing 〜

　さて麦汁がロータータンの底から流れ出てきたら、コックを絞ってその流出量を調整します。麦汁は少しずつ静かに流れ出るようにします。同時に流れ出たのと同じ量の湯（"スパージング・ウォーター"）をマッシュの上から静かに注ぎ足して、マッシュが水面に顔を出さないように気をつけます。大事なことはマッシュが空気に触れるのを極力避けるということです。熱い麦汁は空気に触れると酸化しやすく、あとでビールに酸化臭が付いてしまう恐れがあるからです。同じ理由で、ロータータンから流れ出てきた麦汁もできるだけ空気に触れないように気をつけてやりましょう。また、上から注ぎ足すスパージング・ウォーターは足し過ぎないようにします。注ぐときにもグレインの層を巻きたてないように、やさしくスプレーするくらいの感じでかけてください。

　ロータータンには二重バケツ方式以外にもいろいろなシステムがありますが原理はみな同じです。マッシュを湯に浮かせながらロータータンに移すことと、マッシュが水面から顔を出さないように気をつけること。この二点さえ押さえておけばどんなロータリング・システムでもうまくいくでしょう。

ウォートを煮込む

　オールグレインで仕込む時にはモルトエキスを使ったときより、煮込むウォートの量がずっと多くなるので充分なサイズの鍋が必要です。また、タンパク質を凝固させる"ホットブレイク"を起こさせるには、グラグラと勢いよく煮込んだほうが良いのでやはり大きな鍋が便利です。勢いよく煮込めばタンパク質の沈殿量も多くなるのです。

ウォートを冷やす

　15 分以内にウォートの温度を 100℃ から 21℃ まで下げる！？

　ぐらぐら煮立てたウォートをどれだけ早く冷ますことができるか、ということがおいしいビールを造るためには非常に重要にことなのです。ウォートはできるだけ早く冷ます、これがうまいビールを造るコツです。用具のセクションでウォートチラーというシステムを紹介しましたが、これを使えば 100℃ のウォート 5 ガロンを 15〜30 分で 17℃ にまで下げることが可能です。ただしここで注意しなければならないのは、バクテリアの混入と管の目詰まりです。

　まずバクテリアの混入ですが、やはりここでも器具の消毒が一番重要になってきます。とにかくウォートの温度が 71℃ 以下になったらバクテリアが取り

付くと考えていいでしょう。ウォートを冷やし始めた瞬間からバクテリアや雑菌の混入には細心の注意を払うべきです。ウォートチラーはもちろん、ウォートに接触するすべてのものを消毒しておきましょう。次にウォートチラー管の目詰まりですが、これはロータータンを使うことで簡単に防げます。ウォートチラーにウォートを流し込む前にロータータンでホップなどの添加物を濾してしまうのです（この仕組みを"ホップ・バック"と呼ぶことがある）。ロータータンの底についている口をウォートチラーの管に直接つなぐことができるので、非常に便利です。ロータータンが無いときにはウォートをストレイナーなどで濾して、ホップなどのカスを取り除いてからウォートチラーに流し込むようにします。どんなウォートチラーを使う場合でも、一番大事なことは如何に早くウォートを冷やすかと言うことです。従ってウォートチラーの管を冷やす水はできるだけ冷たくするのがいいでしょう。

繰り返しますが気をつけるべき点は2つ:
1) ウォートチラーにウォートを流し込む前に必ずホップなどのカスを取り除くこと。
2) ウォートの温度が71℃より低くなったらバクテリアなどの汚染が始まるので、それ以降に使用する器具はていねいに消毒しておくこと。

ウォートチラーが無い場合は、ウォートを煮込んだ鍋ごと水をはった風呂桶などに直接浸けて冷やすのがいいでしょう。その後でなまぬるくなったウォートを発酵容器に流し込むわけですが、ガラス製のカーボイなどを使う場合には容器を事前に温めておくほうが良いでしょう。生ぬるいウォートはバクテリアや雑菌に一番犯されやすいので、空気との接触は最小限に抑えなければなりません。自然に温度が下がるのを待つ場合にはかなりの時間がかかります。時には一晩待たなければならないかもしれません。こうなるとビールには"スウィート・コーン"のような風味がつくかもしれません。これはジメチルサルファイドという物質のせいです。カーボイごと水に浸けて冷やす場合は、ガラスが割れるのを避けるために温度が43℃以下になってからにしましょう。**繰り返しますが、熱いウォートを流し込む前に必ずカーボイを温めておきましょう。**

Note：生ぬるいウォートは空気に触れさせてはならないと言いましたが、ウォートが充分に冷めてからはむしろイーストのためには酸素が必要です。冷

めたウォートを勢いよく発酵容器に注ぐとか、あるいは（力持ちなら）容器ごと振ってウォートに酸素を供給すると良いでしょう。

トゥルーブ: タンパク質の沈殿物

ウォートを発酵容器に移してから 30 分ほど置くと、なにやら底に堆積するものが見えるはずです。これは"トゥルーブ"と呼ばれるタンパク質の沈殿物です。これにはウォートを煮込んだときに凝固したタンパク質（ホット・ブレイク）と、容器に移した後にウォートが冷えて凝固したタンパク質（コールド・ブレイク）が含まれています。ホット・ブレイクによってできたトゥルーブの大部分はホップバックによって取り除かれますが、ロータリングの際にもグレインの濾過層によって同じくらいの量のトゥルーブが濾されているはずです。このトゥルーブが気になる場合は、サイフォンを使ってウォートだけ別の発酵容器に移すという手もあります。理論的にはトゥルーブは発酵活動を阻害するものです。しかし同時にイーストの活動によって生産されるエステル臭を抑える働きもあります（これはむしろ好ましい場合もある）。いずれにしてもホームブルワーにとっては大きな問題ではありませんが、それでも気になる人はサイフォンをしてください。必ずリラックスすることを忘れずに。

加える水とウォートの比重変化

加える水 (gal)	ウォートの比重 全体との割合	1.035-1.048	1.048-1.053	1.055-1.060
0.25	5%	0.001	0.002	0.002
0.50	10%	-	0.003-4	0.005
0.75	15%	0.005	-	-
1.25	25%	-	0.010	0.012
1.50	30%	0.010	0.011	0.014
2.50	50%	0.016	0.017	0.018

ウォート比重の調整

　材料によってウォートの比重はどう変わる？ビールの材料となるモルトやグレインをそれぞれ個別に水に溶くとどれくらいの比重になるでしょうか。各材料 1 ポンド（454g）を水に溶いて総重量が 1 ガロン（3.8 リットル）になる溶液を造って比重を計りました。

　　コーン・シュガー　　　　　　　1.035-1.038
　　モルトエキス（シロップ）　　　1.033-1.038
　　モルトエキス（ドライ）　　　　1.038-1.042
　　大麦モルト　　　　　1.025-1.030
　　ミュニック・モルト　　　　　　1.020-1.025
　　デキストリン・モルト　1.015-1.020
　　クリスタル・モルト　　　　　　1.015-1.020
　　副原料グレイン　　　　　　　　1.020-1.035

ウォートの初期比重を調整したければ

　既にあるレシピに従ってビールを造るにしても、また新たに自分のレシピを考案したにしても、想定された初期比重にできるだけ近づけたいものです。でも実際にやってみたら足りなかったり多すぎたりということは必ずあるものです。では、この次に仕込むときにそれをどうやって調整したらいいでしょう。その場合には、モルトやコーンシュガーを増やして比重を上げるか、あるいは水を足して比重を下げるかのどちらかになります。

初期比重を上げるときは

　5 ガロンのウォートに対して 1 ポンド（454g）のモルトエキスかコーンシュガーを追加すると、比重は 0.004～0.006 上がることが分かっています。

初期比重を下げるときは

　このときには単純に水を加えることになりますが、その場合もとのウォートの比重によって下げ幅が違ってくることに注意しましょう。例えば、比重が 1.045 のウォート 5 ガロンに水 1 ガロンを加えると比重は 0.006 下がりますが、比重が 1.060 のウォートに同じ量の水を加えたときには 0.010 も下がるのです。前のページにそれらの関係を表にしてあります。（パパジアン）

第5章　上級編　～ Advanced Homebrewing ～

オール・グレイン・レシピ

Amaizeing Pale Ale
アメイジング・ペールエール　　　　　　　　　　　　　　　　　　　トウモロコシの驚き

フレッシュでミディアム・ボディのブリティッシュ・スタイル・エール。黄金のような甘味に爽やかなホップの苦味がうまく調和している。ドライでキレのよいあと味が、オール・グレインで造ったという自負と満足感をしっかりと与えてくれる。ホームブルワーとしてこの上ない喜びを味わえるだろう。

副原料のコーンスターチから抽出された発酵糖分が、大麦モルトやイングリッシュ・ホップとみごとに溶け合い、ビール好きの舌を必ず満足させてくれるはずだ。

- 大麦モルト（六条大麦、酵素の強いもの）：7 lbs
- クリスタル・モルト：1 lbs
- コーンスターチ：1 lbs
- ファグルスまたはウィラミット・ホップ（ボイリング）：1 oz（5 HBU）
- カスケード・ホップ（ボイリング）：1 oz
- ハラタウ・ホップ（アロマ）：1/2 oz
- 石膏：1 tsp
- アイリッシュ・モス 1/4 tsp
- エール・イースト：1-2 袋
- コーンシュガー：3/4 カップ、またはドライモルトエキス：1+1/4 カップ

このレシピでは"ステップ・マッシング（温度制御法）"を採用して、トータルで9 lbsのグレインと副原料を使用する（「水使用ガイドライン」の表を参照）。まずグレインを粉砕して、それをコーンスターチや石膏と混ぜ合わせる。それを54℃に熱した2.2ガロンの湯に入れてよくかき混ぜたら"プロテイン・レスト"を行う。プロテイン・レストでは、50℃にしたマッシュの温度を約30分間保つようにする。その間、だいたい5分に一度くらいの間隔でマッシュを良くかき混ぜる。それからこれに93℃に熱した4.5リットルの湯を加えてマッシュの温度を66℃くらいに上げたら、そのまま15～20分温度を一定に

保ってデンプンの糖化を行う。更にマッシュを熱して温度を70℃まで上げ、10〜20分置いたら、ヨードチンキでデンプンテストをしてみよう。ヨードチンキの色に変化が無ければ糖化は終了だ。もし変化があったらもう少しマッシュを寝かせてみるといいだろう。

糖化が済んだらマッシュをロータータンに移し、77℃に熱した4.5ガロンの湯でスパージングを行う。ロータータンからウォートを採集したら、それにボイリング・ホップを加えて鍋ごと1時間ほど煮込もう。最後の10分にアイリッシュ・モス、1-2分にアロマ・ホップを投入して煮込みを終了。ロータータンやザルを使ってウォートを濾したら、できるだけ早くウォートを冷やしてイーストが投入できる温度に下げよう。最終的なウォートの容量はおそらく5ガロンといったところだろう。ウォートが冷めたらイーストを投入し、発酵が終了したらコーンシュガーかドライモルトを使ってボトリングする。
このエールはだいたい3週間もあればでき上がるはずだ。

Hesitation Red Marzen
ヘジテーション・レッド・メルツェン　　　　　　　　　　　　　若きメルツェンのためらい

なんでこのビールに"ためらい"なんて名前がついたのか、私にも皆目検討がつかない。とにかく一口すすってみれば、"ためらい"なんかは吹っ飛んでしまうはずだ。自家焙煎したトースト・モルトが、バランスの良くとれた苦味と甘味にアクセントをつけている。チェコの正統派ホップ、ザーツを使用し、個性あふれるレッド・ビアに仕上がっている。本格的コンチネンタル・ラガー、メルツェンを堪能して欲しい。

- 大麦モルト（六条大麦、酵素の強いもの）：5 lbs
- ミュニック・モルト：2 lbs
- トーストした大麦モルト：1 lbs
- ザーツ・ホップ（ボイリング）：2 oz（7 HBU）
- ザーツ・ホップ（アロマ）：1/2 oz
- 石膏：1 tsp
- アイリッシュ・モス 1/4 tsp
- ラガー・イースト：1-2袋
- コーンシュガー：3/4カップ、またはドライモルトエキス：1+1/4カップ

1ガロン=3.8ℓ　1oz=28.35g　1lb=454g　1カップ=237cc　3/4カップ=100g

第5章　上級編　～ Advanced Homebrewing ～

このレシピでは"ステップ・マッシング（温度制御法）"を採用して、トータルで 8 lbs のグレインと副原料を使用する（「水使用ガイドライン」の表を参照）。まず 1 lbs の大麦モルトを 177℃に熱したオーブンで 10 分ほどローストする。それを粉砕したグレインや石膏と混ぜ合わせ、54℃に熱した 2 ガロンの湯に入れてよくかき混ぜたら"プロテイン・レスト"を行う。

プロテイン・レストが済んだら、93℃に熱した 4 リットルの湯を加えてマッシュの温度を 66℃くらいに上げ、そのまま 15 分～ 20 分温度を一定に保ってデンプンの糖化を行う。更にマッシュを熱して温度を 70℃まで上げ、10 分～ 20 分置いたら、ヨードチンキでデンプンテストをする。糖化が済んだらマッシュをロータータンに移し、77℃に熱した 4 ガロンの湯でスパージングを行う。

ロータータンからウォートを採集したら、それにボイリング・ホップを加えて鍋ごと 1 時間ほど煮込もう。最後の 10 分にアイリッシュ・モス、1-2 分にアロマ・ホップを投入して煮込みを終了。ロータータンやザルを使ってウォートを濾したら、できるだけ早くウォートを冷やしてイーストが投入できる温度に下げよう。最終的なウォートの容量は 5 ガロンくらいになるはずだ。

ウォートが冷めたらイーストを投入し、発酵が終了したらコーンシュガーかドライモルトを使ってボトリングする。

High-Velocity Weizen
ハイ・ベロシティ・ヴァイツェン　　　　　　　　　　　　　　　　　　速攻ヴァイツェン

なぜか風の強い夜に誕生した、低アルコールの小麦ビール。ほのかに効いたジャーマン・ホップがこの爽やかなライト・ビールにドイツの香りをつけている。小麦モルトの特徴がよく生かされていて、とても飲みやすいビールになっている。ビア・セラーの"紅一点"的な存在になるだろう。

- ☐ 大麦モルト（六条大麦、酵素の強いもの）: 5 lbs
- ☐ 小麦モルト : 3 lbs
- ☐ ハラタウ・ホップ（ボイリング）: 1/2 oz（3 HBU）
- ☐ ハラタウ・ホップ（アロマ）: 1/4 oz
- ☐ 石膏 : 1 tsp
- ☐ アイリッシュ・モス 1/4 tsp
- ☐ "Red Star" エール（またはヴァイツェン・ビア）・イースト : 1-2 袋

- コーンシュガー：3/4 カップ、またはドライモルトエキス：1+1/4 カップ

このレシピでは"ステップ・マッシング（温度制御法）"を採用して、トータルで 8 lbs のグレインと副原料を使用する（「水使用ガイドライン」の表を参照）。粉砕したグレインを石膏と混ぜ合わせ、54℃に熱した 2 ガロンの湯に入れてよくかき混ぜたら"プロテイン・レスト"を行う。

プロテイン・レストが済んだら、93℃に熱した 4 リットルの湯を加えてマッシュの温度を 66℃くらいに上げ、そのまま 15 分〜 20 分温度を一定に保ってデンプンの糖化を行う。更にマッシュを熱して温度を 70℃まで上げ、10 分〜 20 分置いたら、ヨードチンキでデンプンテストをする。糖化が済んだらマッシュをロータータンに移し、77℃に熱した 4 ガロンの湯でスパージングを行う。

ロータータンからウォートを採集したら、それにボイリング・ホップを加えて鍋ごと 1 時間ほど煮込もう。最後の 10 分にアイリッシュ・モス、1-2 分にアロマ・ホップを投入して煮込み終了。ロータータンやザルを使ってウォートを濾したら、できるだけ早くウォートを冷やしてイーストが投入できる温度に下げよう。最終的なウォートの容量は 5 ガロンくらいになるはずだ。

ウォートが冷めたらイーストを投入し、発酵が終了したらコーンシュガーかドライモルトを使ってボトリングする。

Olde 33

オールド 33   三十路の迷い

そう、私はビア樽の中で育ったんです。このレシピは 33 歳の私の誕生日にあわせて、初期比重がちょうど 1.033 になるように計算して造ったものです。当然、いずれ 1.090 のものも造りますよ！

Olde33 はピュアでシンプルなライト・ラガー。オール・グレインで造るビールの基本的な材料を使っているので、まさしく基本的なオール・グレインの味を知ることができます。ライトでシンプル、かつデリケートなビール。

- 大麦モルト（アメリカ産）：7lbs
- カスケード・ホップ（ボイリング）：1 oz （5 HBU）
- ハラタウ・ホップ（アロマ）：1/4 oz
- 石膏：1 tsp

1ガロン=3.8ℓ 1oz=28.35g 1lb=454g 1カップ=237cc 3/4カップ=100g

第5章　上級編　～ Advanced Homebrewing ～

- アイリッシュ・モス：1/4 tsp
- ラガー・イースト：1-2袋
- コーンシュガー：3/4カップ、またはドライモルトエキス：1+1/4カップ

このレシピでは"ステップ・マッシング（温度制御法）"を採用して、トータルで7 lbsのグレインと副原料を使用する（「水使用ガイドライン」の表を参照）。粉砕したグレインを石膏と混ぜ合わせ、54℃に熱した1.75ガロンの湯に入れてよくかき混ぜたら"プロテイン・レスト"を行う。

プロテイン・レストが済んだら、93℃に熱した3.5リットルの湯を加えてマッシュの温度を66℃くらいに上げ、そのまま10分～15分温度を一定に保ってデンプンの糖化を行う。更にマッシュを熱して温度を70℃まで上げ、10分～20分置いたら、ヨードチンキでデンプンテストをする。糖化が済んだらマッシュをロータータンに移し、77℃に熱した3.5ガロンの湯でスパージングを行う。

ロータータンからウォートを採集し、2.5リットルの水を加えて煮立てる。それにボイリング・ホップを加えたら鍋ごと1時間ほど煮込もう。最後の10分にアイリッシュ・モス、1-2分にアロマ・ホップを投入して煮込みを終了。ロータータンやザルを使ってウォートを濾したら、できるだけ早くウォートを冷やしてイーストが投入できる温度に下げよう。最終的なウォートの容量は5ガロンくらいになるはずだ。

ウォートが冷めたらイーストを投入し、発酵が終了したらコーンシュガーかドライモルトを使ってボトリングする。

Catch her in the Rye

キャッチ・ハー・イン・ザ・ライ　　　　　　　　　　　　　　　　　　小説家のライビール

（「ライ麦畑で捕まえて」はサリンジャーの小説だったか？）
目がさめるほどドライでキレのあるジャーマン・スタイルのピルスナー。副原料として加えたライ麦が"革新的"。ライ麦の入ったビールにピルスナーの名前をつけるなんて、ドイツのブルーマスターたちが聞いたら卒倒してしまうかもしれないが、私やしょせんホームブルワーだから一向にお構いしませんよ。評価を下すのは私の"ブルー・エンジェル"だけだ。

- 大麦モルト（ペール・モルト）：6.5 lbs
- ライ麦（フレーク）：2.5 lbs
- ハラタウ・ホップ（ボイリング）：1.5 oz（7 HBU）
- ハラタウ・ホップ（フレーバー）：1 oz
- ザーツ・ホップ（アロマ）：1/2 oz
- テットナンガー・ホップ（アロマ）：1/2 oz
- ラガー・イースト：1-2袋
- コーンシュガー：3/4カップ、またはドライモルトエキス：1+1/4カップ

このレシピでは"ステップ・マッシング（温度制御法）"を採用して、トータルで9 lbsのグレインと副原料を使用する（「水使用ガイドライン」の表を参照）。粉砕したグレインを54℃に熱した2.25ガロンの湯に入れてよくかき混ぜたら"プロテイン・レスト"を行う。

プロテイン・レストが済んだら、93℃に熱した4リットルの湯を加えてマッシュの温度を66℃くらいに上げ、そのまま15分〜20分温度を一定に保ってデンプンの糖化を行う。更にマッシュを熱して温度を70℃まで上げ、10分〜20分置いたら、ヨードチンキでデンプンテストをする。糖化が済んだらマッシュをロータータンに移し、77℃に熱した4ガロンの湯でスパージングを行う。

ロータータンからウォートを採集したら、それにボイリング・ホップを加えて鍋ごと30分煮込む。それからフレーバー・ホップを半分（1/2 oz）入れて15分、そのあと残りのフレーバー・ホップ（1/2 oz）を入れて更に15分煮込む。最後の1-2分にアロマ・ホップを投入して煮込みを終了。ロータータンやザルを使ってウォートを濾したら、できるだけ早くウォートを冷やしてイーストが投入できる温度に下げよう。最終的なウォートの容量は5ガロンくらいになるはずだ。ウォートが冷めたらイーストを投入し、発酵が終了したらコーンシュガーかドライモルトを使ってボトリングする。

Un-American Light Beer
アン・アメリカン・ライト・ビア　　　　　　　　　　　　　　　　　　　　　非米国的軽麦酒

実はこのビールは米が入っているという意味でとてもアメリカンだ。何が"アメリカンらしくない"かと言えば、ライトなビールに似合わず強い風味があるからなのだ。皮肉なことに。それ以外は、カスケード・ホップの使用について

第5章　上級編　～ Advanced Homebrewing ～

も実にアメリカンなのだ。また、クリスタル・モルトが良く効いている。

- 大麦モルト（六条大麦、酵素の強いもの）：5 lbs
- 米：1 lbs
- クリスタル・モルト：1/2 lbs
- カスケード・ホップ（ボイリング）：1 oz（5 HBU）
- カスケード・ホップ（アロマ）：1/4 oz
- 石膏：1 tsp
- アイリッシュ・モス 1/4 tsp
- ラガー・イースト：1-2 袋
- コーンシュガー：3/4 カップ、またはドライモルトエキス：1+1/4 カップ

このレシピでは"ステップ・マッシング（温度制御法）"を採用して、トータルで 6.5 lbs のグレインと副原料を使用する（「水使用ガイドライン」の表を参照）。まず米を 6.5 リットルの水で 30 分煮る。米の温度が 54℃まで下がるのを待って、粉砕したグレインと石膏をそれに混ぜ合わせ、そのまま"プロテイン・レスト"を行う。

プロテイン・レストが済んだら、93℃に熱した 3.5 リットルの湯を加えてマッシュの温度を 66℃くらいに上げ、そのまま 15 分～20 分温度を一定に保ってデンプンの糖化を行う。更にマッシュを熱して温度を 70℃まで上げ、10 分～20 分置いたら、ヨードチンキでデンプンテストをする。糖化が済んだらマッシュをロータータンに移し、77℃に熱した 3.5 ガロンの湯でスパージングを行う。

ロータータンからウォートを採集し、2.5 リットルの水を加えて煮立てる。それにボイリング・ホップを加えたら鍋ごと 1 時間ほど煮込もう。最後の 10 分にアイリッシュ・モス、1-2 分にアロマ・ホップを投入して煮込みを終了。ロータータンやザルを使ってウォートを濾したら、できるだけ早くウォートを冷やしてイーストが投入できる温度に下げよう。最終的なウォートの容量は 5 ガロンくらいになるはずだ。

ウォートが冷めたらイーストを投入し、発酵が終了したらコーンシュガーかドライモルトを使ってボトリングする。

Monkey's Paw Brown Ale
モンキーズ・パウ・ブラウンエール　　　　　　　　　　　　　　　　　　　　　　猿の手ブラウン

チョコレートの風味が豊かなブラウン・エール。ああ、もう一杯飲みたいなあと思うほどの楽しい甘さがあるが、そのくせイングリッシュ・ホップのおかげでキレがよい。5ガロン充分に楽しんで欲しいブラウン・エールだ。

- 大麦モルト（英国産のハイ・モディファイド）：7 lbs
- チョコレート・モルト：1/4 lbs
- ブラック・パテント・モルト：1/4 lbs
- クリスタル・モルト：1/2 lbs
- ファグルス・ホップ（ボイリング）：1 oz（5 HBU）
- ノーザンブルワー・ホップ（ボイリング）：1/2 oz（5 HBU）
- ファグルス・ホップ（アロマ）：1/2 oz
- 石膏：1 tsp
- アイリッシュ・モス 1/4 tsp
- エール・イースト：1-2袋
- コーンシュガー：3/4カップ、またはドライモルトエキス：1+1/4カップ

このレシピでは"インフュージョン・マッシング"を採用して、トータルで8 lbsのグレインと副原料を使用する（「水使用ガイドライン」の表を参照）。

粉砕したグレインを石膏と混ぜ合わせ、76℃に熱した1.75ガロンの湯に入れてよくかき混ぜる。マッシュの温度は66℃くらいで落ち着くはずだから、そのまま30分～60分温度を一定に保ってデンプンの糖化を行う。糖化が済んだらマッシュをロータータンに移し、77℃に熱した4ガロンの湯でスパージングを行う。ロータータンからウォートを採集し、3リットルの水を加えて煮立てる。それにボイリング・ホップを加えたら鍋ごと1時間ほど煮込もう。最後の10分にアイリッシュ・モス、1-2分にアロマ・ホップを投入して煮込みを終了。ロータータンやザルを使ってウォートを濾したら、できるだけ早くウォートを冷やしてイーストが投入できる温度に下げよう。最終的なウォートの容量は5ガロンくらいになるはずだ。

ウォートが冷めたらイーストを投入し、発酵が終了したらコーンシュガーかドライモルトを使ってボトリングする。

1ガロン=3.8ℓ　1oz=28.35g　1lb=454g　1カップ=237cc　3/4カップ=100g

第5章 上級編 〜 Advanced Homebrewing 〜

Silver Dollar Porter
シルバー・ダラー・ポーター　　　　　　　　　　　　　　　　　　　　　　　最後の1ドル銀貨

フル・ボディでシャープな苦味のあるこのポーターは、決して"シルバー・ダラー"払っても買うことはできない。これはホームブルワーだけのレシピだからだ。そしておそらくその中では、あのサンフランシスコのアンカー・ポーター（Anchor Porter）に一番近づいたレシピだと思う。

- 大麦モルト（アメリカン）：8 lbs
- ミュニック・モルト：1 lbs
- クリスタル・モルト：1/2 lbs
- ブラック・パテント・モルト：1/2 lbs
- チョコレート・モルト：1/2 lbs
- ノーザンブルワー・ホップ（ボイリング）：1 oz（9 HBU）
- カスケード・ホップ（ボイリング）：1/2 oz（3 HBU）
- カスケード・ホップ（アロマ）：1/2 oz
- 石膏：1 tsp
- アイリッシュ・モス 1/4 tsp
- エール・イースト：1-2袋
- コーンシュガー：3/4カップ、またはドライモルトエキス：1+1/4カップ

このレシピでは"ステップ・マッシング（温度制御法）"を採用して、トータルで10 lbsのグレインと副原料を使用する（「水使用ガイドライン」の表を参照）。粉砕したグレインを石膏と混ぜ合わせ、54℃に熱した2.5ガロンの湯に入れてよくかき混ぜたら"プロテイン・レスト"を行う。

プロテイン・レストが済んだら、93℃に熱した5リットルの湯を加えてマッシュの温度を66℃くらいに上げ、そのまま10分〜15分温度を一定に保ってデンプンの糖化を行う。更にマッシュを熱して温度を70℃まで上げ、10分〜20分置いたら、ヨードチンキでデンプンテストをする。糖化が済んだらマッシュをロータータンに移し、77℃に熱した5ガロンの湯でスパージングを行う。

ロータータンからウォートを採集したら、それにボイリング・ホップを加えて鍋ごと1時間ほど煮込もう。最後の10分にアイリッシュ・モス、1-2分にアロマ・ホップを投入して煮込みを終了。ロータータンやザルを使ってウォート

を濾したら、できるだけ早くウォートを冷やしてイーストが投入できる温度に下げよう。最終的なウォートの容量は5ガロンくらいになるはずだ。
ウォートが冷めたらイーストを投入し、発酵が終了したらコーンシュガーかドライモルトを使ってボトリングする。

Propentious Irish Stout

プロペンチャス・アイリッシュ・スタウト　　　　　　　　　　　　　　　　　ア・ラ・ギネス

これこそ"リアル・シング"、本物のスタウトだ。ブラウンのクリーミーな泡と、漆黒の液体。ギネスの愛好家なら大満足するだろう。ギネスとの唯一の違いは、ホームブルーだということ。

- 大麦モルト（英国産の二条大麦）：7 lbs
- パール・バーレイ（フレーク）：1 lbs
- ロースト大麦：1 lbs
- ゴールディングズ・ホップ（ボイリング）：2.5 oz（12 HBU）
- 石膏：1 tsp
- アイリッシュ・モス 1/4 tsp
- エール・イースト：1-2袋
- コーンシュガー：3/4カップ、またはドライモルトエキス：1+1/4カップ

このレシピでは"インフュージョン・マッシング"を採用して、トータルで9 lbsのグレインと副原料を使用する（「水使用ガイドライン」の表を参照）。
粉砕したグレインを石膏と混ぜ合わせ、76℃に熱した2.25ガロンの湯に入れてよくかき混ぜる。マッシュの温度は66℃くらいで落ち着くはずだから、そのまま30～60分温度を一定に保ってデンプンの糖化を行う。糖化が済んだらマッシュをロータータンに移し、77℃に熱した4.5ガロンの湯でスパージングを行う。
ロータータンからウォートを採集し、1リットルの水を加えて煮立てる。それにボイリング・ホップを加えたら鍋ごと1時間ほど煮込もう。最後の10分にアイリッシュ・モスを投入して煮込みを終了。ロータータンやザルを使ってウォートを濾したら、できるだけ早くウォートを冷やしてイーストが投入できる温度に下げよう。最終的なウォートの容量は5ガロンくらいになるはずだ。

1ガロン=3.8㍑　1oz=28.35g　1lb=454g　1カップ=237cc　3/4カップ=100g

第 5 章　上級編　〜 Advanced Homebrewing 〜

ウォートが冷めたらイーストを投入し、発酵が終了したらコーンシュガーかドライモルトを使ってボトリングする。

Dream Export Lager
ドリーム・エキスポート・ラガー　　　　　　　　　　　　　　　　　　　　ハラタウの夢飛行

この甘美なフル・ボディのライト・ラガーは、ジャーマン・ビアの豪華版だ。甘味と苦味が舌の先でコロコロと転がりながら伝わってくる。もちろんドイツ製のハラタウ・ホップだ。デキストリン・モルトの添加によってヘッドの泡もちが非常にいい。本当に満足できる上等なラガーだ。

- 大麦モルト：9.5 lbs
- デキストリン・モルト：1/2 lbs
- ハラタウ・ホップ（ボイリング）：1.5 oz（7 HBU）
- ハラタウ・ホップ（フレーバー）：1/2 oz
- ハラタウ・ホップ（アロマ）：1/2 oz
- 石膏：1 tsp
- アイリッシュ・モス 1/4 tsp
- ラガー・イースト：1-2 袋
- コーンシュガー：3/4 カップ、またはドライモルトエキス：1+1/4 カップ

このレシピでは"ステップ・マッシング（温度制御法）"を採用して、トータルで 10 lbs のグレインと副原料を使用する（「水使用ガイドライン」の表を参照）。粉砕したグレインを石膏と混ぜ合わせ、54℃に熱した 2.5 ガロンの湯に入れてよくかき混ぜたら"プロテイン・レスト"を行う。

プロテイン・レストが済んだら、93℃に熱した 5 リットルの湯を加えてマッシュの温度を 66℃くらいに上げ、そのまま 10 〜 15 分温度を一定に保ってデンプンの糖化を行う。更にマッシュを熱して温度を 70℃まで上げ、10 分〜 20 分置いたら、ヨードチンキでデンプンテストをする。糖化が済んだらマッシュをロータータンに移し、77℃に熱した 5 ガロンの湯でスパージングを行う。

ロータータンからウォートを採集したら、それにボイリング・ホップを加えて鍋ごと 40 分ほど煮込み、そのあとフレーバー・ホップを入れて更に 20 分煮込む。最後の 10 分にアイリッシュ・モス、1-2 分にアロマ・ホップを投入して煮

込みを終了。ロータータンやザルを使ってウォートを濾したら、できるだけ早くウォートを冷やしてイーストが投入できる温度に下げよう。最終的なウォートの容量は 5 ガロンくらいになるはずだ。

ウォートが冷めたらイーストを投入し、発酵が終了したらコーンシュガーかドライモルトを使ってボトリングする。

Spider's Tongue German Weiss-Rauchbier
スパイダーズ・タン・ジャーマン・ヴァイス・ラオホ　　　　　　　　　　　蜘蛛の舌の薫製ビア

オールグレイン・レシピ

スモーク・ビールの本場はドイツのバンバーグという街だ。その本場のレシピをできるだけ忠実に追いながら、小麦モルトを加えるなどホームブルワーならではのアレンジもきかせてできたのが、このスパイダーズ・タンだ。風に舞うクモの糸のように、ふんわりとスモークの風味が漂うビールは、スモーク・フードと一緒に飲んで楽しめるだろう。

- 大麦モルト（ペールタイプの二条大麦）：6 lbs
- スモーク・ミュニック・モルト：2 lbs
- クリスタル・モルト：1 lbs
- 小麦モルト：1 lbs
- ハラタウ・ホップ（ボイリング）：1.25 oz（6 HBU）
- テットナンガー・ホップ（アロマホップ）：1 oz
- 食卓塩：1/8 tsp
- 石膏：2 tsp
- ラガー・イースト：1-2 袋
- コーンシュガー：3/4 カップ、またはドライモルトエキス：1+1/4 カップ

2 lbs のミュニック・モルトを水に浸けた後、すくい取ったら水を切る。スモーク・モルトを作るには覆い（フタ）のついたバーベキュー・グリルが必要になる。これに真っ赤に焼けて白い灰がついた炭を入れ、その上にヒッコリーやチェリーなどスモーク用に適した木くずを並べて煙を出す。目の細かい網を乗せたら、その上に湿ったミュニック・モルトを並べてフタをする。モルトが焦げ付かないように時々かき回しながら、約 15 分スモークする。あとは取り出して熱を冷まそう。

1ガロン=3.8ℓ　1oz=28.35g　1lb=454g　1カップ=237cc　3/4カップ=100g

第5章　上級編　～ Advanced Homebrewing ～

このレシピでは"ステップ・マッシング（温度制御法）"を採用して、トータルで10 lbsのグレインと副原料を使用する（「水使用ガイドライン」の表を参照）。すべてのグレインを石膏と混ぜ合わせ、54℃に熱した2.5ガロンの湯に入れてよくかき混ぜたら"プロテイン・レスト"を行う。

プロテイン・レストが済んだら、93℃に熱した1.5ガロンの湯を加えてマッシュの温度を66℃くらいに上げ、そのまま15分温度を一定に保ってデンプンの糖化を行う。更にマッシュを熱して温度を70℃まで上げ、10分〜20分置いたらヨードチンキでデンプンテストをする。糖化が済んだらマッシュをロータータンに移し、77℃に熱した4ガロンの湯でスパージングを行う。

ロータータンからウォートを採集したら、それにボイリング・ホップを加えて鍋ごと1時間ほど煮込もう。最後の1-2分にアロマ・ホップを投入して煮込みを終了。ロータータンやザルを使ってウォートを濾したら、できるだけ早くウォートを冷やしてイーストが投入できる温度に下げよう。最終的なウォートの容量は5ガロンくらいになるはずだ。

ウォートが冷めたらイーストを投入し、発酵が終了したらコーンシュガーかドライモルトを使ってボトリングする。

サワー・マッシュとベルジャン・ランビック

　ビールがバクテリアに犯されると酸味がつくことがあります。これを故意に行って酸味をつける醸造法が"サワー・マッシュ"と呼ばれるものです。ただし、失敗して酸っぱくなったビールと違うのは酸味度を調整して発酵させているのと、熟成後も味が安定している点です。でも、いったい何ゆえにビールを酸っぱくする必要があるのでしょう？それは酸っぱいことが魅力となっているビールが世の中にはあるからです。例えばベルギーのランビックやエール、ベルリナー・ヴァイスやヴァイツェン・ビールがそれです。あのギネス・スタウトもある程度の酸味が魅力になっているのです。しかし、自然にではなく故意に酸っぱいビールを造るにはどうしたらいいのでしょうか？ましてやパスチャライズしないホームブルーでは、いったん野生酵母やバクテリアを混入させたら後の調整が効かなくなるのでは？思い通りに酸味を調整して、かつ出来あがったビールの風味を安定させるにはどうしたら良いのでしょう？

　私がサワー・マッシュに出会ったのは1989年、ケンタッキーでのことでし

た。私はそのとき見聞きしたことをもとにいろいろ実験を繰り返して、とうとう世界の名だたるビア・スタイルに近いものを複製することができるようになりました。

サワー・マッシュの原理

　実はウォートを酸っぱくするバクテリアはモルトそのものに住みついているのです。だからクラッシュしたモルトを後からウォートに加えれば、バクテリアが勝手にウォートを酸っぱくしてくれるのです。酸味の強さはそのときの温度とバクテリアを活動させる時間で調整することができます。そして酸味をつけた後はウォートを煮込んでしまえばバクテリアも死滅し、それ以上酸化が進むことはなくなるというわけです。いたって単純な原理でしょう？　このときに使うイーストは、できれば培養した活力のあるものにします。ラガーでもエールでもかまいませんが、理想的なのはあのベルギービールと同じイーストです。*Brettanomyces lambicus* や *Brettanomyces bruxellensis* といったイーストを使えば、それこそベルギーのエールやランビックそっくりのビールを造れるでしょう。

サワー・マッシュを造る（モルトエキスを使った場合）

- モルトエキス：5-6 lbs
- クラッシュした大麦ペール・モルト：1/2 lbs

　モルトエキスを 1.5 ガロン（5.7 リットル）のお湯に溶いて温度を 54℃に調整する。それを消毒した食品用のプラスチック・バケツ（発酵容器でもいい）に入れ、そこにクラッシュしたモルトを添加する。よくかき混ぜたら、その上からアルミホイルをかぶせる。ホイルは液面に直接つけて、ウォートを空気から遮断する"バリアー"を作る。更にバケツのフタをしっかりと閉め、バケツごと毛布や寝袋で包んで保温する。これで乳酸菌（*lactobacillus*）が活動しやすい環境が整う。後はそのまま 15 時間も置いておけば、乳酸菌が驚くほどの"仕事"をしてくれるはずだ。初めて実験する場合は 24 時間くらい置いたほうがいいかもしれない。

　翌日バケツのフタを開けたら、きっと表面にカビが生えているだろう。しかし"気にすることは無い"のである。きれいにカビを取り除いて捨ててしまおう。

1ガロン=3.8㍑　1oz=28.35g　1lb=454g　1カップ=237cc　3/4カップ=100g

第 5 章　上級編　〜 Advanced Homebrewing 〜

またフタを開けたら直ぐに、なんとも不快な腐敗臭がすることだろう。これこそがバクテリアの仕業だ。しかしやはり、"気にすることは無い"のである。こうなることは百も承知の上。臭くて直ぐにでも捨ててしまいたくなるだろうが、捨ててはいけない。これがサワー・マッシュなのだから。

さて、サワー・マッシュができあがったらこれを鍋に移す。いつものレシピに従って、スペシャルティ・グレインなどを加えたら、いよいよ煮込み開始だ。ウォートを煮込むうちにほとんどの臭いはだんだんと消えていく。煮込み終えたらウォートの味見をしてみよう。酸っぱいはずだ。が、これに水を加え発酵させると酸味はかなり薄れる。

サワー・マッシュを造る（モルト・グレインを使った場合）

- 5 ガロンの仕込み材料：
- 大麦ペール・モルト：6-8 lbs
- スペシャルティ・モルトはお好みで

大麦モルトを 1/2 lbs だけ残してあとは全てマッシングする。インフュージョンでもステップ・マッシングでもかまわない。それを消毒したバケツに移したら温度が 54℃ くらいまで下がるのを待って、そこに残しておいた 1/2 lbs の大麦モルトを加える。私の実験結果によればマッシングの温度（約 70℃）でほとんどのバクテリアは死滅してしまう。だからサワー・マッシュを造るためには、温度を 54 〜 57℃ まで下げる必要がある。それから大麦モルトを添加して、マッシュをかき混ぜたらその上からアルミホイルをかぶせる。ホイルは液面に直接つけてウォートを空気から遮断する "バリアー" を作る。更にバケツのフタをしっかりと閉めたら、バケツごと毛布や寝袋で包んで保温する。後はそのまま 15 〜 24 時間、放置する。翌日バケツのフタを開けるときは、鼻をつまんでおくといいだろう。きれいにカビを取り除いて捨てたら、マッシュをロータータンに移して上から 82℃ の湯をかけスパージングを行う。そのあとは、通常のレシピどおり。

Vicarious Gueuze Lambic
バイキャリアス・グーズ・ランビック　　　　　　　　　　　　　　　　　　　　身代わりのグーズ

このランビックの酸味は水で希釈したモルトエキスにバクテリアが入りこむことによってできあがる。そこにエール・イーストを加えて発酵させるわけだが、このレシピでは更に2つの特殊なイーストも加える。Brettanomyces Bruxellensis と Brettanomyces Lambicus を培養したものだ。(この二つのイーストは培養が少々むずかしい。それは発酵が進むにつれて、イースト自身が作り出す酸によって自らが死滅してしまうからだ。そこで培養には酸を中和する特別な液体を使ったりすることがある。)これらのイーストを使うことによって、このレシピでは限りなく本場ベルギーのランビックに近い風味とアロマを出すことに成功している。できればこれを造る前に、本物のランビックかグーズを飲んでみて欲しい。もしかしたら、あなたの好みではないかもしれないが、好きな人にはたまらいビールだ。

- ライト・モルト・エキス：6 lbs
- クラッシュした大麦ペール・モルト：1/2 lbs
- クリスタル・モルト：1/2 lbs
- 古いホップ：1/2 oz（1-2HBU）
- エール・イースト：1-2袋
- Brettanomyces Bruxellensis（培養したもの）
- Brettanomyces Lambicus（培養したもの）
- コーン・シュガー（ボトリング）：3/4 カップ
- OG（初期比重）：1.042-1.046　FG（最終比重）：1.006-1.012

オールグレイン・レシピ

クリスタル・モルトを1.5ガロン（5.7リットル）の水に加えて沸騰させたら、直ちにモルトの殻をすくい取って火を止める。そこにモルト・エキスを溶いて入れ温度を49～54℃に保つ。これを食品用のプラスチック・バケツに静かに流し込み、前ページで説明したように大麦モルトを加えたらアルミホイルとフタをして"サワー・マッシュ"ができるまで15～24時間置いておく。甘いウォートが酸っぱくなったら、ホップを加えて鍋で1時間ほど煮込もう。それから例のごとくスパージングしながら冷水の入った発酵容器に流し込み、温

1ガロン=3.8½ℓ　1oz=28.35g　1lb=454g　1カップ=237cc　3/4カップ=100g

第 5 章　上級編　〜 Advanced Homebrewing 〜

度が 24℃以下になったらエール・イーストを添加する。初期発酵が終了したら Brettanomyces Bruxellensis と Brettanomyces Lambicus を投入する。もしビールをより酸っぱいものにしたければ、これらのイーストは最初からエール・イーストと一緒に投入してもかまわない。これらのイーストを入れるとビールの表面に白いふわふわした皮膜ができる。伝統的なベルジャン・ランビックならボトリングをするまでに 1 年以上寝かせるが、我々ホームブルワーは好きなときにボトリングしてかまわないだろう。もちろん発酵が済んでから。熟成するにつれて酸味は和らいでいく。

Loysenian Cherry Kriek
ロイセニアン・チェリー・クリーク　　　　　　　　　　　　　　　　　　いとしのロイセニアン

ベルジャン・クリーク・ランビックは、色と風味が強いベルギー産のチェリーを入れて熟成発酵（二次発酵）させる。サワー・マッシュがこれにシャープな酸味を加え、Brettanomyces Bruxellensis と Brettanomyces Lambicus の二種類のイーストが、フルーティでありながら刺すような刺激のあるアロマとフレーバーを加える。さらに熟したチェリーのスッキリした味が加わって、なんともいえないビールになる。仲間のホームブルワーを集めて皆で飲もう。

- ライト・モルト・エキス：6 lbs
- クラッシュした大麦ペール・モルト：1/2 lbs
- クリスタル・モルト：1/2 lbs
- 古いホップ：1/2 oz（1-2HBU）
- サワー・チェリー：10-12 lbs（Chokecherry があればこれを 3-4 lbs 使っても良いだろう）
- エール・イースト：1-2 袋
- Brettanomyces Bruxellensis（培養したもの）
- Brettanomyces Lambicus（培養したもの）
- コーン・シュガー（ボトリング）：3/4 カップ
- OG（初期比重）：1.042-1.046　FG（最終比重）：1.006-1.012

クリスタル・モルトを 1.5 ガロンの水に加えて沸騰させたら、直ちにモルトの殻をすくい取って火を止める。そこにモルト・エキスを溶いて入れ温度を 49 〜 54℃に保つようにする。これを食品用のプラスチック・バケツに静かに流し

込み、前ページで説明したように大麦モルトを加えたらアルミホイルとフタをして"サワー・マッシュ"ができるまで15～24時間置いておく。甘いウォートが酸っぱくなったら、ホップを加えて鍋で1時間ほど煮込もう。それから例のごとくスパージングしながら冷水の入った発酵容器に流し込むが、この時全体の量が4ガロンになるように水を調整しておこう。温度が24℃以下になったらエール・イーストに Brettanomyces Bruxellensis と Brettanomyces Lambicus を一緒に投入する。

1～2週間して初期発酵が緩やかになってきたら、サイフォンを使ってウォートを全てガラス製のカーボイに移そう。その一方で、クラッシュしたチェリーを1ガロンの水に混ぜ、71℃まで過熱する。その温度を30分ほど保つようにしてチェリーをパスチャライズ（低温殺菌）しよう。その後は鍋にしっかりとフタをして、あるいはラップして、鍋ごと冷水に着け温度を21℃まで下げたら、それをウォートの入ったカーボイ（二段階目の発酵容器）に投入する。あとは一ヶ月ほど保存して後発酵をさせる。一ヶ月が過ぎたら、ビールを再びサイフォンして"三段階目の発酵容器"に移し、チェリーなどの残骸を取り除く。発酵が完全に終わったなと感じたらボトリングしていいだろう。あとは瓶内でよく熟成するのを待ってから飲む。ラズベリー、ピーチ、ブルーベリー、その他いろいろなフルーツを試して楽しもう。

オールグレイン・レシピ

1ガロン=3.8ℓ　1oz=28.35g　1lb=454g　1カップ=237cc　3/4カップ=100g

第5章　上級編　〜 Advanced Homebrewing 〜

クロイセニング 〜コーンシュガーを使わない自然なプライミング

"クロイセニング（Kraeusening）"とは、プライミング・シュガーとしてウォートそのものを使うことです。もちろんイーストを添加する前のウォートですが、このとき使われるウォートのことを特別に"ガイル（Gyle）"と呼んでいます。コーンシュガーなどを使わないということで自然麦芽100％のビールができるため、多くのブルワリーがクロイセニングを行っています。プロのブルワリーではほとんど連続してビールを仕込んでいるので、発酵を終了してボトリングされるビールに新しく仕込んだウォートをいつでも添加する事ができるのです。しかし、ホームブルワーの場合はそうもいきませんね。連続して仕込むことも可能ですが、それではのんびりとビールを造る楽しみが損なわれてしまうでしょう。そこで現実的な方法としてはイーストを添加する前にウォートを少量とり、冷蔵庫で保管しておくと良いでしょう。これなら連続して仕込まなくて済みますし、いつでもクロイセニングできます。ウォート（ガイル）はしっかりと消毒した密閉容器に入れ、極低温で保管しておくことをお薦めします。ここで最初に浮かんでくる疑問は、どれくらいの量のガイルが必要かということでしょう。

毎回仕込むウォートの比重はレシピによって違うはずです。比重が違えば含まれる糖分の量も違うから、当然プライミング用に添加するガイルの量は変わってきます。そこで、ホームブルワーの為にウォートの比重からガイルの量を算出する方程式を考案しました。ただしこれは5ガロンのビールに170gのコーンシュガーをプライミングするレシピの場合です。

ガイルの量（クウォート）＝ ｛12×ウォートの量（ガロン）｝÷｛（初期比重−1）×1000｝

つまり、初期比重1.040のビールを5ガロン仕込んだときには：

ガイルの量＝ ｛12×5｝÷｛（1.040−1）×1000｝＝60÷40＝1.5（クウォート）

と言うことになります。1クウォートは0.95リットルですから、だいたい1．4リットルということです。この式の分母は単純に初期比重の"下二桁"として覚えておいても良いでしょう。注意：**ガイルとして保存しておくウォートの衛生管理にはくれぐれも気をつけること。**（パパジアン）

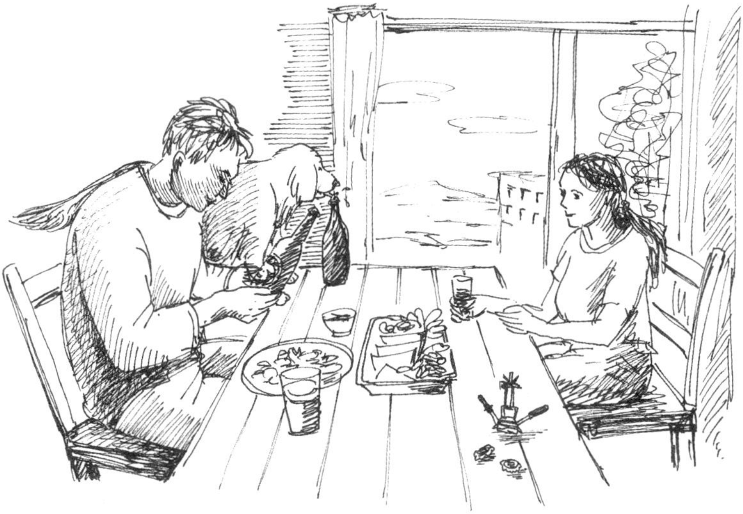

第6章

蜂蜜の酒
〜ハニー・ミードを造る〜

mead

第6章　蜂蜜の酒　〜ハニー・ミードを造る〜

ミードとは？

　"ミード"と言えばすぐに高々と掲げられた酒盃が思い浮かびます。**ハチミツが自然発酵してできたお酒が"ミード"**。それは神々の飲む酒、ネクターの中のネクター、そしておそらく人が初めて出合った自然のお酒。古代ギリシャ人、ローマ人、エジプト人、スカンジナビア人、アッシリア人、みなこの伝説的な飲み物を豊作の祈りとともに飲みかわし騒いだことでしょう。インカやアステカのインディアンたちもミードを崇めていたと伝えられています。淫靡で官能的でさえあるミードで、多くの古代人が饗宴の酒祭を繰り広げたに違いありません。現代においてそれほどの饗宴はなくとも、ミードの官能的な魅力は健在です。一度は飲んでみるべきお酒でしょう。

　要するに発酵させたハチミツがミードです。それにフルーツを加えれば"メロメル"、そのフルーツがブドウであれば"ピメント"と呼ばれる飲み物になるのです。ハーブやスパイスを添加したものは"メセグリン"、リンゴとハチミツで"サイザー"、ピメントにスパイスを加えたものは"ヒポクラス"という飲み物です。思いつくままにいろいろなものを加えることができるミード。でも、ハチミツをやたらに発酵させても現代人の味覚に合ったものはできないでしょう。伝統的な造り方に従えば、1〜2kgのハチミツに対して4リットルの水を加え長期発酵させるだけで、中毒になりそうなほどおいしいワインに似た甘い飲み物ができるのです。ハチミツの分量を増せば甘味も増します。（ある程度のアルコール度数に達すると発酵が抑えられるので、過剰に加えられた糖分はそのまま甘味成分になるのです。）

　ただ残念なことに、新鮮で良質なミードをお店で見つけるのは不可能だと言っていいでしょう。市販されているほとんどのミードは甘ったるく、濡れたダンボール箱のような臭いのするものばかりなのです。でも1990年代以後、いくつかのマイクロブルワリーがミードを造り始めましたから、その近くに住んでいればおいしいミードにありつけるでしょう。ほんとうに素晴らしいものだから、チャンスがあったら是非飲んでみてください。

　と言っておきながら、実はもっと簡単に飲める方法があるのです。そう、自分で造るんです！　なんてことはない、ホームブルワーなんだからミードなん

てお茶の子さいさい。フルーツだってスパイスだってお好み次第で入れて楽しめる。それだけのことだったんです。

　でもその前に…

ハチミツについて
　ハチミツは花から採れる蜜が酵素の働きによって熟成したものです（どんな酵素かは"蜂"のみぞ知る）。そして何百とある花の種類によって、その蜜の風味や特徴が異なります。ミード・メーカー達はその特徴を色と風味で判断します。共通点は成分の大部分がグルコースとフルクトースで、ほんの少しシュクロースとマルトースが含まれているということ。水分はだいたい15％以下。クローバーやメスキート、オレンジ、アルファルファなどから採れる蜜はライトで風味も強すぎないのでミード造りには最適だとされています（これには異論を唱える人も居ます。なぜなら伝統的なミードというのは蜂が自然に集めてきた蜜をそのまま使っていたので、特に原料を選定していたわけではないからです）。そしてありがたいことに、ハチミツには不思議な力が宿っており何十年も腐らないという特性もあるのです。

ハチミツを煮る
　発酵させる前にハチミツを煮るべきかどうかは、しばしばミード・メーカーたちの議論の的になる問題です。そもそもなぜ煮るのかといえば、野生の蜜には様々な微生物が含まれているからです。これを熱殺菌することで、ミードにおかしな風味がつくのを防ぎたいのです。また煮ればタンパク質が凝結するので、澄んだミードができるということもあります。反面、煮ることで風味が損なわれるという弊害も起こります。そこで私は水を少量加えたハチミツを15分だけ煮ることにしています。

発酵温度
　ミードの発酵に適した温度はだいたい21〜26℃です。ビールと違って発酵温度が少々高めですがそれによる弊害はあまりありません。また反対に温度が低めであっても大丈夫ですが、発酵期間は少し長くなります。

1ガロン=3.8ℓ　1oz=28.35g　1lb=454g　1カップ=237cc　3/4カップ=100g

第6章　蜂蜜の酒　〜ハニー・ミードを造る〜

栄養源

　ハチミツにはイーストの栄養源となる成分が含まれていません。だからミード・メーカーはイーストの栄養源を添加してハチミツの発酵を早めるということをします。もちろんそうしなくともミードはできるのですが、それだと熟成に3ヶ月から時には1年もかかってしまうのです。しかし栄養源を添加すれば発酵期間を3週間以下に短縮することができます。

　イーストの栄養源はホームブルーショップでも売られています。これをミード・ウォートに添加すればよいのです。イーストの栄養源として最も優れているのは"**イースト・エキス**"です。これは言ってみればイースト自身の内臓です。特別に培養されたイーストを遠心分離機にかけて、イーストの細胞壁だけを残して中身を採集するという方法で作られています。ワインメーカーも使っているイースト・エキスは、イーストが健康な活動をするために必要な栄養分が高く、人口の加工物ではないので安心して使えるという利点があります。5ガロンのミードに対しては7〜14g加えれば良いでしょう。食品メーカーもビタミンの補強剤として利用しています。もちろん昔はこんなものは無かったのですから、何も添加せずとも素晴らしいミードを造ることはできるのですが、時間がかかるということです。

酸度

　ハチミツ自身にはあまり含まれていませんが、少量の酸をミードに加えると、アルコールの刺激を抑えるとともにフルーティな風味を加えることができます。もちろんあくまでも好みの問題で、加えても加えなくてもかまわないでしょう。この場合使われる酸は"アシッド・ブレンド"と呼ばれる混合酸で、クエン酸が25％、リンゴ酸が30％、酒石酸が45％の割合になチています。

スタック・ファーメンテイション（発酵不良）

　発酵終了を目前にしたイーストが息切れを起こして、何の前触れもなしに突然その活動を停止してしまう"スタック・ファーメンテイション"。ミード・メーカーなら誰しもが経験していることのようです。原因はいくつか考えられますが、イーストの栄養不足やアルコール濃度が高くなったためにイーストの活動が阻害されるのが一番の原因のようです。でも、これには自然の特効薬があるのです。"イースト・ハル"（又は"イースト・ゴースト"、"イースト・スケル

トン")と呼ばれるもので、つまりはイーストの死骸のことです。前述のイースト・エキスを採集するときに取り残される細胞壁がこれにあたります。どうしてこんなものがイーストのスタック・ファーメンテイションに効くのでしょうか？その理由は未だに解明されていませんが、一説によればイーストの活動によって生産される"毒素"をこのイーストの細胞壁が吸収してくれるからだと言われています。5ガロンのミードに対して7～14gのイースト・ハルを添加すれば、スタック・ファーメンテイションを解消できるでしょう。

トラディッショナル・ミード

　ミード・メーカーの最初にして最大のチャレンジは、何も添加していない一番シンプルなミード。材料はハチミツと水、そしてイーストだけ。スパイスやフルーツなどといった華やかなものは何も加えない。人類初のアルコール飲料にたいする敬意とも言えるでしょう。クリーンでスムースでジェントルでピュアなミードを片手に満天の星空を見上げ、8千年の古(いにしえ)を思い起こそうではありませんか。

　トラディッショナル・ミードは花蜜(ネクター)のエッセンスを凝縮した宝石のようなお酒です。ドライでもスウィートでもアルコール濃度は12～15%ぐらい。私が始めてトラディッショナル・ミードを飲んだのは、ニュージーランドのクライストチャーチにある小さな街ランジオーラでのことでした。その街で小さなミード醸造所"ハビルス・メイザー・ミード（Havill's Mazer Mead）"を営んでいたレオン・ハビルとゲイ・ハビルが、素晴らしいミードを飲ませてくれたのです。フレッシュでピュアなその味わいは感動的ですらありました。あなたもニュージーランドに行く機会があったら寄ってみてはいかが？ハビルスはいつでも歓迎してくれるはずです。

　もうひとりミードに関わる人物を紹介させてください。1940年代にイングランドのコーンウォールでミード醸造所を営んでいた退役軍人のロバート・ゲイル大佐です。大佐はおそらく世界で最もミードを知り尽くした人でしょう。

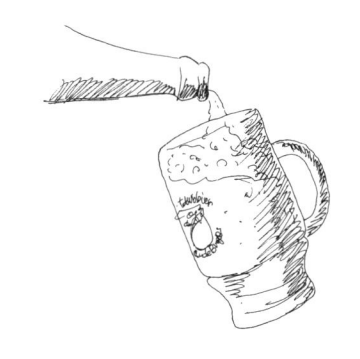

第6章　蜂蜜の酒　〜ハニー・ミードを造る〜

ゲイル大佐のおかげで私はミードに対して畏敬の念を抱くまでになったのです。大佐が1948年に書いた『Wassail in Mazers of Mead（ミードの大杯で乾杯しよう）』という本があります。現在はBrewers Publicationによって『Brewing Mead』として再出版されているので興味があったら読んでみて下さい。ゲイル大佐は現在スコットランドのアーガイルにあるミナード・キャッスルにお住まいです。（＊Brewers Publicationは巻末にあるAOBのサイトでアクセスできます。）

ミードとハニー・ムーン

　ウェディング、その人生の至福の時に輝きを加えるものがあるとしたら？　それはミード。ミードは愛の飲み物なのです。欧米には結婚式にミードを飲む習慣があります。その後も一ヶ月間ミードを飲みつづければ男の子を授かるという言い伝えがあり、もし目出度くその九ヶ月後に男の子が生まれたら、ミード・メーカーから祝福を受けることができるのです。"ハニー・ムーン"というのはここから始まったそうです。つまりハニー・ミードを一ヶ月（ムーン）飲み続けるという習慣が"ハニー・ムーン"なのです。興味深いことに確かに男の子の生まれる確立が高かったそうです。結婚式でミードを飲むための大杯"メイザー・カップ（Mazer Cup）"は親から子へ代々と受け継がれ、この大杯でミードを飲んで男の子をもうけたカップルが家督を継ぐことになり、それがますます男子誕生の確立を上げていったのだそうです。戦争が絶えなかった時代にはとても重要な事だったのでしょう。（註：嘘かまことか？とうとう科学者までが真実を確かめるべく動物実験に乗り出したところ、ミードを与えた場合にはオスの生まれる可能性が上がることが判明したのです。確かに受精期の母体のpHが生まれてくる子供の性に影響を与えることは知られています。）

　ミードは高貴な飲み物です。バージル、プラトン、ゼウス、ビーナス、ジュピター、オデュッセウス、キルケ、アルゴナウテス、ベーオウルフ、アフロディテ、バッカス、オーディン、バルハラ、リグ・ベーダ、トール、キング・アーサー、エリゼベス女王、フランス人、ギリシャ人、マヤ人、アフリカ人、英国人、アイルランド人、スウェーデン人、ポーランド人、ハンガリア人、ドイツ人、ホームブルワー、オーストラリアのアボリジニ、みんなミードに魅せられたのです。ただ数世紀前までは、ミード造りは法令や習慣によって規制されていました。ミードは芸術品で誰でもが造れるという代物ではなかったからです。選

ばれて訓練を受けたミード職人は、それなりの尊敬を持って迎えられていたのです。ところが今では多くのホームブルワーがミードを造って飲んでいます。強いミードは何年も貯蔵が効きます。ちょうど幸せな結婚が長続きするように。ただし、男の子を授かるかどうかは試してみないと分かりませんが。

Traditional Mead
トラディッショナル・ミード   地球の裏側のミード

私はこれを"地球の裏側のミード（Antipodal Mead）"と呼んでいます。私の住んでいるところとちょうど反対の地球の裏側にあるのがインド洋に浮かぶ島、アムステルダム島とセント・ポール島。あなたの地球の裏はどこ？

- ライト・ハニー：15 lbs
- 石膏：1 Tbsp
- アシッド・ブレンド（オプション）：4 tsp
- イースト・エキス（オプション）：1/2 oz
- アイリッシュ・モス：1/4 tsp
- イースト：1/2 oz

＊ドライ・シャンペン・イーストかプリドムース（Pris de Mousse）ワイン・イーストを41℃の湯で10分間もどしたもの。

- OG（初期比重）：1.120-1.130　FG（最終比重）：1.020-1.035

ハニーと石膏、それにアシッド・ブレンドとアイリッシュ・モスを1.5ガロンの水に加えて15分間煮込む。表面に浮いたメレンゲのような泡は"アルブミン"という水溶性のタンパク質。これをアク取りで取り除く。ミード・ウォートもビールと同じように吹き零れるので、注意しながら煮込もう。煮込み終えたら水を入れた発酵容器（密閉式：カーボイがベスト）にウォートを流し込む。水は全体で5ガロンになるように調整。発酵容器にフタをしたら容器ごとシェイクしてエアレーションを行う。ウォートの温度が27℃以下になったら、あらかじめ湯戻ししておいたイーストを投入する。初期発酵が終了するのを見計らってから、二段階目の発酵容器（密閉式）に移し替え（ラッキング）。ウォートが澄んできたら、ボトリング。そして瓶詰したミードが澄み切ったら飲み頃ということ。

1ガロン=3.8ℓ　1oz=28.35g　1lb=454g　1カップ=237cc　3/4カップ=100g

第6章 蜂蜜の酒 ～ハニー・ミードを造る～

これにフルーツやハーブを加えれば、例のメロメルやピメントになる。フルーツを使うときには煮込みの終了間際に入れ、71℃以上の温度で30分くらい置いて殺菌（パスチャライゼーション）しよう。その後、ウォートと一緒にフルーツも発酵容器に流し込み、1週間ほど経ったらサイフォンでウォートだけを二段階目の発酵容器（密閉式）に移し変えればよいだろう。

Chief Niwot's Mead
チーフ・ニウォッツ・ミード　　　　　　　　　　　　　　　　　　　　　地球の表側ミード

これもやはりトラディッショナルなミード。アンティポダルより甘味を抑え、ビールのようにカーボネイション（炭酸を溶け込ませる）してあるのが特徴。

- ライト・ハニー：13 lbs
- 石膏：1 Tbsp
- アシッド・ブレンド（オプション）：4 tsp
- イースト・エキス（オプション）：1/3 oz
- アイリッシュ・モス：1/4 tsp
- イースト：1/2 oz

＊ドライ・シャンペン・イーストかプリドムース（Pris de Mousse）ワイン・イーストを41℃の湯で10分間もどしたもの。

- コーン・シュガー（ボトリング）：1/3 カップ
- OG（初期比重）：1.110-1.120　FG（最終比重）：1.015-1.025

ハニーと石膏、それにアシッド・ブレンドとアイリッシュ・モスを1.5 ガロンの水に加えて15分間煮込む。吹き零れに注意しながら、表面に浮いた白い泡をアク取りで取り除こう。煮込み終えたら水を入れた発酵容器にウォートを流し込む。水は全体で5ガロンになるように調整。発酵容器にフタをしたら容器ごとシェイクしてエアレーションを行う。ウォートの温度が27℃以下になったら、あらかじめ湯戻ししておいたイーストを投入する。初期発酵が終了するのを見計らってから、二段階目の発酵容器（密閉式）に移し替えウォートが澄んできたら、ボトリング。プライミングにコーンシュガーを使う。瓶詰したミードが澄み切ったら飲み頃ということ。

Barkshack Gingermead
バークシャック・ジンジャーミード　　　　　　　　　　　　　　　丸太小屋生姜入りミード

ハニーの量を少なめにしたこの発泡性のミードは、まるでシャンペンか甘くないドライ・ジンジャー・エールのようだ。アルコール度数も９〜１２％と高めだが、いくつかのバリエーションによって違うだろう。これを飲んだら十中八九間"虜(とりこ)"になる。私がこれまでに飲ませたホームブルワーの９９％が、狂ったようにこのジャンジャーミードを造りはじめた事実がある。おそらく何百人というホームブルワーが、今この時にもバークシャックを造り続けていることだろう。それくらいすごい飲み物なのだ。あなたも必ず虜になるだろう。ただし、このミードは他のものより長期の熟成を必要とする。おそらく瓶詰めをする前に、二段階目の発酵容器で１〜２ヶ月は寝かせなければならないだろう。さらに瓶詰めした後も、３ヶ月から長いときには１年も熟成させないと飲み頃にならないかもしれない。この熟成期間は使用した材料によって違う。忍耐が必要な飲み物だ。しかし、その忍耐は余りあるほど報われるだろう。必ず待つだけの価値がある素晴らしいミードだということは保証しよう。

そのくせ造り方はいたって簡単。

ポイントは：

1) ハニーを水と一緒に煮込む。
2) アルコール度数が１２％を超えそうなときはシャンペン・イーストを、そうでなければラガーかエールイーストを使う。
3) 他のミード同様、初期発酵はゆっくりと進行するかもしれないが、どんな条件・状況下であってもミードを開放式の容器に７日以上放置してはいけない。その場合には、エアーロックのついた二段階目の発酵容器に移し替えるように。
4) 添加するフルーツは必ずパスチャライズ（低温滅菌）する。ただし、決して煮込まないように。フルーツは煮込むとペクチンが出て、ミードを濁らせる原因となるからだ。煮込み終えたウォートに浸して、ゆっくりと殺菌すればいいだろう。
5) スパイスやハーブを添加する場合は、煮出してからボトリングのときに添加すればより強い風味が出るだろう。

１ガロン＝３.８１/₄ℓ　１oz＝２８.３５g　１lb＝４５４g　１カップ＝２３７cc　３/４カップ＝１００g

第6章 蜂蜜の酒 ～ハニー・ミードを造る～

- ライト・ハニー：7 lbs
- コーン・シュガー：1.5 lbs
- 卸したてのショウガ：1-6 oz
- 石膏：1.5 tsp
- クエン酸：1 tsp
- イースト・エキス（オプション）：1/4 oz
- アイリッシュ・モス：1/4 tsp
- クラッシュしたフルーツ（オプション）：1-6 lbs

＊サワーチェリー、ブラックベリー、ラズベリー（私のお勧め）、ブルーベリー、クランベリー、ぶどう、なんでもお好み次第で。

- シャンペン・イースト：1-2 袋
- コーン・シュガー（ボトリング）：3/4 カップ
- OG（初期比重）：1.055-1.060　FG（最終比重）：.992-.996（間違いじゃない！）

ハニー、コーンシュガー、卸したショウガ、石膏、クエン酸、それにイースト・エキスとアイリッシュ・モスを 1.5 ガロンの水に加えて 15 分間煮込む。吹き零れに注意しながら、表面に浮いた白い泡をアク取りで取り除こう。煮込み終えたら火を止めて、ショウガのカスをストレイナーで取り除く。できるだけで結構。それからクラッシュした（小さく切り刻んだ）フルーツをウォートに投入して、そのまま 15 分くらい浸しておく。フルーツの入ったウォートをそのまま濾さずに発酵容器（開放式）に入れ、冷たい水を 3 ガロン加える。ウォートの温度が 27℃以下になったら、シャンペン・イーストを投入しよう。一次発酵が進んでウォートの比重が 1.020 以下になるか、あるいは発酵から 7 日目（どちらか早いほう）に、サイフォンを使ってウォートを二段階目の発酵容器（密閉式）に移し替えよう。

一ヶ月くらい経ってウォートが澄んできたら、コーン・シュガーを使ってボトリングする。ハーブやスパイスを入れるなら強めに煎じてから発酵容器に加える。この時、まず半分の量を瓶詰めしておいて残りにハーブとスパイスを加えれば、一度で 2 種類のミードが造れる。ミードの味は時間が経つにつれて変化していく。刺激のある風味も熟成するにつれて和らぐだろう。6 ヶ月くらいで味見をしてみれば、だいたいの出来がわかるだろう。できれば 1 年は寝かせておいて欲しい。素晴らしい味わいになることは間違いない。

Beer and Fish & Chips.

ミートゥー

1ガロン=3.8ℓ　1oz=28.35g　1lb=454g　1カップ=237cc　3/4カップ=100g

第7章

補講
～By Professor Surfeit～

第7章 補講 〜By Professor Surfeit〜

トラブルシューティング（問題解決策）

まずいビールはどうしてできる？

　おそらくこの章がこの本の中で一番大事な部分ではなかろうかと思います。ホームブルワーの役に立つヒントやコツ、それに貴重な体験結果をまとめてみました。おいしいビールが造れるかどうかの分かれ目ですから是非とばさずに読んで下さい。でも、できれば3・4回実際にビールを仕込んでからにした方が、理解が早いかもしれません。

　ビールがうまく出来なかったとき、問題を探り当てようとしてあれこれ試行錯誤するのはけっこうストレスのたまる作業です。でもそんなときにこそDon't Worry 、リラックス！。イライラしたり心配したりするのが一番いけない。それが何よりも一番悪い結果を招くことになるのです（と経験者は語る）。そこで私のアドバイスとしては：

1) まず丁寧に作業をすること。
2) 次に、ビールの風味を形成する要素が何なのかということをよく理解すること。
3) そして最後に、問題をそのままに放置しないこと。

問題が分かったら何もしないのではなく、何らかの手段を講じてみることです。そうした小さな努力の積み重ねが必ずいつかあなたを素晴らしいビールに導いてくれるのです。この本をここまで読んでこられた皆さんが、いまさらこの章を読む必要もないのかもしれませんが、念には念を入れて読んでおいても決して無駄にはならないと思います。

　以下に挙げたのが最も一般的な"ホームブルー失敗例"です。

- ガスっぽいビール
- 酸味のあるビール
- かび臭いビール
- 濁ったビール
- 気の抜けたビール
- 泡立ちすぎるビール
- 変なあと味が残るビール

- 発酵不良ビール
- ヘッドの無いビールの"あのフォーム"が無いビール

それでは、ひとつひとつその原因を説明していきましょう。

ガスっぽい"サイダー・ビール"

　グレインでもモルトエキスでも、この問題は起こりえます。ただし、私の知る限りでは100％モルトのビールで"サイダー・ビール"ができたという話は聞いたことがありません。そもそもサイダーのような味というのは、コーン・シュガーやケイン・シュガーを入れすぎた場合に起こるものなのです。ホームブルー・キットの中には全体の50％も砂糖を加えるように記述したものがありますが、こいつがいけない。良いキットならスペシャルティ・モルトとイーストがセットされているので、まずサイダー味になる心配は無いのですが…。レシピに砂糖を添加するような記述があったら、砂糖の変わりにモルトエキスを使えばだいたいこの問題は解決するはずです。いずれにしてもコーン・シュガーやケイン・シュガーは止めたほうがいいでしょう。まるで"禁酒法時代"のビールを飲んでいるようですから。たとえスーパーで安売りしているようなモルトでさえ、これは起きないはずです。

酸っぱい"サワー・ビール"

　材料を責めてはいけない。このビールができたら、それはまさしくあなたのせいです。まず十中八九、洗浄と消毒をしっかりやらなかった結果です。ビールを醸造する温度はバクテリアにとっても絶好の環境なので、衛生管理にちょっとでも手を抜けば酸っぱい"サワー・ビール"のできあがりとなります。ビール造りにおいてバクテリアとの戦いは果てしなく続きますが、これについては後述します。しかし、衛生管理さえしっかりしていれば、どんなに暑い土地でもちゃんとおいしいビールが造れるはずです。これは世界の各地で実証済みです。

第7章　補講　～By Professor Surfeit～

"かび臭いビール"

「ありゃま！俺のビールに何か生えてるぞ。」そりゃ、カビでしょう。ビールをだらしなく造ったバチが当たったのです。カビにもいろいろあるので、とてもじゃあないが飲めない代物になることもあれば、中にはそれと気づかずに飲んでしまうこともあるでしょう。しかしビールの酸度とアルコール含有量からして、いかなる病原菌もビール中では生存不可能なはずですから、死ぬ心配だけは無いと言っておきましょう。良いか悪いかの判断はあなたの味覚次第。とにかく器具の消毒を怠ったり、不注意でビールを菌にさらしたりするとこんなことが起こるわけです。ラガービールを長期保存するときにも、貯蔵温度を16℃以上にしてしまうとカビが繁殖する可能性があります。気をつけましょう。

"濁ったビール"

もしかしたら最初から濁っていたのか、あるいは途中から濁りだしたのか、とにかく見るに耐えないぶざまなビールになっちゃった。問題はやはりここでもバクテリア。モルトやコーンシュガーのせいではありません。またよほど古いものでもなければ、イーストのせいでもありません。誰のせい？

"気の抜けたビール"

何もかも抜かりは無かったはずだ！手順を追っていつもの通りに仕込んだのに。1週間、2週間、そして一月たってもビールにまるっきり泡が立たないなんて。この場合考えられる原因は、まず消毒剤がすこし瓶内に残留してしまったか、あるいはビールを保管する温度が低すぎたかのどちらかでしょう。もしそうならば、もう少し温かいところにビールを置いてみるか、それでもダメだったらビールの栓を抜いて新鮮なドライ・イーストを投入してみましょう。もちろんまた栓をして保管するわけですが、それでもだめだったら、またまた栓を抜いて、今度はコーンシュガーを少々（350mgのビール瓶なら1g）投入してみましょう。それでもやっぱりダメだったら、これはもうあきらめるしかありません。そのときは炭酸の強いビールと半々に割って飲むという最後の手段もあります。

"泡吹きビール"

まず思いつくのは、プライミング・シュガーの入れすぎ。5ガロンの仕込み

に対するプライミングの適量は、コーンシュガーで瓶詰めの場合 120〜170cc、樽詰めの場合には 70〜110cc でしょう。しかしごく稀に、長期保存しておいたビールが突然ある日再び発酵を始めたなんてこともあります。これはバクテリアのいたずら。バクテリアの働きでビールに含まれている日発行性の糖分が、いつの間にか発酵糖分に変化してそれをイーストあるいはこのバクテリア自身が発酵させてしまったのです。まあ、たいていの場合、泡が吹き零れるのはバクテリアの仕業です。対策はやはり衛生と消毒。

"後味の悪いビール"

　そんなことがあったら、まず赤ん坊のオシメを片付けてください？そう、ビールを仕込む部屋はできるだけバクテリアやその他の菌がはびこらないようにするしかないのです。

"発酵不良ビール"（スタック・ファーメンテイション）

　"発酵不良"あるいは"発酵未熟"は何故起こる？市販のモルトエキスにはある程度の非発酵糖分（デキストリンなど）がビールにボディを与えるために含まれています。良質なオール・モルトのビールなら初期比重が 1.038 で最終比重が 1.013 くらいです。濃い目のビールでも初期比重は 1.055 で最終比重が 1.028 くらいでしょう。スタック・ファーメンテイションを回避するにはウォートの"エアレーション（酸素供給）"を良くするとか、活力のあるイーストを選定して使うといった方法があります。でも、まああまり気にせずにそのままで飲んでしまうのがいいでしょう。ホームブルワーなんだから。

"ヘッドの無いビール"

　いわゆる"ビールのヘッドが無い"というのは泡もちの悪い状態を言います。これはたいていの場合グラスが汚かったり、またグラスに油や洗剤が付着していたりする場合におこります。洗剤を使ってグラスを洗ったときには、熱い湯でしっかりとリンスしておくことが大事です。ただし使っている水が硬水の場合にはリンスが効きにくいということもあります。もちろん瓶と発酵容器もしっかりと消毒しておきましょう。水に溶いたブリーチに一晩浸しておいたら仕上げはやはりお湯でリンスすること。もしグラスが原因でないとするなら、ホップが古くなかったかどうか確認してみましょう。新鮮なホップは良いヘッド

第7章 補講 〜By Professor Surfeit〜

を形成してくれますが、古いホップや悪くなったホップを使うと反対にヘッドを壊してしまう可能性もあるのです。ホップは常に新鮮で良いものを使いたいものです。

バクテリアによる汚染

　バクテリアっていったい何者？バクテリアの好物は？どんな味がして、いったいどこからやってくるの？どうしたら退治できるの？…お答えしましょう。

　バクテリアは時には役立つ微生物で、特にヨーグルトや納豆、醤油、漬物などには欠かせないものでもあります。ビールに対して特に問題のあるバクテリアは、ビールを酸っぱくしてしまうやつです。やつらはどこにでもいます。すきさえあれば直ぐに入り込んできて、ほんの一日あればすっかりビールを酸っぱいものにしてしまうのです。中でも一番身近にいるやつが"**乳酸菌**"。こいつにビールは酸っぱくされてしまう。もう一つ厄介なのが、"**ペディオコッカス**"。このバクテリアはいやなことにウォートが大好物で、不快な風味とアロマを発します。あまり見かけないのが"**アセトバクター**"。やはり酢酸を生産してビールをお酢に変えてしまいます。バクテリアが混入するとビールが濁ったり、泡が吹き出たり、カビが生えたり、不快で好ましくない風味や後味がついたりします。

　バクテリアに犯されたかどうかを簡単に判定できる方法があります。ビールの瓶を見るのです。もし瓶の首のとろこ（ちょうどビールの上面）にリングのような跡がついていたら、まずバクテリアに犯されたと考えていいでしょう。これまで私が検証してきた数々の"汚染ビール"には、ことごとくこの"汚れの首輪"がついていました。一度バクテリアに汚染された瓶はそのままにしておけば何度でもビールを汚し続けます。だからビール瓶に首輪を発見したら、とことん洗い落とすようにしましょう。また瓶に汚れた痕跡があれば、サイフォン・ホースや発酵容器も当然ながら"嫌疑の的"となります。まあ、がっかりしないで。ちゃんと洗えば済むことだから。

　ホームブルーイングに限って言えば、バクテリアの侵入経路の判明はそう難しいことではありません。バクテリアはどこにでもいます。手、キッチン・カウンター、ざらついた物質の表面、傷ついたプラスチック、グレイン、それにグレインのカス。だから絶対にビールを仕込むのと同じ場所でグレインを挽かないこと！ビールが汚染されたときには必ずその根源となる者が存在するので

す。そいつがウォートに触れた瞬間に、ビール汚染は完了しているのです。**どういうわけかバクテリアはビア・ウォートが大好きなのです。**おそらく家の中にある全ての食物の中で、ビア・ウォートが最もバクテリアの好む食べ物なのでしょう。事実、病院の研究室などで細菌研究するときには、バクテリアの培地としてモルトエキスをゼラチンで固めたものが使われているくらいなのですから。バクテリアはまた程よい温かさを好むものです。そう！だからビールを発酵させる環境はバクテリアが最も好む環境だということなのです。言うならば、あなたはバクテリアをお招きしているようなものなのです。トホホ。

対策

ここに最もシンプルで有効な対策を挙げてみました。参考にしてください。

- まずビール瓶にシミや汚れが無いか、瓶の首にバクテリア痕（輪）がないか、よく調べてみる。キッチン・ブリーチを溶いた冷水（5ガロンの水に対して60cc）に瓶や発酵容器を一晩浸けておけば、汚れも取れバクテリアも殺すことができる。スーパーや薬局で売られている特殊な商標名のついた消毒剤は使わないほうが良いだろう。あくまでも一般的などこにでもある塩素系のキッチン・ブリーチが一番だ。消毒したら熱湯で良くリンスをしておくこと。
- 汚れや色あせしたサイフォン・ホースは絶対に使ってはいけない。汚れを落とす場合には、やはりブリーチの溶液で消毒して落とそう。もし汚れが落ちなければ、そのホースはお役ごめんだ。ケチらずに新しいホースと交代させよう。
- 醸造過程全般を通して、衛生には完璧を心がけよう。特にウォートの温度が71℃を下回ってからは、要注意だ。
- 醸造に使う器具のうちプラスチック製のものには気をつけよう。もし表面にすこしで毀しズがあったら使うのは止めにしなければならない。プラスチックの表面のキズはバクテリアの格好の棲家になるからだ。とにかく傷ついたりいたんだりしたプラスチック用具は迷わずに廃棄して、新しいものと交換して欲しい。
- 冷めたウォートには何者も近づけてはならない。特にあなたの手は"危険"要素だ。

第7章 補講 ～By Professor Surfeit～

- サイフォンする時にサイフォン・ホースを口で吸わないようにしよう。口内には大量の雑菌が生息しているからだ。サイフォン・ホースには水をつめてサイフォンするようにしよう。「どうしても口で吸いたいんだ！」と言う方は、せめて吸う前にブランデーや焼酎で口内を消毒してからにしよう。
- 発酵容器は使用が済んだら即座に洗浄・消毒しておこう。
- ビール瓶はブラシで汚れを良く落として、ブリーチの溶液で一晩は消毒しよう。
- エアーロックは正しく使おう。中に入れる水のレベルはだいたい2～3cm。
- ラガービールの貯蔵温度は16℃以下で。ただし二次発酵時には室温で2～4週間おいても良い。
- ビールを飲み終えたら直ちに瓶をリンスしておこう。
- プライミング・シュガーは必ず煮沸してから使おう。
- ボトルキャップも熱湯消毒すると良いだろう。
- ウォートを冷やすときにはできるだけ早く。
- 冷えたウォートはエアレーションして発酵を助けよう。
- サイフォンをするときにはできるだけ静かに音をたてずに。勢い良くウォートを流し込むと空気を巻き込んでしまうので、あくまでもゆっくりと静かに流すようにしよう。バチャバチャと音をさせるのも良くない。
- ウォートを早く冷やしたいからといって氷を投入しないこと。氷にはバクテリアが住んでいると思え。
- 質の良くないプラスチックを使わないこと。これらは消毒が難しく、表面から空気を通したりするのでビール造りには向かない。発酵容器には必ず食品用のものを使おう。

最後に駄目押しのコメント

　とりあえず、既においしいビールが造れているあなたなら何も心配することは無いでしょう。初心者に限って言えば、こうしたバクテリア汚染による被害はあまりない。どういうわけか慣れるに従ってむしろ汚染の問題が増えてくるものなのです。単なる油断ということなのでしょうか。それとも慣れに乗じ

たいわゆる"手抜き"なのでしょうか？そんなときにはこの章を読み直して、自分のやり方を再点検してみてください。Remember! ビール造りはシンプルなのです。更に深く勉強したくなったら、1987年版の『Zymurgy』：トラブルシューティング特集号が最適の資料になると思います。（＊AOBのホームページ参照：巻末）

ビア・テイスティング（ビールの味わい方）

　貴方がいつも飲んでいるビールは、いわゆる大手ビールメーカーのものだけですか？そうだとしたら、貴方はあまりビールの種類を知っているとは言えないでしょう。大手の市販ビールはそのほとんどがピルスナースタイルのラガー・ビールだからです。でも、ホームブルワーやビール愛好家なら既にたくさんのスタイルのビールを飲んでいることだと思います。ビールの好みや飲み方は人それぞれでしょう。でも、どういう場面でどういうビールを飲むのか、あるいはビールと一緒に何を食べるかによって、ビールのおいしさが違ってくるように思われます。"夏の暑い日にノドの渇きを癒すビール"や"野球観戦しながら飲むビール"、または"食後に楽しむ芳醇なスタウト"、それぞれの味わい方はかなり違うのでは？長旅の跡や仕事を追えてさあ一杯というときに"フルボディのドッペルボック"は欲しくないでしょう（いや、欲しい人もいるかな？）。ビールの種類をたくさん知っている人ほど、そのときそのときの状況にあったビールが頭に浮かんでくるものです。シチュエーションにピッタリ合ったビールを選べたときには、喜びもまたひとしおでしょう。選ぶ楽しみと、飲む喜び。これがビール好きを自負する人の飲み方じゃないでしょうか？

　「ビールが嫌いだ」と言う人がいたら、「どのビールが？」と聞かなければなりません。ビールには様々なスタイルがあるのですから。「このビールは好き

第7章　補講　～By Professor Surfeit～

じゃない」とか「今、ビールは飲みたくない」と言うのならまだしも、「ビールは好きじゃない」という言い方はどんなものでしょうか？それではまるで「私は飲み物が嫌い」と言うのと似たようなものでしょう。ただ、人の好みは誰からも押し付けられるものではないでしょう。自分には自分の楽しみ方があるはずです。私たちは誰でも経験や知識から自分なりのビールの楽しみ方を知っているのでは？そういった個人的な好みがあるということを前提としながら、なおかつビールの風味について何らかの評価をするようなことはできないものでしょうか？

そこで一つの捉え方としてビールの"フレーバー（風味）"というものを考えてみました。これは化学的に定義しようとするとかなり複雑なものなのですが、ここではできるだけシンプルなものにしてみました。あくまでもビールを楽しむひとつの補助的な手段と考えてください。

ビア・フレーバー・プロファイル

ビールの味を客観的に分析するには、姿、香り、味、全体の印象、の４項目について考えてみるといいと思います。（ただしビア・ジャッジではないので数値的な評価はしません。あくまでもビールの風味を客観的に分析して理解することが目的です。）

1.　姿：視覚的には

ヘッドと見た目

ビールにはある程度の"ヘッド"があった方がうまく見えると思いませんか？"ヘッド"とはつまりビールの泡でできた冠のことです。ヘッドが全く無いビールはうまそうじゃないし、かといってありすぎても困ります。ヘッドの持続性をあらわす業界用語に"ヘッド・リテンション"という言葉があります。ヘッド・リテンション、つまり"泡もち"はビールの材料に大きく影響されます。だいたいデキストリン成分の多いビールはヘッド・リテンションが良く、新鮮なホップもそれを助けます。だからオール・モルトで良質なホップをたくさん使ったビールは、クリーミーで見事なヘッドができるのです。ただし、せっかくのヘッドもビールのグラスが汚れていると、それこそ"泡と消える"運命にあります。ビールのヘッドは油や汚れにとても弱いのです。

透明感

　実は透明度はビールの味と何の関係もありません。中にはもともとクリアーでないビールもあるし、常温でクリアーでも冷やすと曇る場合もあります。例の"チル・ヘイズ"というやつですが、これもビールの味を悪くするものではありません。でもやっぱり透明なビールが好きな人はたくさんいます。だからブルワリーでは"ファイニング"というものを使ってビールを透明にしたりしているのです。でもホームブルーをクリアーにしたければ、底に溜まったイーストのカスが湧き立たないように静かにビールをグラスに注げば良いでしょう。一方、バクテリアの汚染によって生ずる曇りや濁りはビールの味を悪くする要素です。この場合には室温であってもビールは濁っているでしょう。

2. 香り：嗅覚的には

　ビールのアロマやブーケを正確に感じ取れるのは、おそらく最初のひと口目かふた口目だけでしょう。そのあとは残念ながら、嗅覚が慣れてしまうので分からなくなってくるのです。

アロマ

　ビールのアロマの主成分はモルトやグレインの香りです。特にモルト。甘い香りや、カラメル、トフィー、ロースト、トースト、チョコレートなどといったような香りが一般的です。この他にも発酵することによって、モルトはいろいろなアロマを生じます。その中でも特に顕著なのが"エステル"によるフルーティーなアロマです。リンゴやイチゴ、ラズベリー、バナナ、ピーチ、グレープフルーツなど、エステルによるアロマは大抵の場合好ましいもので、特にエールやアルコール度の強いビールには欠かせないものです。また"ダイアセチル"バタースコッチのようなアロマを出す物質もあります。これもやはりイーストの代謝による発酵の副産物です。

ブーケ

　ホップによるアロマを特に"ブーケ"と呼び、"花のような"とか"スパイシーな"とか"刺激的な"といった言葉で表現しています。

第7章　補講　～By Professor Surfeit～

悪臭

　悪臭があればビールに欠陥があるということです。ビールを造るときに手荒な真似（温度を急激に上げ下げしたり、ウォートを手荒に取り扱ったり）をしたり、バクテリアが混入したりするとビールの品質が落ち、悪臭の原因となるのです。酸化や日光によるダメージも悪臭の原因となります。酸っぱい臭い、スカンクのような臭い、ごみ箱のような臭い、濡れたダンボールのような臭い、ワインやシェリーのような臭いなどが代表的なものです。

3. 味覚的には

　ビールの味といっても説明するのは難しいですね。人によって味の表現は違うものだし、感じ方も違うでしょう。そこでまずは人間の"味覚"について少しだけ説明しておきたいと思います。人間の舌は**苦味・酸味・塩味・甘味**の四つの味を感知することができるとされています。"苦味"は舌の奥のほうで、"酸味"は舌の両脇奥で、"塩味"は両脇前のほう、"甘味"は舌の先のほうで感じるというのです。だからビールを味わうときには、口の中いっぱいに広がったビールが舌の全ての部分を刺激して、その情報が脳に伝達されると総合的に味を感じて、「あー、うまい」となるわけです。

　ビールには様々な味が含まれています。四つの味覚要素の割合によって、総合的な味が決まるというわけです。材料の性質や発酵の具合によって、四つの要素は変化します。以下に挙げるアウトラインを参考にしながら、ビールの味について考えてみましょう。

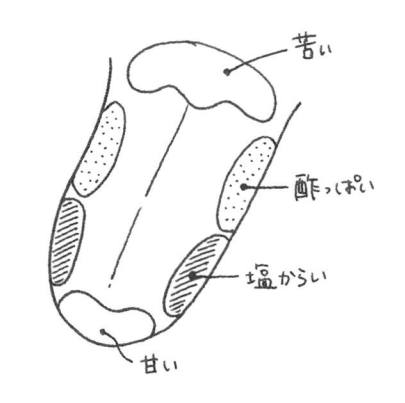

苦味

　ビールの苦味成分の元はホップとタンニンとモルトですが、ほとんどの苦味はホップから出ているドライな苦さでしょう。一方、グレインやその皮から出

るタンニンはえぐい渋みになります。ロースとしたモルトからもある種の苦味がでます。また、これらの苦味を引き出す働きをするミネラル塩もあります。

甘味

　甘味成分の元もいくつかありますが、ほとんどはモルトから出ている甘味です。それはモルトからウォートに溶け出した糖分のうちの発酵しなかった残留糖分です。その大半はもともと発酵できないデキストリンで、これがビールのボディを作り出すのです。一方、ホップの花のような香りが時として甘味に感じられたりもします。また発酵の副産物であるエステルにはもともとフルーツのような風味があり、それが甘味となって感知されるということもあります。やはり発酵の副産物であるダイアセチルのバタースコッチ風味も甘味に感じられることがあります。

酸味

　酸味の元は汚染と炭酸。バクテリアや野生酵母によってビールが汚染された場合は、中で酢酸や乳酸が造られそれが酸味となって感じられます。一方、ビールに溶け込んだ炭酸があまり強すぎると酸味に感じられることがあります。

塩味

　塩味成分の元はミネラルです。特にカルシウム、ナトリウム、マグネシウムが多量に含まれていると、ビールがしょっぱく感じられます。

味のまとめ

　自分が感じたビールの味を記録しておいて、後で他の人にも伝えられるようにしたいと思いませんか？簡単にまとめるコツをご紹介しましょう。これくらいなら飲みながらメモしても面倒じゃないでしょう。

A.　苦味と甘味のバランス（モルト/ホップ/発酵度合い）

　一般的にフル・ボディで甘めのビールには苦味を強めにつけ、ライト・ボディで繊細なビールにはあまりホップを効かせないという方程式が成り立っています。したがって、フル・ボディなのにホップの苦味が少なかったり、ライト・ボディなのに苦味が強すぎたりするのはバランスの悪いビールという

第7章　補講　～By Professor Surfeit～

ことになります。ただし、スウィート・スタウトなどの特殊なビールはこの限りではありません。

B.　口当たりとコク（Mouth-feel）

　ビールを口に含んだときの感じはフル・ボディとかライト・ボディとかいった表現をします。デキストリンなどの発酵分解されていない糖分によってボディは造られます。ライト・ビールはライトなボディ、アイリッシュ・スタウトはフル・ボディーというように、それぞれのスタイルにはそれぞれ適切なボディというものがあります。

C.　あと味（Aftertaste）

　ビールを飲み込んだ後に口に残る味があります。そう、ビールはテイスティングの時でも飲み込むもので、ワインのように吐き出したりはしないのです。良いあと味というのは、あまり口にのこらずスッキリとしていて、飲みつづけても飽きの来ないものを言います。苦味や甘味、酸味や渋みが口に残るのはあまりいただけません。とにかく「もう、一杯！」と言いたくなるのが良いビール。これには異論は無いでしょう。

D.　炭酸（Carbonation）

　炭酸の強さは口に含んだときの刺激で直ぐ分かります。炭酸と一口に言っても、実は使われている材料によって"質"が違います。泡の粒子が大きい炭酸は口を膨らませるような感じがします。一方、泡の粒子が小さい炭酸は、むしろクリーミーな感じがするほどスムースで繊細です。大麦モルト100％のビールはだいたいクリーミーな泡ができますが、大麦モルト以外の発酵糖分を材料に使うと、えてして大粒の泡ができます。この現象は泡の表面張力などによるもので物理的にも証明できるのですが、ここではやめておきます。炭酸が強すぎても、弱すぎても、ビールの風味にはマイナスになります。炭酸が強いとビールの酸っぱみが増し、弱いと風味がのっぺりとする傾向があるからです。

E.　全体としての印象

　最後に全体としての印象をメモしましょう。これは非常に個人的で主観的な評価になりますが、一番大事な評価であるとも言えます。でも、どうやって判

断したらいいでしょう？最も重要な基準は"楽しんで"飲めたかどうかです。好みか好みでないか、ビア・スタイルによって違うでしょうがそれはそれで、「何々ビールとして良かった」とか「良くなかった」とか、そのスタイルを尊重した上での判断が大事だと思います。そうすれば他の人にも参考になります。

ビールを味わう感覚を磨く

　ビールを"正確に味わう"ためのヒントです。

- 種類の違うビールをいろいろと味わおうとする時には、軽いもの（ライト・ボディ）から重いもの（フル・ボディ）の順番で飲むと良いでしょう。
- テイスティングをするならタバコは我慢しましょう。タバコの煙が充満した部屋も避けたいですね。
- テイスティングをしているときは食べ物も我慢しましょう。特に油っこいものや塩っぱいものはダメです。唇についた油はビールのヘッドをぶち壊してしまいます。
- 合間にフランスパンやクラッカーをちょっとつまむのが良いと思います。口の中をスッキリさせて、次のビールの味がより正確に舌に伝わるでしょう。
- 同様に口紅やリップ・スティックはつけないほうが良い。
- 使用するグラスの汚れやシミをしっかりと落とし、洗剤が残らないように充分リンスしましょう。
- でもやっぱり、大事なことはリラックス、
  Don't worry. Have a homebrew!

　こうした小さなことでも知っているといないとでは、ビールの楽しみ方に大きな違いができてきます。これらの知識はビールを飲む楽しみを倍増するものです。いずれあなたも実感するに違いありません。そうすればあなたも違いの分かる"コノシュアー"です。舌だけでなく、頭でもなく、からだ全体でビールを味わえば、ほら、ビールがあなたに何か話しかけているでしょう？

第7章　補講　〜By Professor Surfeit〜

ビア・ジャッジ（コンテストの仕方）

　ビールの評価（ジャッジ）をするということは、様々なビールの特徴を数値によって表現するということです。どうしてそんなことが必要なのでしょうか？一つには、ブルワーがビール造りの技術を向上させるため。または競技会（コンペ）で勝者を決するため。そして、みんなでそれを楽しむため。そんな理由があげられるでしょうか。ビア・ジャッジにも目的によってはかなり正確な基準が必要になってきますが、ここではあくまでもアマチュア向けの簡単なシステムを二つご紹介しましょう。

「20ポイント・システム」（パーティー向け）

　A. アロマとブーケ（20%）
　Total（0-4 ポイント）：

　B. 姿・見かけ（15%）
　Total（0-3 ポイント）：

　C. 風味（50%）
　モルト／ホップ／バランス（4）
　あと味（3）
　口当たり（3）
　Total（0-10 ポイント）：

　D. 総合的な印象（15%）
　Total（1-3 ポイント）：

　総合点（1-20 ポイント）：
　18-20 点：優秀
　15-17 点：良
　12-14 点：可

「50ポイント・システム」(競技会向け)

A. アロマとブーケ (スタイルに適した)
モルト (3)
ホップ (3)
その他の材料 (4)
Total (1-10 ポイント):

B. 姿・見かけ (スタイルに適した)
色 (2)
透明度 (2)
泡持ち:ヘッド・リテンション (2)
Total (1-6 ポイント):

C. 風味 (スタイルに適した)
モルト (4)
ホップ (4)
バランス (5)
炭酸 (3)
あと味 (3)
Total (1-19 ポイント):

D. ボディ (スタイルに適した)
Total (1-5 ポイント):

E. 総合的な印象 (飲みやすさなど)
Total (1-10 ポイント):

総合点 (1-50 ポイント):
40-50 点:優秀   20-24 点:貧
30-39 点:良   20 点以下:不良
25-29 点:可

第7章　補講　〜By Professor Surfeit〜

ビールとあなたの体（悪酔いしないために）

　ここでちょっとアルコールがあなたの体に及ぼす影響について考えてみましょう。特に飲みすぎについて。

　ビール酵母にはビタミンB群が大量に含まれています。ホームブルーやリアルエールは生きた酵母の宝庫だと言ってもいいでしょう。だから？つまり、ホームブルーを飲んだほうが市販のビールを飲んだときより二日酔いが軽くすむと言うことなのです。なぜでしょうか？まずアルコールを摂取することによって体内のビタミンBが激減するということがわかっています。ビタミンB群は脂肪、炭水化物、タンパク質などの新陳代謝に深く関わっています。つまり、ビタミンB群の働きがないと人は摂取した食物を吸収してエネルギーに変えることができないということです。特にグルコースは即座に消費され、血糖値を上げるエネルギー源として重要です。「なんで二日酔いだと頭が痛くなるんだろう？」と不思議に思ったことはありませんか？これはひとつには血糖値、つまり血液中のグルコース量が減って脳にそれが供給されないからなのです。体がふらついたり、だるくなったりしたことは無いですか？これはビタミンB群が不足したときに食物の消化吸収が鈍くなるため、神経システムに適切なエネルギーが行き渡らなくなって起こるのです。二日酔いだとノドが渇きませんか？これもやはり体の水分調整をしているビタミンB群が欠乏するからです。だから、ビタミンB群を豊富に含んでいるホームブルーは市販のビールよりずっと体にいいのです。私はそう思います。でもだからといってホームブルーを飲めば二日酔いが直るわけではありません。そこでいくつか賢い飲み方を伝授いたしましょう。

　まずひとつ確認しておくことがあります。我々の体はたくさんのアルコールが吸収されることを決して喜んではいません。アルコールをどんどん飲みたくなるのは気分であって、体がそうは感じているわけではないでしょう。健康なときには体内のアルコールを分解して排出するシステムが良く働きます。そうでなければ永久に酩酊状態が続くことになるでしょう。そして我々の体はアルコールを分解・排出しようとするときに、驚くほど大量のエネルギーと水分を消費します。更にそのエネルギーの消耗によって、体は打ちのめされたような疲労を感じるのです。そこで効率よくアルコールを分解し、不足したビタミンを補給するためのヒントをいくつかご紹介します。

1) まず飲む前、あるいは飲んだ直後にビタミンB群を補給しましょう。これにはホームブルーで採集した生の酵母が最適です。大さじに2杯くらいをとり、ジュースやお湯に溶いて飲んでみてください。もちろん錠剤のビタミンでもかまいませんが、せっかくある生のビタミンを利用しない手はないでしょう。しかも経済的です。もしそれがいやなら、アスピリンなどの頭痛薬を飲んでもいいでしょう。しかし、頭痛薬は単に痛みを取り除くだけで、その原因になっているものまで取り除くわけではありませんから、決して体の為に良いというわけではないことを覚えておいてください。
2) 飲んだ後、寝る前に、大ジョッキ一杯くらいの水を飲んでおきましょう。これでいくらかは翌日の脱水状態が和らぐでしょう。「散々ビールを飲んだんだから、水分は充分じゃないのか？」と思われるかもしれませんが、ところがどっこい、それでも水は必要なのです。ビールの水分はおしっこになって出て行くだけですが、寝る前に飲んだこの水は体の中の老廃物を取り除いてくれるのです。夜中にトイレに行きたくないなんていわずに是非飲んでおきましょう。
3) そして朝起きたらシャワーを浴びる。あなたの皮膚の毛穴や汗腺は、アルコール分解によってできた老廃物で目詰まりしています。それはまるで体に汚いビニールを巻きつけているようなものです。それらをきれいに洗い流せば、皮膚呼吸も正常にもどり気分もずっと良くなるというものです。
4) 朝ご飯を食べましょう。胃の中に食物を入れてエネルギーを吸収させ、失われたビタミンB群を補給することです。

だから二日酔い防止にはビタミンB群、水、そしてシャワーと朝食です。

　酵母がアルコールを造る。そしてそのアルコールが我々の体内のビタミンBを破壊する。そしてビタミンBを破壊するアルコールを造った酵母が、ビタミンBを補給する？まったくマジックのようですね。

第7章　補講　〜 By Professor Surfeit 〜

ビールの樽詰（ケギング：Kegging）

ケグを使おう

　もちろん！あなたの自家製ビールだって樽詰してビア・ホールの"生ビール"のように楽しむことができます。樽のことを英語では"ケグ"と言います。ケグ・ビアの魅力は何と言っても、瓶をたくさん洗う必要が無いこと！基本的に樽詰めするのも瓶詰めするのと同じです。ただ問題と言えばビア樽に少々お金がかかることぐらいでしょうか。でもそれもたった一度だけのことです。後で必ず良かったと思うはずです。いやむしろ、何故今までケグ・ビアにしなかったのだろうと思うくらいでしょう。

　樽詰は簡単。消毒したケグに発酵終了したビールをサイフォンで流し込むだけです。プライミングも5ガロンの仕込みに対してコーンシュガーを80cc、瓶詰めのときよりずっと少量です。これは一度にまとまった量のビールを詰めるからです。瓶詰めのときと同じ量のプライミング・シュガーを入れたら、ビールが泡だらけになってしまいますから気をつけてください。ケグはその後しっかりと封をして2週間ほど寝かせておきます。

　できあがったビールを注ぐときには、お店で使っているような"**タップ**"と呼ばれる栓をケグに着けて注ぎます。これはケグのタイプによって形状やシステムが異なります。最初に注いだ何杯かにはホームブルー特有のオリが出てくるかもしれませんが、その後はきれいなビールが出てくるでしょう。炭酸ガスを使ったCO_2ケグ・システムならビールは何週間、あるいは何ヶ月も持ちます（飲み干してしまわなければの話）。CO_2システムでは炭酸ガスの圧力でケグの中のビールを押し出します。必要な炭酸ガスの圧力はたったの5ポンド/インチだけ。CO_2システムにはバルブとプレッシャー・ゲージがついていますから、それで圧力を調整して使います。この他にも手動のポンプでケグのビールを押し出すハンド・ポン

プ・タッパーがありますが、これは炭酸ガスの変わりに普通の空気をケグに押し込むので空気に含まれている雑菌でビールが汚染されたり、空気中の酸素でビールが酸化されてしまう可能性があります。ですから、ハンド・ポンプ・タッパーを使うときには一気に飲み干してしまうのがいいでしょう。友達を呼んでパーティーをする時には使えるシステムです。CO_2システムにはそういった心配はありません。

ケギング・システム

　プロのブルワリーはたいていハーフ・バレル（15.5ガロン）やクウォーター・バレル（7.75ガロン）のケグを使っています。ケグの種類は様々ですが、ほとんどのものがホームブルワーにも使えるものです。その中でも洗浄が一番楽なのは"ゴールデン・ゲート・ケグ"でしょう。近所に親切な酒屋があれば、そこから空のケグやハンド・ポンプ・タッパーを借りることができるでしょう。自分でケグやタッパーを買おうとするなら、バー・サプライ・ショップに行けば喜んで売ってくれることでしょう。

　もちろん使う前にはケグを良く洗浄消毒します。まず、ケグについている栓（木製かプラスチック製）をはずし中に残っているビールや液体を流し出します。それから中を洗浄してキッチン・ブリーチ（水20リットルあたり60ccのブリーチ）を入れ最低1時間そのままにしておきます。流し出すときにはケグの中に組み込まれたドレイン・システム（パイプなど）を通じて行います。こうすることでビールに触れるすべての個所が消毒されます。消毒が済んだら一度煮沸殺菌済みの湯で中をすすいでおきます。それからサイフォンを使ってケグにビールを流し込みますが、その前に煮沸したプライミング・シュガー溶液を入れておきます。ビールを入れ終わったらケグに新しい栓をつけて封をします。栓はホームブルーショップやバー・サプライ・ショップで手に入れてください。ホームブルー・マガジンで通信販売もしています。

コーネリアス・ケグ(Cornelius Keg)

　ホームブルワーが使うものとしては、おそらくこれが一番使いやすく便利なケグでしょう。これはソフト・ドリンクの業界が使っているステンレス製の容器で、サイズも2.5、3、4、5ガロンといろいろあります。5ガロンのケグを使えば仕込み量と同じでパーフェクトでしょう。洗浄もごく簡単にできるし、

第 7 章　補講　～ By Professor Surfeit ～

サイズも小さめなので家庭用の冷蔵庫に収めることができます。これに CO_2 ポンプ・システムをつければ完璧です。

　この場合も、もちろん消毒・衛生が最重要なのは言うまでもありません。ケグの中はもちろん、それに着ける様々な器具や計器類もしっかりと消毒します。ただし、このケグにも一つだけ問題があります。ビールを入れた後に容器を密封するためのガスケットからガスが漏れ出すことがあるのです。この対策としては、ケグにビールを詰めた直後に 5 ポンドほどのプレッシャーを加えておきます。この圧力でガスケットはしっかりと容器を封じることができるのです。後はプライミング・シュガーによる後発酵で容器内のガス圧は自然に上がります。コーネリアス・ケグはホームブルワーには最適なシステムでしょう。コーネリアス・ケグやポンプ・システムについては、近くのホームブルーショップかバー・サプライ・ショップに相談するのがいいでしょう。

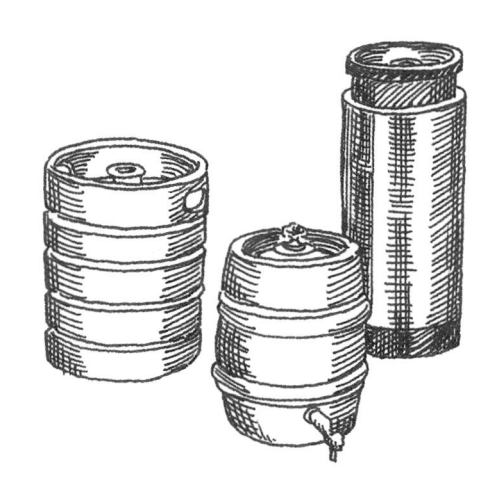

その他のドラフト・システム

　その他にもホームブルワー向けに開発されたプラスチック製ケグなどがいろいろとあります。使い勝手も非常にいいものがあるので、近くのホームブルーショップなどに問い合わせるとよいでしょう。

クイック・ドラフト・ビア

　発酵が終わったばかりでまだ樽詰もしていないのに今直ぐ炭酸いっぱいのビールが飲みたい、とのたまう御仁には取って置きの極意を伝授しましょう。「なあんだそんなことか」と言われそうですが。

　まず、発酵の終了したビールをケグに詰めます。このときプライミング・シュガーは入れません。それからケグを4℃以下に冷やします。それにCO_2ポンプ・システムを装着し、25-30ポンドの炭酸ガスの圧力を加えたら、そのままケグを激しく5〜10分ほど揺さぶります。あるいは、そのままにして2日間ほど寝かせておいてもいいでしょう。こうすると炭酸ガスがビールに溶け込み、直ぐに爽快なクイック・ドラフト・ビアが飲めます。この方法だと後発酵によるイーストのオリも出ません。

ポイントのおさらい

- プライミングのコーンシュガーは5ガロンの仕込みに対して80ccだけ。
- ケグから最初に注いだビールにはオリが入っているが、その後はきれいになる。
- ケグからビールを注ぐときに加えるCO_2の圧力は5ポンドだけでいい。しかも、最初のうちはビール自体の炭酸ガスで自然に圧力が加わっているので、CO_2の圧力なしでも注ぐことができる。
- ケグにビールを詰めるときには、空気を巻き込まないように注意しながら速やかにサイフォンする。更に安全を期して、ビールを詰め終わったらCO_2ポンプ・システムでケグに炭酸ガスを送り込んで、中に残っているかもしれない空気を追い出しておくと良いだろう。こうしておけば、せっかくのビールが酸化する心配は無くなる。
- ケグに詰めたビールのカーボネイションを速やかに進めたければ、ケグの温度を16℃以上にしておくと良い。ケグを冷蔵庫に入れるのは室温でだいたい1〜2週間寝かせてからにするのがいいだろう。ただし、低温発酵するラガー・イーストで仕込んだビールはこの限りではない。その場合はもちろん低い温度でじっくりと時間をかけて熟成させることになる。
- 熟成中にあまり強い圧力をかけるとイーストが正常に活動しない恐れもあるので注意。

第 7 章　補講　～ By Professor Surfeit ～

ホップを栽培しよう

　ホップは緯度 40 ～ 50 度（北緯、南緯）の間にある土地なら簡単に育てることができます。アメリカではほぼ全ての州でホップの栽培に成功しています。もちろん出来の違いはあるでしょうが、おそらくあなたの所でもちゃんと手入れさえすれば育つのではないでしょうか？

ホップ栽培の基本

　ホップにはたくさんの陽射しが必要です。ブドウなどと同じ蔓系の植物なので這い登るための支柱も必要です。成長の速度も速く、ピーク時には一日で 5cm ほど伸びることも珍しくありません。たった 4 ヶ月で高いものでは 10m にもなり、8 月の収穫が終わると蔓は完全に枯れてしまいます。そして翌春にはまた同じ株から新芽が伸びてくるのです。

土

　ホップを育てる土には水はけの良いローム層（砂、泥土、粘土が混ざったもの）が適しています。よく雑草を取り除いて、チッソ、リン酸、カリウムを含んだ養分をたくさん与えること。成長期には土を常に湿らせておくことが大事です。土壌が硬かったりレンガのようだったりすると、水分の蒸発が早すぎて良くないでしょう。

繁殖

　アメリカのホップはほとんどが根を分けて栽培されています。種から作られることはまずないと言って良いでしょう。これはホップの花を付けるのが雌株で、雄株はむしろ邪魔者なので雌株しか栽培されていないからです。従って"種"はできません。ホップにもいろいろな種類がありますが、お店などで手に入るものは限られているでしょう。なんでもいいから手に入ったものを育てればいいと思いますが、雌株から 20 ～ 30cm ぐらいの根を切り分けてもらうと良いでしょう。また、野生のホップというものもあります。アメリカではそ

こいらの山に生えていて、その場合には雄株だったり雌株だったりするわけです。これらの野生ホップもホームブルーに使って一向に差し支えありませんが、ものによっては香りがしなかったり、かと思えば驚くほど素晴らしい香りがするものもあります。ホップの花から香りが漂っていれば、たいていは使えるものだと思っていいでしょう。なんなら最初は少しだけ仕込んでみれば良いでしょう。

　私は幸いにもワシントン州のヤキマ・バレーからカスケード・ホップの根を分けてもらうことができたので、それを栽培しました。2年目にはものすごく大きな株ができていたので、それを更に株分けして栽培しましたが、できれば株分け前に少なくとも3年くらいは待ったほうがいいでしょう。せっかくの収穫量を減らす恐れがあるからです。ホップの株を購入するには、園芸店やホームブルーショップに問い合わせるといいでしょう。ただし、手に入るのはたぶん2月と3月の期間だけだと思います。

植付けと手入れ

　株は地中15cm位の深さに、それぞれ90cmくらいの間隔をおいて植えます。植える次期は3月から4月。日本ではナス、ピーマン、トマトなどの春植野菜と一緒に植えればいいでしょう。蔓が伸びだす前に支柱にする木を株の側にしっかりと埋め込み、それに格子を縄やコードでつなげて"トレリス"を作ってやります。ホップの蔓はそれを伝ってニョキニョキとものすごい勢いで伸びていくでしょう。

　成長期が訪れると株から芽が出てきます。そのうち元気なものだけを2株か3株残して、後は間引きしてしまいます。一週間も経つと120〜150cmにも伸びるでしょう。そうしたら蔓を支柱や格子に巻きつけてやります。巻きつけるときには必ず"時計回り"の方向にして、いつでも南東から南西に動く太陽を追う形にします。（従って南半球ではこの反対）

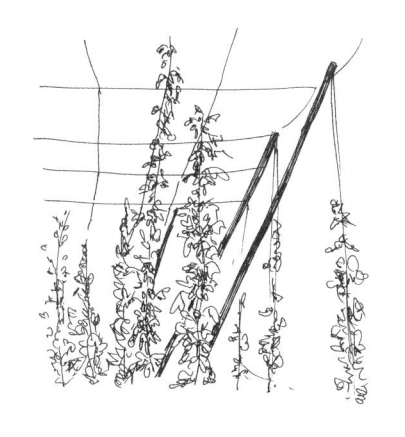

第7章 補講 〜By Professor Surfeit〜

　ホップの蔓が延びていくときには、必ず土を湿らせ続けます。灌漑設備でもあれば完璧ですが、品種によってはあまり水をやりすぎると"うどん粉病"にかかる恐れがあるので気をつけましょう。後から出てくる新芽はどんどん取り除いてしまいましょう。

害虫や問題

　成長期、特に湿った天候のときには地面から150cmくらいまでの葉は取り除いてしまいましょう。こうすることによって立ち枯れを防ぐことができるのです。カビやうどん粉病などのトラブルは突然予兆もなくやってきます。アブラムシや害虫もホップが大好きです。これにはテントウムシやニコチン、除虫菊などが有効です。殺虫剤を使ってもいいですが、その場合にはあまり後に残らないようなものを使うようにしましょう。7月下旬にホップが花を付ける前であっても、殺虫剤は注意深く使用するようにしましょう。

収穫: ハーベスト

　8月中旬にもなれば、イチゴのような形状をした緑色のホップの花がたくさん咲き乱れるでしょう。それから9月にかけてはホップの収穫期です。もちろん土地土地によって差はありますが、ホップの花が茶色に変化する直前が収穫するタイミングです。その時が来ると、ホップの花弁の根元には鮮やかな黄色の"ルプリン"と呼ばれる花粉のようなものが、たくさんついているので分かるはずです。熟したホップの花を指で揉み潰すと、刺激的なアロマがほとばしるでしょう。ルプリンは香料と苦いオイルを含んだカプセルのようなものです。収穫するときには花を優しくとりあつかって、風通しの良い場所で乾燥させましょう。決して陽にあてて乾燥させてはいけません。ホップの風味が日光によって壊されてしまうからです。

　乾燥させたホップはしっかりと空気を抜いた容器やジップロックに密封し

て、冷蔵庫で保存してください。冷凍してしまえばもっといいでしょう。ホップのレズン・オイルが空気に触れたり、熱が加わったりするとだめになります。冬になって霜が下りるとホップの蔓は枯れて落ちますが、手入れをちゃんとしていれば毎年新しい芽が出てたくさんのホップが収穫できます。そうなったらホームブルー仲間に分けてあげてもおつりがくるくらい採れるでしょう。

「サイフォンについての考察」

(国立醸造科学研究所「麦酒研究会」名誉非常勤講師・与井戸礼博士の講義から抜粋)

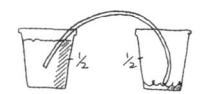

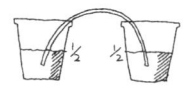

これから説明するホームブルーイングに利用されているサイフォンの原理は、スイスの偉大なる物理学者・ベルヌーイ博士による＜ベルヌーイの原理＞に基づいている。＊ベルヌーイ（Daniel Bernoulli）：1700～82年、スイスの物理学者、流体力学に関する＜ベルヌーイの原理＞を発表。

ええ、オッホン！そもそもサイフォンには"科学"と"芸術"の二つの側面がある。どう違うか？あー、前者はサイフォンが「如何にして働くか」ということであるのに対して、後者はサイフォンが「誰の為に働くか」ということでありまして、これは当然、「サイフォンはホームブルワーの為に働くものだ！」という結論付けが導き出されるわけである（ベルヌーイ博士が聞いておったらがっかりされるかもしれんが、まあそれはさておいて）。

ええ、そもそもはビールの発酵容器に溜まった"トゥルーブ（澱）"を底に残したまま、ビールだけを他の容器に移し換えるにはヌうしたらよいか？しかも、こぼさずに。という、いたって単純な古代人の疑問から発するわけでありまして。それを可能たらしめてくれたのが、このサイフォンなのであります。サイフォンとは、簡単に言えば重力を利用した"ポンプ"なのであります。これを使うことによって、ホームブルワーは安全かつ平易に、ビールをこちらの容器からあちらの容器へと移し換えることができるというわけであります。しかも、底にはしっかりと不要になったトゥルーブが残っておる。

第7章 補講 ～By Professor Surfeit～

　ちなみにアップル、つまりリンゴじゃな。このアップルを床に落とすとどうなるか？落とせばアップルは床に衝突して痛んでしまうでありましょう。（この件に関しては既にニュートン博士が実証済みなので詳しい説明は割愛しておく。）しかし、これを落とさずにテーブルの上に置いたらどうなるだろうか？さよう、アップルはそのままテーブルの上に留まり続けて床に衝突することはないのであります（いつまでもそのままにしておくと最後には腐ってしまうので気をつけるように）。

　さて、今度はアップルの代わりにビールの発酵容器をテーブルに乗せてみよう。なんと！発酵容器も動かずそこに留まっておる。そこでこの容器の下側面にノミとカナヅチで小さな穴を開けてみる。と、容器の側面からビールが勢いよく流れ出てくることが分かる。しかし奇妙なことに、もしこの穴を容器の上側面（ビールの液面より上）に開けると、ビールはぜんぜん流れ出てこない。いったい何故？一見他愛の無いことのように思えるが、実はこれこそが宇宙の真理を知らしめる偉大な事実なのであります。そう、何故か？それは、容器の上側面に開いた穴には"ビールをその穴まで運ぼうとする力"が何も働いていないからなのであります。このことから我々が推察できるのは、発酵容器の下側面に開けた穴にはビールを押し出す何らかの"力"が働いているということではないだろうか？え、今"重力"とおっしゃったかな？うーん、まあ近い線じゃが、ちょっと違う。これを正確に言うならば、"重力加速度×質量"つまり"$F=mg$"ということになる。これは「ある位置における重力というのは常に一定である」のに対して、ここで言うところの"力"は「一定ではないから」なのじゃ。なぜなら発酵容器のビールがこぼれて減少することによってこの力は弱まっていくからであります。これはビールが床に零れ落ちるのを良く観察していれば分かる。最初のうちは勢いよく流れ出ていたビールも、残りの量が少なくなるにつれて次第にその勢いを弱め、最後にはチョロチョロと滴り落ちる程度になるだろう。これから分かるように、ビールをその出口である穴から押し出す力は、その上に乗っかっているビールの量に比例しているということなのであります。その他の要因は何もありません。試しに容器をもっと高いところに置いて同じことをしてみても、結果は全く同じなのであります。

　さて、10ガロンのビールといったら結構重い。しかし5ガロンならその半

分である。例の穴を開けた容器（バケツ）に 10 ガロンのビールを満たして、その真ん中あたりに素早くもう一つの穴を開け、上と下の二つの穴から流れ出るビールの勢いを比べてみたまえ。上の穴から出てくるビールより、下の穴から放出されるビールの方がずっと勢いがいいだろう。なぜか？それは水圧というものがあるからじゃ。10 ガロンのビールが上から押し付ける圧力の方が、5 ガロンより大きいことは分かるだろう。その圧力がそれぞれの穴にのしかかって、ビールが放出されているというわけだ。したがって、当然大きな圧力を受けている下の穴のほうが、ビールを放出する勢いも大きくなるというわけだ。なに？今の理屈では分からない？これで分からない御仁は次の方法を試してみなさい。

　まず水深 3m のプールの水を全部抜いて、そこにビールをいっぱいに流し込む。それから自分自身をそのプールに投げ込んで（つまり飛び込んでじゃな）、底まで潜ってごらん。底に近づくにつれて、耳の鼓膜が押される感じがするであろう。この圧力感はプールの底の方が途中の水深より強いはずだ。プールが無ければ、車で山に登ってみればよい。上に行くに従って、耳から空気が抜けるのが分かるだろう。反対に下に降ってくれば、やはり鼓膜の押されるのが分かるはずだ。これは水ではなく空気の重みによるものであります。

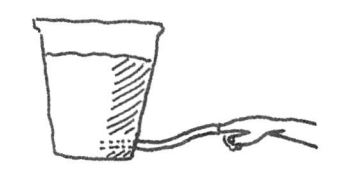

　ええと、どこまで話したかの？おおそうじゃそうじゃ、つまりバケツの下に開けた穴のほうが、真ん中の穴よりビールを押し出す力が強いということだった。さて、そこでじゃ。また元に戻して、穴をひとつだけ下のほうに開けたバケツを用意しよう。その穴に 2m ほどのビニール・ホースの端を 60cm ほど奥に差し込んでみる。一応ビニール・ホースは穴にピッタリとはまるものとして、これでビールの出口はこのホースだけになったわけじゃ。とりあえず、ホースに指でも突っ込んで栓をしておこうか。それからバケツにビールを一杯にいれるとしよう。ああ、今日はエールがいいかのう。一杯になったら、指をホースから抜いてエールの流れ出るのを観察するとしよう。ホースの口を上にあげたり、下にさげたりして、流れ出る勢いを比べてごらん。そう、こうすれば

第7章 補講 ～By Professor Surfeit～

　わざわざバケツのいろいろな位置に穴を開けなくとも、ホースの口を上下するだけで穴の位置を変えたことになるわけだ。つまり、移動する穴じゃな。そしてホースの口を下げれば下げるほど、床がエールでビショビショになるのが早まるということにも直ぐ気が付いたかな？また、ホースの口を今度はエールの液面より上にあげてみようか。どうじゃな、エールは一滴も出てこなくなったじゃろう？

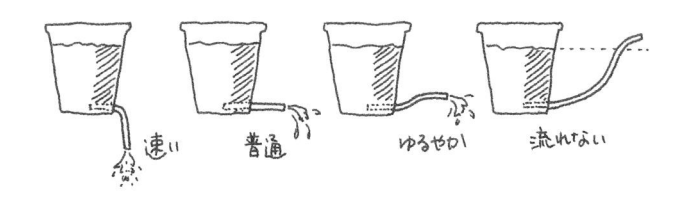

　　　　速い　　　普通　　　ゆるやか　　流れない

　この原理は、たとえホースの途中を持ち上げてみても、またぐにゃぐにゃと曲げてみても、同じだということがやってみれば直ぐに分かるだろう。問題はホースの口の位置だけなのだから。なかなかおもしろいもんじゃろ？

　さて、それでは本筋に戻して今度はもっとずっと難しい実験をしてみることにしよう。まずホースを穴から抜き取る。そして、その穴に"消毒した"チューイン・ガムを詰めて栓をしておこう。それからホースを全部エールに沈めて、一方の口を指で押さえながらバケツの外に出してごらん。ほーら、エールがまた流れ出した。これはさっきと同じ原理じゃ。しかし、ここで大事なことをやるぞ。今度はバケツに浸かっている方のホースの口を、エールの液面近くにまで引き上げてみようか。どうじゃ、流れは変わったかな？さよう、流れは変わらないのじゃ。つまり、エールの流れ出る速さを左右しているのは、バケツに浸かっている方の口ではなく、バケツの外に出した方のホースの口の位置なのじゃ。この口の位置とエールの液面との高低差が大きければ大きいほど、流れ出るエールの速さは速くなるというわけじゃ。これがサイフォンの原理じゃ。

　　　　速い　　　　　　　ゆるやか

ただし、サイフォンするときには沈めた方のホースの口が、底に溜まっているイーストのカスを吸い込まないように気をつけなくてはならない。そして流れを速くしたければ、ホースの出口の方を液面からずっと下に持っていけばよい。

ここで一つだけ頭の痛い問題がある。サイフォンの途中に誰かが電話してきたらどうするかということじゃ。そうなんじゃ、これが良くあることなんじゃ。サイフォンを始めるときまって誰かが電話をしてくるんじゃ。これについては科学的な説明はまだされていない。とにかく、これだけが頭の痛い問題じゃ。とりあえずこれは各自で考えるとして、次にいこうか。

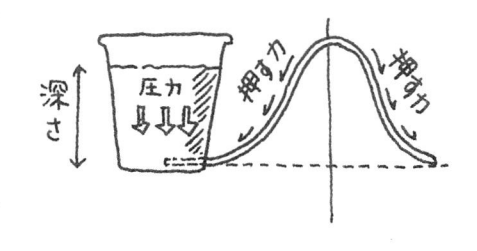

さて、これでサイフォンの原理は理解できただろう。あとは、どうやってビールを一方の容器からもう一方の容器に流し込むか、という実践的な問題だけじゃ。しかし、まあそんなに恐れるには及ばないから、心配するな。何も隣の車からガソリンを抜き取ろうというのじゃあない。ビールを移し変えるにはまず二つの容器を並べてそれをホースでつなぐわけだが、ただホースを橋渡ししてもビールは流れてくれない。どうすればいいか？まず、ホースを水で一杯にしなけりゃならん。そうしてホースの中の空気を完全に追い出してしまうのじゃ。空気が少しでも残っていると、サイフォンの流れが遅くなったり流れが止まったりするからじゃ。ホースを水でいっぱいにしたら、後は一方の口をビールの入った容器に入れもう一方の口を移し変える容器に入れれば、ビールは自然と流れ出すじゃろう。しかし、しばらくして両方の容器の液面が同じになると、ビールの流れは止まってしまう。だから、全部のビールを移し変えるには、流し込む方の容器をもう一方の容器より常に下にしておかなければならないわけじゃ。そうすれば、全ては自然とうまくいくことになっておる。

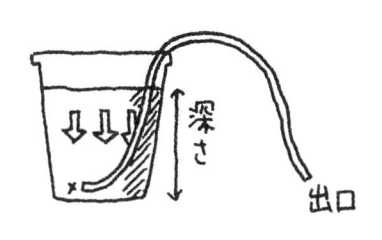

第 7 章　補講　～ By Professor Surfeit ～

　分かったかな？もう一度だけ繰り返すが、大事なポイントは 3 つだけじゃ。

1）ホースを浸す方の口は液面より下にあればどこであっても変わらない。問題はビールが流れ出る方の口じゃ。
2）ビールが流れ出る方の口は下にあればあるほど、流れも速くなる（もし、遅くしたければ口を上に持っていくか、あるいは簡単に指でホースをつまんでしまえばいいじゃろう）。
3）ホースの中に空気が入っていてはいけない。

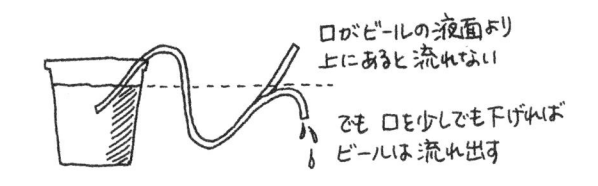

　以上のことだけ注意しておれば、ビールのサイフォンは簡単に行える。おいしいビールが飲みたいという気持ちがあれば、きっとうまくいくことじゃろう。裏を返せば、おいしいビールが出来たときは何も問題がなかったということじゃ。簡単じゃろ？

資料編

ホームブルワー用語集 (Homebrewer's Glossary)

A.A.U. (Alpha Acid Unit)
アルファ酸値。潜在的なホップの苦味を示す値でアルファ酸含有量に比例する。数値はアルファ酸%と同じ。

副原料 (Adjuncts)
ビールに添加される大麦モルト以外の発酵可能成分。

エアー・ロック (Air-lock)
ファーメンテイション・ロックの項参照。

エール (Ale)
ビールのスタイルのひとつ。伝統的にはエール・イーストを使い16〜21℃くらいで上面発酵させて造ったビールのことを指す。

エール・イースト (Ale Yeast)
学名サッカロマイセス・セレビシエ (*Saccharomyces cerevisiae*)。一般的に15〜21℃で最も良く発酵する酵母で、多くは一次発酵のときにビールの表面に浮き上がり泡状のフォームを造ることから"上面発酵酵母"の名でも呼ばれる。発酵は嫌気性で、活動後はいつも容器の底に堆積する。

アルファ酸 (Alpha Acid)
ホップに含まれている苦味を与える酸で、濃度は重量%で示される。2〜4%は酸味が低く、5〜7%は中くらい。8〜12%で高いとされている。

αアミラーゼ (Alpha-amylase)
デンプン質を発酵糖分に分解するジアスターゼ酵素は2種類あるが、そのうちのひとつ。"液化酵素"とも呼ばれ、水溶性のデンプン質をデキストリンに変える。

アロマ (Aroma)
モルトやグレインの特質を有したビールの芳香。

アテニュエーション (Attenuation)
発酵度。ウォート（麦汁）に溶解されている成分のうち、どれくらいが発酵によって二酸化炭素とアルコールに分解されたかを計るもの。初期比重と最終比重の差によって計られる。

バーム (Barm)
: 動詞としては、イーストを添加することで"ピッチ"とも言う。名詞としては、ビールの泡のことで発酵中のビールに浮かんだ酵母の泡クロイセンを指す場合もあれば、グラスに注がれたビールの泡を指す場合もある。

ビール (Beer)
: グレインから抽出された糖分を発酵させて造るアルコール飲料。つまり、楽しい飲み物のこと。

ベータ酸 (Beta-acid)
: ホップに含まれている苦味を与える酸。ビールに溶けにくいのであまりビールの苦味としては働かない。

βアミラーゼ (Beta-amylase)
: デンプン質を発酵糖分に分解するジアスターゼ酵素は2種類あるが、そのうちのひとつ。デンプン質やデキストリンを発酵糖分に変換する。

ボディ (Body)
: いわゆるビールの"コク"のことを言う。口当たりの重いものを"フル・ボディ"、軽いものを"ライト・ボディ"と言ったりする。

下面発酵 (Bottom-fermenting)
: ラガー・イーストの項参照。

ブーケ (Bouquet)
: ホップの特質を有したビールの芳香。

ブレイク (Break)
: ウォートに含まれているタンパク質が凝結沈殿することで、ウォートを煮込んでいるときに起こるものを"ホット・ブレイク"、冷やしているときに起こるものを"コールド・ブレイク"と呼ぶ。

バン (Bung)
: 樽の口をふさぐ栓。転じて居酒屋の主人のことを指す場合もある。

カーボイ (Carboy)
: 5ガロンあるいは6.5ガロンのガラス製の発酵容器。巨大なビンのような形状をしていて、口の部分が細く栓がしやすくなっている。密閉式発酵法に使われる。

ホームブルワー用語集

コールド・ブレイク（Cold-break）
ブレイクの項参照。

コンディショニング（Conditioning）
ビール醸造で炭酸ガスを発生させる工程のこと。

カパー（Copper）
ビールの醸造釜のこと。昔は銅で出来ていた為にこう呼ばれることがある。今でも銅製の釜を使っているところもある。

デキストリン（Dextrin）
発酵しない無味な炭水化物。主にビールのボディとなる。化学的には4つ以上のグルコース分子が連なったもの。

デキストリニゼーション（Dextrinization）
水溶性のデンプン質を酵素がデキストリンに分解する工程のこと。

ジアスターゼ（Diastase）
デンプン質を糖質とデキストリンに分解する酵素（αアミラーゼとβアミラーゼ）。モルト中に含まれている。

ダイアセチル（Diacetyl）
発酵過程で自然に発生するバター・スコッチのような風味の化学成分。

ドランク（Drunk）
ドリンクの過去分詞形。酔っ払いのこと。

ドゥンケル（Dunkel）
ドイツ語で"色が濃い"の意。

エステル（Ester）
ビールのフルーティーな風味を指す。アップル、洋ナシ、グレープフルーツ、ストロベリー、ラズベリー、バナナなどの風味があり、イーストの呼吸過程で生み出される。

ファーメンテイション（Fermentation）
発酵。糖分をイーストがアルコールと二酸化炭素（炭酸ガス）とに変えること。嫌気性の無酸素運動。

ファーメンテイション・ロック（Fermentation Lock）
いわゆる"エアー・ロック"のこと。ビールが発酵している過程で発生する炭酸ガスを放出しながら、外気を発酵容器に入れないような仕組みになっている栓。多くはプラスチック製で、中に水を少量入れることで外気の進入を防ぐ仕組みになっている。先はゴム栓にピッタリとはめ込まれ、発酵容器のフタあるいは口につける。

ファイニング（Fining）
ビールの濁りを取り除く工程やそれに使われる材料。一般的な材料としては、ゼラチンやアイシングラス、アイリッシュ・モスなどのゼラチン質が使われることが多い。

フィニッシング・ホップ（Finishing Hop）
主に香り（アロマ）を付ける目的でビールに添加するホップのこと。ウォートを煮込み終える1-2分前に投入する。同じ目的で、汚れていないきれいなホップを二次発酵容器に投入することもある。これは"ドライ・ホッピング"と呼ばれている。

凝集（Flocculation）
イーストが互いに集合して固まり液面あるいは底にたまること。通常は活動を終えたイーストが液の底に沈殿することを指す。

ゼラチン化（Gelatinization）
マッシングのときにデンプン質が溶け出しやすいように、副原料などをあらかじめ加熱調理しておくこと。

グリスト（Grist）
ミル等で挽いてあるモルトやその他のグレイン。

ガイル（Gyle）
カーボネイション用に取っておいた未発酵のウォート。これを瓶詰め時にビールに添加して必要な炭酸ガスを得る。

ヘレス（Helles）
ドイツ語で"色が薄い"の意。

ホームブルー（Homebrew）
自家製ビールのこと。おいしいよ。

HBU（Homebrew Bitterness Units）
ホームブルーイング用に定められた苦味の単位。それぞれのホップに含まれているア

ルファ酸のパーセントにホップの重量を掛け合わせて得られる。例えば、アルファ酸値9％のノーザンブルワー・ホップを2オンスと、アルファ酸値5％のカスケード・ホップを3オンス使って、10ガロンのビールを仕込んだとしたら、トータルのHBUは33（9×2+5×3＝33）で、1ガロンあたり3.3ということになる。もしこれで仕込み量が半分の5ガロンになれば、トータルは変わらず1ガロンあたりのHBUは6.6になる。従ってHBUを使う場合には仕込み量をはっきりと明示する必要がある。ちなみにIBUとHBUは全く違う基準を使っているので気をつけて欲しい。

ハイドロメーター（Hydrometer）
比重計。液体の比重を計る道具。

ホット・ブレイク（Hot-break）
ウォートを煮込んでいるときにタンパク質が凝結すること。

IBU（International Bitterness Unit）
ビールの苦味度合いを表すためにビール醸造技術者達によって考案され、ビール業界のスタンダードとして世界的に認められたシステム。1IBUの定義は、1リットルのウォートに1ミリグラムの異性化（イソ化）されたアルファ酸が含まれていることを示す。しかし、ホームブルワー達はこれを計測できるほどの器具を持っていないので、同じように苦味を表す単位としてHBUを用いている。

クロイセン（Kraeusen）
発酵初期のウォート表面に浮かぶイーストの泡で、岩肌のような模様のうねったフォームのこと。

クロイセニング（Kraeusening）
ビールの瓶詰めのとき、未発酵のウォートをプライミング・シュガーの代わりに添加すること。

ラガー（Lager）
ドイツ語で"貯蔵"の意。慣用的には"下面発酵"（4～10℃で発酵）によって造られ、ある期間貯蔵されたビールのことを指す。

ラガーリング（Lagering）
ラガー・ビールを貯蔵しておくこと。

ラガー・イースト（Lager Yeast）
学名サッカロマイセス・ウバルム（*Saccharomyces uvarum*）。一般的に0～10℃で最

も良い状態で発酵する酵母で、上面発酵の酵母と違いビールの表面に浮き上がったり泡状のフォームを造ったりしないので、"下面発酵酵母"とも呼ばれる。

ランビック（Lambic）

ベルギー・ビールのスタイルのひとつ。野生酵母とビールに酸味を与えるバクテリアで自然発酵させて造る。

ロータータン（Lauter-tun）

マッシュを濾して麦汁を取り出す工程で使われる容器のこと。

ロータリング（Lautering）

マッシュを濾して麦汁とグレインの穀皮を分離させる工程。これはグレインの穀皮を濾す大きな濾し器（ストレイナー）にマッシュを入れ、その上から湯を注いで麦汁を越しだす（スパージング）作業のこと。

モルト（Malt）

モルテッド・バーレイの項参照。

モルト・エキス（Malt Extract）

グレイン・マッシュから採集した麦汁に含まれている水分だけを蒸発させて、濃縮したもの。シロップや粉末状のドライ・モルトなどがある。

モルテッド・バーレイ（Malted Barley）

"大麦麦芽"あるいは"大麦モルト"のこと。一般的に"モルト"と言えば大麦のモルトのことを指すことが多いが、小麦モルトと区別するために"大麦モルト"と呼ぶ場合もある。大麦をある程度まで発芽させ乾燥したもので、糖分や水溶性のデンプン質（スターチ）、酵素などが含まれている。

マッシング（Mashing）

グレインのデンプンを発酵糖分に変換する工程。モルトやグレインを水に溶いて、それを60～71℃の温度にある時間保つと、モルトに含まれている酵素によってデンプンが発酵性の糖分に変換される。

ピッチ（Pitch）

ウォートにイーストを添加すること。"ピッチング"とも言う。

プライマリ・ファーメンテイション（Primary Fermentation）

一次発酵のこと。一般的には始まってから60～75％くらいまでの発酵を指す。

ホームブルワー用語集

プライマリ・ファーメンター（Primary Fermenter）
一次発酵をさせる容器のこと。

プライミング（Priming）
瓶内に適度な炭酸ガスを発生させるため、瓶詰めのときに糖分を添加する工程。一般的にホームブルーイングではコーンシュガーをプライミング・シュガーとして用いる事が多い。5ガロンの仕込み量に対して、コーンシュガーを3/4カップぐらい入れる。

プロテアーゼ（Protease）
モルトに含まれているタンパク質（プロテイン）を分解する酵素。

ラッキング（Racking）
ウォートをプライマリ・ファーメンター（一次発酵容器）からセカンダリ・ファーメンター（二次発酵容器）に移し変える作業。通常はサイフォンを用いてウォートを吸出し、沈殿物だけをプライマリ・ファーメンターに残すようにする。

リラックス（Relax）
心を落ち着かせること。これにはホームブルー（自家製ビール）が一番よく効く。

レスピレーション（Respiration）
呼吸。ビール醸造の場合はイーストの好気性代謝過程を指す。イーストは発酵活動を始める前に酸素を消費しながら分裂・増殖する。

セカンダリ・ファーメンテイション（Secondary Fermentation）
二次発酵。二段階発酵法を採用する場合には、プライマリ・ファーメンターからセカンダリ・ファーメンターにウォートを移し変える。この作業を"ラッキング"と呼んでいる。一次発酵で60〜75％、二次発酵で残りの25〜40％の発酵が終了するとされている。二次発酵は一時発酵に比べるとずっとゆっくりと進行する。この期間にも発酵容器にはエアーロックを着け、密閉しておくことが望ましい。

セカンダリ・ファーメンター（Secondary Fermenter）
二次発酵をさせる容器のこと。できればガラス製のカーボイを使うことが望ましい。カーボイは口の部分がつぼんでいるので、外気の侵入を防ぎやすいし、エアーロックを着けるのに好都合だ。

スパージング（Sparging）
ロータリングの項参照。

比重(Specific Gravity)

水と比較した液体の重さ。水の比重を1.000とし、それ以上であれば水より重く、それ以下であれば水より軽いということになる。ウォートは水に発酵糖分が溶け込んだものであるから、当然真水より比重が高くなる。しかし発酵するに従ってこの比重が下がってくるので、初期比重(Original Gravity)と最終比重(Final Gravity)を計れば発酵の程度を算出することができる。

ステリル(Sterile)

無菌状態のこと。ウォートの中には必ず何らかの菌が含まれているので、無菌状態にすると言うことは不可能だ。従って、できるだけ衛生的(Sanitize)にして、最善の状態を創り出すような努力が大事になってくる。

上面発酵(Top-fermenting)

エール・イーストの項参照。

トゥルーブ(Trub)

ウォートをホップとともに煮込んでいるとき凝結するタンパク質のこと。プロフェッショナル・ブルワーはこれを完全に取り除こうとするが、ホームブルワーはそれほど気にする必要はないだろう。

ウォーリー(Worry)

心配すること。ホームブルーイングには必要のないもの。

ウォート(Wort)

麦汁のこと。ビールの基になる液体。

イースト(Yeast)

酵母。発酵糖分をアルコールと炭酸ガス(CO_2)に変化させてくれる、とても頼もしい微生物。この他にもイースト臭や風味といった副産物も創り出してビールの味付けに貢献している。イーストの発酵活動は嫌気性で、活動中はどのタイプのイーストでもウォート中に浮遊する。

ザイマジー(Zymurgy)

醸造学、あるいは発酵化学。いつでも辞書の一番最後のほうにある言葉。

ホームブルー関係のWebsite

「自分でビールを造る本」の公式ブックサイト

www.craftbrewers.jp

この本に関する疑問や質問にお答えするサイトです。なんでも思いついたことが合ったらどんどんアクセスしてみてください。

「自家醸造ニュース：Homebrew Updates」

www.homebrew.gr.jp

国内外のホームブルーイングに関する話題や、クラフトビールの情報などを集めたニュースサイト。海外のビール・フェスティバルなどの現地レポートもある。ほぼ日刊。

自家製ビールFAQリスト

www.kotiposti.net/potechan/hb/index.html

ビア・スタイル・ガイドライン・日本語版

http://beerstyles.jp

ホームブルーショップ情報

<国内>

CBC株式会社　www.nbjapan.co.jp

初心者向けのホームブルーキット販売店。日本における先駆けとしてホームブルーイングのコミュニティーを作った功績は大きい。川崎市多摩区登戸に自家製ビールを飲ませる店「Graft Beer Moon Light」も開いている。

アドバンストブルーイング　http://advanced-brewing.com/index.html

オーナー自身が完成度の高いホームブルーにこだわり、初心者にも美味しいビールを仕込んで欲しいという一念ではじめたショップです。懇切丁寧なレシピの解説に加え、英米同様、広いバリエーションを揃えたオリジナル・ビールキットに定評がある。

テン・クエスト株式会社　www.ten-quest.co.jp

各種ビール原料、ニュージーランド「BLACK ROCK」、イギリスMuntons社「PREMIUM」、ベルギービール「BREW FERM」や醸造用品の輸入販売元で最大手。東急ハンズ各店や販売店ルートで販売、直売も。

<海外>
アメリカにはたくさんのホームブルーショップがあります。その中からいくつかを選んでみました。いずれもホームページでの通信販売に対応しています。

The Cellar Homebrew
> www.cellar-homebrew.com
>> 日本にも顧客が多く、対応も早く信用がおけるショップです。

HopTech
> www.hoptech.com
>> ホップの品質がよく、色々工夫した商品をそろえています。

The Grape and Granary, Inc.
> www.grapeandgranary.com
>> 値段も安く、丁寧な対応が特徴のショップです。ただし日本語は通じません。

クラフトビール関係団体

American Homebrewers Association
> www.homebrewersassociation.org
>> 全米を代表するホームブルワーの団体です。この本の著者チャーリー・パパジアン氏が会長を務め、雑誌、書籍の出版、各種イベント、コンペなどを開催しています。

CAMRA（Campaign of Real Ale）
> www.camra.org.uk
>> 「本当の伝統的で美味しいエールを追求するため」に創設された英国の消費者団体です。ヨーロッパのビールに関するさまざまなリンクにつながっています。

自家醸造推進連盟
> www.nbjapan.co.jp/jijoren/index.html
>> 日本における自家醸造の合法化を目指して運動している非営利団体

日本地ビール協会（JCBA）
> www.beertaster.org
>> ビールのテイスターを講習・公認する団体。

訳者あとがき

　本書の刊行にあたっては、ほんとうに多くの方々にご協力をいただきました。監修や組版の作業はもちろん資料やデータの確認作業など、始めてみると予想以上に多くの時間がかかったのですが、そういった煩雑な労務を快くお引き受けくださった方々に改めて感謝の意を表したいと思います。特に内容の適否や数値の正確さについて厳密な検証をしてくださった監修の大森治樹さん、ありがとうございます。おかげで日本の読者の方々にも解りやすい内容になったと思います。また、南村ユキさんの楽しいイラストを得ることができたことは、全くの幸運でした。今回、ホームブルーイングの一愛好者として本書を日本語訳にして刊行することができ、私自身この上ない喜びを感じておりますが、これもひとえにまだ日本ではさほどポピュラーではないこのホビーに理解を示し、発売に踏み切ってくださった技報堂出版さんの英断によるものと、深く感謝する次第です。

　最後にひとつ、大事なことをご報告しておきます。今回翻訳するにあたっては、まだ馴染みの薄い"Homebrewing"という名前をどういう日本語にするべきかで頭を痛めました。この深遠なるホビーは既に十数年も前に諸先輩によって日本に紹介されていたわけですが、そういった方々の誠実なる活動に敬意を表しながらも、ホームブルーイングのバイブルとされている本書を日本語版として出版するこの機会に、是非ともふさわしい名称を改めて世に問い直したいと考えたわけです。これを受けて諸論が出された結果、最終的には素直に"ホームブルーイング"にしようということに決着したのでした。しかし、その後も表記については"ブリューイング"とすべきか"ブルーイング"とすべきかで再びの議論があったことを、ここにご報告しておきます。こういったことも、つまりはホームブルーイングにかける諸兄の思い入れの深さを示すものと、独り納得した次第です。

　この本が、日本におけるホームブルーイング愛好者の輪を広げる一助となれば、訳者としてこれに勝る喜びはありません。翻訳の精度においては至らないところが多々あるかと思います。諸兄の暖かなご指摘と助言をお願いする次第です。

平成13年夏、大磯にて
こゆるぎ次郎

自分でビールを造る本
~ The Bible of Homebrewing ~

著　者　チャーリー・パパジアン
訳　者　こゆるぎ次郎
監　修　大森治樹
制　作　Lux：木村功　鈴木聡
イラスト　南村ユキ
表　紙　Lux：植田浩史

編集・発行者　浅井嘉彦

発行所　浅井事務所
〒259-0103　神奈川県中郡大磯町虫窪916-11
電話　（0463）70-1215
FAX　（0463）70-1216

発　売　技報堂出版株式会社
〒101-0051　東京都千代田区神田神保町1-2-5
電話　営業　（03）5217-0885
　　　編集　（03）5217-0881
FAX　　　　（03）5217-0886
振替口座　00140-4-10

日本書籍出版協会会員
自然科学書協会会員
土木・建築書協会会員

定価はカバーに表示してあります

2001年9月25日　1版1刷発行
2017年4月10日　1版4刷発行

印刷・製本　愛甲社
Printed in Japan

ISBN978-4-7655-4226-5 C1070
© Yoshihiko Asai
落丁・乱丁はお取替えいたします
本書の無断複写は、著作権法上での例外を除き、禁じられています